KB148406

경상북도

한국의 전통향토음식 8

경상북도

농촌진흥청 농업과학기술원
농촌자원개발연구소

㈜교 문 사

발간사

오천 년의 역사를 간직하고 있는 우리나라는 선조들의 혼이 깃들어 있는 세계에 자랑할 만한 우수한 전통문화를 가지고 있습니다. 국가 자산인 전통문화를 세계인의 문화 명품으로 발전시키기 위하여 정부에서는 '한(韓) 스타일 육성 종합 계획'을 수립하고 한식, 한복, 한옥, 한글, 한지, 한국음식 등 6가지 전통문화상품에 대한 육성 노력을 기울이고 있습니다. 이 중 농림수산식품부는 '한식' 육성에 관한 주무부처로 한국음식을 산업화 · 세계화함으로써 국가 이미지를 고양시키기 위한 정책을 추진하고 있습니다.

의식주문화 중 식생활문화는 쉽게 변하지 않는 특성을 가지고 있어서 그 민족의 문화를 측정하는 도구로 가치가 있다고 합니다. 우리나라는 선사시대부터 일찍이 농경을 시작하여 다양한 식품 재료를 이용한 음식문화가 발달했으며, 인접 국가인 중국, 일본과 차별화된 독특한 문화를 형성하였습니다. 또한 산맥이나 바다 등 지형적인 영향으로 지역마다 생산되는 특산물이 달라서 다양한 조리법과 맛을 지니고 있습니다. 외국인들에게 잘 알려진 김치의 종류도 수십 가지에 이르며, 같은 종류의 김치도 사용하는 젓갈이나 양념에 따라 다양한 맛을 냅니다. 최근 우리 음식은 영양학적 우수성과 기능성이 밝혀지면서 세계적으로 '건강식', '장수식'으로 인정받고 있으며, 새로운 가치창출을 위한 자원으로 부각되고 있습니다. 이처럼 독특하고 우수한 음식문화가 상품화 · 세계화를 위한 발판이 될 수 있으며, 관광 · 외식 등과 연계한 3차 산업으로 발전 가능성을 보여 줍니다.

그러나 사회가 발전하면서 다양하고 향토성이 짙은 우리의 음식문화가 빠르게 서구화되고, 이용하는 음식의 종류도 단순해지고 있습니다. 따라서 급변하는 식생활문화에 대응하고, 국가자원인 '한식'을 세계화하기 위하여 사라지고 있는 전통향토음식의 조사 · 발굴 및 국가차원의 통합자료화가 절실히 요구되고 있습니다.

농촌진흥청에서는 전통향토음식의 연구와 교육뿐만 아니라 지방자치단체의 농촌지도기관과 협력하여 지역의 전통향토음식을 계승 · 발전시키는 데 일익을 담당해 왔습니다. 이는 여전히 농촌은 식품 재료를 생산하고 전통향토음식을 이용하면서 조리법을 보유하고 있는 공간이기 때문입니다. 지금까지 농촌진흥청 및 농촌지도기관에서 몇 차례에 걸쳐 전통향토음식을 정리하여 책자로 발간하였으나, 통합자료화 및 전문가 검증이 미흡했던 아쉬움이 있었습니다.

이에 농촌진흥청 농업과학기술원 농촌자원개발연구소에서는 국가 산업자원으로 부각되고 있는 전통향토음식의 권리를 확보하고 세계화 기반을 구축하고자, 1999년부터 2005년까지 전국 9개 도의 전통향토음식에 대한 조사 · 발굴을 하였고, 2006년부터 2007년까지 지역성 및 역사성 검증, 자료의 표준화 등 학계의 검증을 받아 전통향토음식을 집대성한 10권의 책을 발간하게 되었습니다. 제1권 『상용음식』은 우리나라의 어느 지역에서나 일상적으로 먹는 음식을 수록하였고, 제2권부터는 각 도별 전통향토음식으로 행정구역상 9개 도로 구분하여 제2권 『서울 · 경기도』에서 제10권 『제주도』까지 전통향토음식을 수록하였습니다.

전통향토음식과 식생활문화에 대한 관심 고조로 그 가치가 재조명되는 시점에, 오랜 기간 동안 자료를 수집하여 우리의 전통향토음식을 총망라한 책을 발간하게 되어 기쁘게 생각합니다. 이 책이 농촌의 향토산업 활성화에 중요한 자료로 활용됨과 동시에 '가장 한국적인 음식이 가장 세계적인 음식' 으로 거듭나는 데 밑거름이 되고, 관련 분야 연구 및 교육에 활용되어 우리 식생활 문화 발전에 일조할 수 있기를 바랍니다.

이 책이 발간되기까지 현지조사 및 조리법 재현에 협조해 주신 농촌지도기관 생활지도직 공무원 및 향토음식연구회원들께 감사를 드립니다. 특별히 제8권 『경상북도』의 지역성 검증 및 자료 표준화에 참여해 주신 신라대학교 김상애 교수님과 감수를 위해 수고해 주신 전 안동대학교 윤숙경 교수님, 위덕대학교 한재숙 총장님께 감사드립니다. 연구결과물을 더욱 빛나게 제작 · 출판해 주신 ㈜교문사의 류제동 사장님 이하 관계자 여러분께도 감사의 마음을 전합니다.

2008년 5월

농촌진흥청 농업과학기술원 농촌자원개발연구소

소장 **조 순 재**

차 례

제 2 장 경상북도의 전통향토음식 종류와 만드는 방법 039

만 두

떡 국

부식류

국

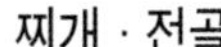

찌개 · 전골

김 치

나 물

구 이

조림 · 지짐이

전 · 적

찜 · 선

회

마른반찬

떡류

과정류

음청류

주류

慶尙北道

제1부

전통향토음식

조사 · 발굴 및 표준화

1. 전통향토음식의 정의
2. 전통향토음식의 조사 · 발굴
3. 전통향토음식의 유형별 분류 기준
4. 전통향토음식 자료의 표준화
5. 전통향토음식의 지역성 검증
6. 고문헌을 통한 역사성 검증

제1부

전통향토음식 조사·발굴 및 표준화

의식주는 한 국가나 민족의 특성을 나타내는 대표적인 문화양식이다. 그 중에서도 음식문화는 쉽게 변화하지 않는 성질이 있어서 본래의 모습이 잘 보존되어 있으므로 한 민족의 문화를 파악하기에 매우 적합한 것이라 하겠다. 음식문화는 지리, 기후, 풍토 등의 자연환경과 정치·경제·사회적 환경이 복합되어 문화권마다 서로 다르게 발달해 왔다. 우리나라에서도 해안가인지, 평야지인지 혹은 큰 산맥의 존재 여부 등에 따라 지역마다 독특한 음식문화가 형성되었다. 김치를 예로 들면, 경기도 지역은 국물을 넉넉히 넣고 젓갈을 적게 넣은 시원하고 심심한 백김치를 담그고, 경상도의 내륙 지방에서는 주변에서 쉽게 구할 수 있는 젓갈과 양념을 이용해서 젓갈김치와 콩잎김치를, 전라도에서는 젓갈과 양념을 많이 넣은 갓김치 등을 담근다.

전통향토음식의 중요성을 몇 가지 살펴보면, 첫째 생물다양성 유지를 위해 전통향토음식의 다양성이 유지되어야 한다는 점이다. 즉, 음식문화는 주변에서 쉽게 구할 수 있는 재료를 이용하여 발달하기 때문에 전통향토음식이 다양하면 다양한 생물자원이 자랄 수 있는 여건이 마련되는 것이다. 음식 자체가 획일화되어 민족음식이나 전통향토음식이 줄어든다면 식품재료로 이용하는 생물자원이 줄어들어 그 지역의 생물다양성은 감소될 수밖에 없기 때문이다. 1992년에 체결된 생물다양성협약(CBD : Convention on Biological Diversity) 제8조 j항에서는 생물다양성을 보존하기 위해 전통향토음식, 의약 등의 전통지식을 관리하고 활용하도록 권장하는 조항을 만들었다.

둘째, 전통향토음식은 새로운 부가가치 자원으로 활용되고 있으며, 다른 자원과 달리 자국(自國)만이 고유하게 보유하고 있어서 차별화가 가능한 독점적인 산업화 아이템이라는 점이다. 따라서 국제적으로 전통향토음식을 산업화하려는 노력들이 이루어지고 있다. 태국의 'kitchen of the world' 프로젝트는 정부에서 자국의 전통향토음식을 세계화하기 위한 사업으로, 전 세계에 태국음식점을 2007년까지 8,500개로 확대함으로써 전통향토음식의 식품재료와 조리기구 수출,

조리사 파견 등 파급 효과를 기대하는 전통향토음식 산업화의 대표적인 예라 하겠다.

셋째, 전통향토음식은 국가 이미지 제고에 중요한 역할을 한다. 사람들은 특정 지역이나 국가를 독특한 음식과 관련지어 연상하기도 하고, 반대로 맛있는 음식을 먹을 때 특정 지역을 연상하기도 한다. 김치의 경우 세계적인 음식으로 발전하여 외국인들은 김치하면 한국을 떠올리게 된다. 또한 2006년 미국의 건강전문잡지 월간 '헬스'가 선정한 세계 5대 건강식품 중 하나로 김치가 선정된 것과 같이 김치는 우리나라의 국제적인 이미지를 높이는 데 기여하고 있다.

이처럼 중요한 의미를 갖는 전통향토음식은 최근 전 세계가 급속도로 가까워지면서 지역성·고유성이 없이 획일화되어 가는 경향을 보이고 있다. 우리의 식탁에서도 일상적으로 먹고 있는 음식의 재료나 종수가 몇 가지 품목으로 한정되어 가고 있는데, 이러한 추세가 지속되면 전통향토음식이 서서히 잊혀지고 우리 음식문화의 정체성 또한 잃어버리게 될 것이다. 따라서 전통향토음식을 만들어 먹던 세대가 현존해 있을 때 전통향토음식을 조사·발굴하고 목록화하는 일이 시급히 요청된다고 하겠다. 또한 지금까지 전통향토음식은 단순히 문화의 일부로만 여겨져 왔으며 자원으로서의 인식은 부족하였다. 그러나 오늘날의 시대적 흐름에 따라 전통향토식품(음식)은 국가의 소중한 자원으로 관리되어야 하므로 전통향토음식을 통합적으로 관리하는 방안이 모색되어야 한다. 이는 전통향토음식의 권리를 확보하고 상품성 증진 및 세계화를 위한 기반이 되며, 우리 민족이 보유한 독특한 자산을 계승·발전시키는 가장 우선적이고 필수적인 과정이라 할 것이다.

1. 전통향토음식의 정의

'예부터 전하여 온 음식' 에 관하여 전통음식, 향토음식, 민속음식, 토착음식 등의 다양한 명칭이 혼용되고 있다. 가장 많이 쓰이는 명칭은 '전통음식' 으로, 전통음식의 사전적 정의는 한 지역에 전래된 음식 중 해당 지역 사람들이 그 가치를 높이 평가하여 선호하는 음식이라는 것이며, 여기서 지역 사람들이 가치를 부여하였다고 하기 위해서는 특정 연령층, 특정 계층 등 일부의 사람들만이 아닌 지역 전체의 다수가 최소 한 세기, 100년에 걸쳐 선호된 것이어야 한다. 다수의 사람들이 3세대에 해당하는 한 세기 이상 선호하고 있다면 전통음식으로서 가치가 있다는 확고한 증거가 되기 때문이다(신애숙, 2000). 또한 쉴즈(Shils, 1992)는 전통은 최소한 3세대가 지속되어야 한다고 주장하였고, 버크(Burke, 1978)는 한 세대에서 다른 세대로 전달되는 데 적은 부분만 변하고 그 본질과 눈으로 볼 수 있는 정체가 남아 있는 것이 전통이라고 정의하였다.

한억(1996)은 전통음식이란 한국에서 대략 1세기 이전부터 일상생활, 궁중, 통과의례, 세시풍속 등을 통한 고유의 역사적 배경과 문화적 특질을 지니면서 지역 특성에 맞게 전승되어 현존하는 음식문화로서 한국인의 식생활에 유익하도록 합리적으로 재창조해 오는 음식문화의 총칭이라고 하였다. 또한 전통음식은 시간성, 공간성, 의례성, 외래성, 변형성 등의 특성을 가지고 있으며 이들이 하나의 유기적인 문화복합체로서 입체적으로 형성되고 요인 간의 상호 관련성이 복잡하게 작용하고 있다고 하였다.

전통음식 다음으로 널리 사용되는 전래음식에 대한 용어가 바로 향토음식이다. 향토음식의 경우 전통음식과 같이 다수의 주민에 의하여 한 세기 이상 선호되지는 못하였지만 특정 지역 주민에 의하여 지속적으로 선호되는 음식을 말하며(신애숙, 2000), 지역 특산물을 이용하여 그 지역의 독특한 전래 조리법에 의하여 만든, 지역 주민이 선호하는 음식이라고 정의할 수 있는데, 이 또한 고정적인 것이 아니라 시대에 따라 달라지는 것이다(두산세계대백과사전, 1999). 한억(1996)은 향토음식을 지역 특산물을 이용하여(공간성) 그 지역에서 고유하게 전승되어 온 비법으로 조리하거나(고유성) 또는 그 지역의 문화적 이벤트를 통해서 발달된 음식(의례성)이라고 하였다. 이러한 점에서 전통음식에서 강조되는 오랜 생명력을 지녀 '현존하는 과거' 로서의 시간적 개념보다는 지역 공간의 수평적 개념을 바탕으로 끊임없이 생성되고 소멸되는 과정을 거치면서 형성된 음식으로 보아야 할 것이며, 주변 지역의 음식과 분명한 차별성이 나타나는 특징이 있다고 하였다.

문헌에 정리된 향토음식의 정의를 요약해 보면 다음과 같다. 첫째, 향토음식은 그 지방에서 주로 많이 생산되는 특산물 혹은 그 지역에서 생산된 재료를 사용하여 그 지역에서 고유하게 전승되어 온 비법으로 조리하거나 또는 그 지역의 문화적 행사를 통해 발달한 음식으로, 타 지역에서는 그와 같은 음식을 쉽게 찾아 볼 수 없는 것으로 정의된다(윤숙경, 1994). 둘째, 향토음식은 타 지역에서 공급받은 재료라도 우리 지역에 적합한 조리법 또는 우리 지역 특정인의 고유한 조리법으로 만든 음식을 말한다(김복일 · 오영준, 1998). 셋째, 향토음식은 각지 어디에서나 있는 보편적인 재료라도 우리 지역의 생활형태나 기후풍토 등의 지역적 특성이 바탕이 된 특유의 조리법이나 가공기술을 이용하여 만든 음식이다. 넷째, 세시 풍속이나 통과의례 시 우리 지방에서 조상들이 만들어 유명해진 음식도 향토음식의 범주에 들어간다(진양호 외, 2001). 다섯째, 옛날부터 그 지방 행사와 관련하여 만든 음식으로 오늘날까지 전해져 오는 음식이다(윤은숙 외, 1995 ; 한국관광공사, 1993). 즉, 향토음식은 그 지방의 재료로 그 지방의 조리법으로 조리하여 타 지방과 차별화된 음식이라 할 수 있겠다(민계홍, 2003 ; 이선호 · 박영배, 2002 ; 신애숙, 2000). 또한 향토음식은 그 지방 사람들의 사고방식과 생활양식을 반영하며 각종 문화행사를 바탕으로 발달하는 특성을 지니고 있다고 하겠다(김복일 · 오영준, 1998).

위에서 전통음식과 향토음식의 개념 사이에 중복된 의미와 상호연관성이 있음을 알 수 있다. 손영진(2004)은 한국음식에 있어서 향토음식은 전통음식의 뿌리이자 모체라고 설명하였다. 한국음식의 특징은 뚜렷한 지역적 특성과 공간성, 고유성, 의례성 등 수평적 공간축 형성을 바탕으로 한 향토음식과 이러한 향토음식이 수직적 시간축 형성을 이루어 가는 전통음식을 떼어서 생각할 수 없고, 또한 전통음식에서 향토음식을 배제하여 생각할 수 없는 유기적인 관계로 파악되고 있으며, 이들은 상호 개념적으로 유사하지만 다른 측면에서는 구분된 구조를 갖고 있다. 한억(1996)에 따르면 향토음식은 전통음식의 뿌리에 해당하는 가장 기본적인 음식 형태로 오히려 새로운 문화 변동에 대한 포용성을 지닌 모체로서의 성질을 가지며, 향토음식이 점차 시간이 흐르면서 '전통'의 성질을 갖게 되어 전통향토음식이 되는 것이라고 하였다. 또한 고범석 · 강석우(2004)에 의하면 전통이라는 용어가 토속, 향토를 아우르는 상위어로 사용되는데, 예컨대 전라남도 지역만을 지칭할 경우에는 향토문화, 향토음식과 같이 향토란 단어를 쓰는 것이 적절하다. 그러나 대한민국 전체를 아우를 때는 향토가 아닌 전통이라는 표현이 맞으므로 김치를 대한민국 향토음식이라고 하지 않고 대한민국 전통음식이라 한다고 하였다. 표 1에는 이미 보고된 향토음식과 전통음식의 정의에 관하여 몇 가지를 비교 제시하였다.

앞의 내용을 정리하여 보면 향토음식은 전통음식의 뿌리요, 모체이다. 즉, 한국음식에서는 전통음식을 떼어서 생각할 수 없고 전통음식에서 향토음식을 배제하여 생각할 수 없는 유기적인 관계로 파악되며 개념적으로는 유사하나 구분되는 구조가 내재되어 있다. 향토음식이 시간적으로 일정기간(3세대, 100년)을 경과하여 역사성을 갖게 되면 전통음식으로 불리게 되므로, 미래의 전통음식이라 할 수 있는 향토음식과 현재의 전통음식을 동시에 정리하는 것이 국가자원의 관리 측면에서 유익할 것으로 생각되어 이들 모두를 포함한 개념으로 '전통향토음식'이라는 용어를 사용하고자 한다. 전통향토음식의 정의는 "향토음식이거나 전통음식(향토음식 또는 전통음식)인 것으로 우리가 계승 · 발전시켜야 할 우리의 음식"으로 설명할 수 있다.

전통향토음식으로 정의한 음식은 다음과 같은 기준에 의하여 선정하였다. 100년 이상의 전통을 가진 음식으로 지금까지 이용되어 온 음식, 혹은 과거에 이용되었으나 지금은 사라진 음식, 외국에서 도입되었으나 우리 음식으로 인지되고 있는 음식, 향토음식 등으로 한정하였다. 다만, 이와 같은 음식들 중 외래어가 사용된 음식은 제외하였고 우리의 고유 명칭으로 불려 온 음식, 고유의 조리법을 활용한 음식으로 선정하였다.

표 1 전통음식과 향토음식의 정의

전통음식	향토음식	참고문헌
한국에서 대략 1세기 이전부터 일상생활, 궁중, 통과의례, 세시풍속 등을 통한 고유의 역사적 배경과 문화적 특질을 지니면서 지역 특성에 맞게 전승되어 현존하는 음식문화로서 한국인의 식생활에 유익하도록 합리적으로 재창조해 오는 음식문화의 총칭임(시간성, 공간성, 의례성, 외래성, 변형성)	• 그 지역의 특산물을 이용하거나(공간성) 그 지역에서 고유하게 전승되어 온 비법으로 조리하거나(고유성) 또는 그 지역의 문화적 이벤트를 통해서 발달된 음식(의례성) • 시간적 개념보다는 지역 공간의 수평적 개념을 바탕으로 끊임없이 생성되고 소멸되는 과정을 거치면서 형성된 음식으로 주변 지역의 음식과 분명한 차별성이 나타나는 특징이 있음	한억, 1996
음식문화 가운데 유형적인 측면이나 무형적인 측면 중 어느 한 가지는 개화기 이전의 것이어야 함. 개화기 이전 전통사회에서 사용된 음식과 개화기 이후 외국에서 전래된 식품들이 지금까지 사용된 우리의 식품재료와 함께 섞여 만들어지거나 혹은 우리의 전통적 방법으로 조리되어 변형된 음식		김성미, 2000
지역의 특산물을 이용하여 그 지역의 독특한 조리법에 의하여 만든 지역 다수의 주민이 한 세기(3세대) 이상 선호하여 오고 있는 음식	지역특산물을 이용하여 그 지역의 독특한 전래 조리법에 의하여 만든 지역 주민이 선호하는 음식	신애숙, 2000
예부터 전하여 내려 오는 음식으로 오랫동안 한 지역에서 먹어 온 음식. 전통음식은 절기식, 시식과 통과의례 음식이 있으며, 왕실, 반가의 화려했던 궁중음식 등이 있음		한재숙 외, 2000
궁중음식, 반가음식, 민속음식으로 대별되는 음식으로 전통적으로 전해 내려 온 음식을 의미함. 조선왕조 500년 역사 속에서 꽃피어난 왕실 반가의 화려했던 궁중음식과 일반 서민의 소박한 서민음식으로 그 고장에서 특색 있게 지켜져 내려 오는 향토음식을 모두 일컬음	• 지역에서 생산되는 재료를 그 지역의 조리법으로 조리하여 과거로부터 그 지역 사람들이 먹어 온 것으로 현재에도 그 지방 사람들이 먹고 있는 것(전통음식보다 협의의 개념) • 특산재료, 지역적 특성 반영, 지역민의 문화와 연계	이효지, 2002 민계홍, 2003
향토음식이 쌓여 나가면서 전통음식으로 자리잡아가는 수직적인 시간축을 이룸(수직적 의미)	지역 특산물을 이용하거나 그 지역에서 고유하게 전승되어 온 비법으로 조리하고 또는 그 지역의 문화적 행사를 통하여 발달된 음식(지역성, 공간성, 고유성, 의례성 – 수평적 의미)	손영진, 2004
	특산물을 타 지역에서 생산된 재료로 독특한 조리법, 흔한 재료와 특유의 조리법과 차별화된 가공기술, 지방행사와 관련된 음식	이승진, 2005
	향토식품 또는 향토음식은 그 지역의 역사 · 문화적 전통이나 특색을 담고 있을 때 그 의미와 가치가 발현됨. 향토식품은 어떤 지역의 자연 · 지리적 조건, 역사적 경험, 문화적 특성이 어우러지면서 다른 지역의 식품과 구별되는 의미를 가짐	배영동, 2006

2. 전통향토음식의 조사 · 발굴

【조사대상 및 시기】

1999년부터 2005년까지 농촌진흥청 농업과학기술원 농촌자원개발연구소에서 경기, 강원, 충북, 충남, 전북, 전남, 경북, 경남, 제주 등 9개 지역을 대상으로 전통향토음식의 조사 · 발굴을 추진하였다. 조사 · 발굴과정에서 각도 농업기술원 및 시군 농업기술센터의 식생활지도를 담당하고 있는 생활지도사의 협조로 전통향토음식의 정보 수집 및 조리법 재현이 이루어졌다. 연도별 및 지역별 조사 · 발굴과정을 살펴보면, 1999년에는 경기도 지역을 대상으로 이건순 교수(당시 농촌자원개발연구소 농업연구관, 현 한국농업대학 교수)와 이효지 교수(당시 한양대학교 교수, 현 한양대학교 명예교수) 중심의 한 연구팀이 자료 조사 및 현지 조사 · 발굴을 수행하였으며, 2000년에는 강원도 지역을 대상으로 이건순 교수와 한복진 교수(당시 한림정보산업대학 교수, 현 전주대학교 교수) 중심의 한 연구팀이 자료 조사 및 현지 조사를 수행하였다. 2001년에는 충청남북도 2개도를, 2002년에는 전라북도를 대상으로 이건순 교수 연구팀이 도별 자료를 조사 · 발굴하였다. 2003~2004년까지는 김행란 농업연구관 연구팀이 전라남도와 경상북도를 대상으로 매년 1개도씩 조사 · 발굴하였고, 2005년에는 경상남도와 제주도 등 2개도를 동시에 조사 · 발굴하였다. 서울, 부산, 대구, 인천, 광주, 대전, 울산 등 특별 · 광역시의 경우 시를 포함하고 있는 도와 함께 조사하였다(예 : 서울, 인천은 경기 지역 조사에 포함).

【조사방법】

문헌을 통한 자료 수집

본 조사에 사용한 문헌으로는 전통음식 또는 향토음식에 관한 자료로, 논문 및 학회지, 단행본, 향토문화지, 전국 시군 및 농촌진흥기관에서 발간한 향토음식 책, 팸플릿, 리플릿, 인터넷 자료 등을 이용하여 자료를 수집하고 정리하였다.

설문지를 통한 자료 수집

전국 시군 농업기술센터를 통하여 전통향토음식에 관심이 있는 전문가, 일반인, 전통향토음식 관련 조직(전통음식연구회, 우리음식연구회, 향토음식연구회)과 생활개선회원 중 해당 지역 출신자를 대상으로 지역에서 먹는 일상음식, 추억의 음식, 지역의 추천음식 등을 기록하도록 하여 자료를 수집하였다.

표 2 전통향토음식 조사자료 양식

음식명		분 류			키워드	조리방법		자료 출처			비 고
음식명 1	음식명 2	대분류	중분류	소분류	키워드	재 료	만드는 법	관련 문헌	관련 시군	정보 제공자	비 고
표준어 기재	방언, 사투리					재 료	조리, 가공법	책, 논문 등	문헌 및 정보제공자 해당 시군	이름, 주소	음식의 특징 및 유래

현지답사를 통한 발굴 및 조리법 재현

자료에 의한 지역음식을 정리한 후 조리방법이 미흡하거나 발굴 필요성이 있는 음식, 잊혀져 가는 음식 등에 대하여 시군 농업기술센터의 협조를 받아 현지답사를 하였다. 현지답사는 먼저 면담 조사과정을 거친 후 문헌에 없는 것이나, 문헌에 있다고 해도 음식명만 기록된 것 또는 너무 간단하게 기록되어 재료나 만드는 방법을 정확하게 알 수 없는 것, 시각자료화가 필요한 것 등은 직접 조리하여 시연하도록 하였다. 조리 시연을 통하여 재료와 양을 계량하고 만드는 과정을 정확히 기록하였으며 사진, 슬라이드, 비디오 등으로 촬영하였다.

【자료의 정리】

모든 자료는 엑셀 프로그램(excel program)을 이용하여 표 2와 같이 정리하였다. 음식명은 1과 2로 나누어 1은 표준어로 된 음식명을 기재하였고 2는 방언(사투리)에 의한 음식명을 기재하였다. 분류는 대분류, 중분류, 소분류로 정리하였으며, 추후 검색 기능을 갖기 위하여 음식에 대한 키워드를 입력하였다. 조리방법에는 재료와 조리방법을, 자료 출처에는 관련 문헌, 관련 시군, 정보제공자 등을 기록하였고 비고에 해당음식의 특징 및 유래 등을 기록하였다.

【자료의 표준화】

정리된 자료의 표준화를 위하여 2006~2007년에 『한국의 전통향토음식』 발간을 위한 전문가위원회를 내 · 외부 전문가 13인으로 구성 · 운영하였다. 위원 중 위원장 및 지역별 전문가를 별도로 선정하였는데, 위원장은 전주대학교 서혜경 교수로 위촉하였고 지역별 전문가로서 경기 지역의 손정우 교수(배화여자대학), 강원 지역의 윤덕인 교수(관동대학교), 충청 지역의 신승미 교수(청운대학교), 경상 지역의 김상애 교수(신라대학교), 전라 및 제주 지역의 서혜경 교수(전주대학교)로 구성하였다. 2년간 6차례의 전문가위원회 협의회를 통하여 용어 정의, 분류체계 설정, 지역성 및 역사성 검증안 마련, 책자 작성방법 및 자료의 표준화 기준을 선정하였다. 이를 근거로 조사 · 발굴된 전통향토음식 자료의 표준화 기준을 정하였다.

3. 전통향토음식의 유형별 분류 기준

한국의 전통향토음식을 분류하는 기준에는 여러 가지 방안이 제시될 수 있다. 조선시대 조리서의 분류법은 주로 재료별 분류법(『음식디미방』(1670년경), 『산림경제』(1715년), 『조선요리』(1940년))과 조리기법별 분류법(『시의전서』(1800년대 말), 『조선요리제법』(1930년대), 『조선요리법』(1938년))으로 되어 있으며 『임원십육지』(1827년경)는 조리기법별 분류 속에 재료별로 정리하고 있다(이성우, 1981). 그 외 『요록』(1680년경), 『주방문』(1600년대 말), 『민천집설』(1752년, 1822년) 등은 분류항목이 없거나 세우지 않고 있다(한억, 1996).

현대에는 제조방법별 분류에 따라 발효음식, 절임음식, 건조음식 등으로, 재료에 따라 농산물, 축산물, 수산물 등으로, 지역에 따라 전통음식 470개 품목을 팔도로 나누어 분류하였다(염초애 외, 1992). 또한 한국음식을 용도별로 분류한 후 조리법의 형태로 분류하여 주식류에는 밥, 죽, 국수와 만두 및 떡국류로 분류하고 부식류에는 국 · 탕, 찌개 · 조치, 전골 · 볶음, 찜 · 선, 생채 · 나물, 조림 · 초, 구이, 적 · 전, 마른반찬, 편육 · 족 · 묵, 회 · 숙회, 장아찌, 김치, 젓갈 · 식해로 분류하고 후식류에는 차 · 화채, 떡 · 한과를 분류하기도 하였고(윤덕인, 2005 ; 이효지, 2002) 나물류를 숙채, 생채, 잡채, 기타로 구분하기도 하였다(강인희, 1987).

본 서에서 음식 분류는 윤서석(1984, 1991)의 한국음식에 대한 분류를 기준으로 하였고 강인희(1987)와 황혜성 외(2000), 이효지(2002)의 분류를 참조하였다. 대분류, 중분류, 세분류는 음식유형별로 분류하였고, 세세분류는 재료별로 분류하였다. 그 결과 대분류를 주식류, 부식류, 떡류, 과정류, 음청류, 주류 등 6항목, 중분류를 밥, 죽, 미음 · 범벅 · 응이 등 55항목, 세분류를 43항목, 세세분류를 119항목으로 나누었다. 본 서의 수록방법은 주식류, 부식류, 과정류는 중분류를 기준으로 작성하였고, 떡류, 음청류, 주류는 대분류를 기준으로 작성하였다. 다만, 부식류 중 나물류에 한하여 세분류까지 나누어 표기하였다. 표 3에 음식유형별 분류표를 제시하였고, 표 4에 분류에 대한 정의를 나타냈다.

표 3 음식유형별 분류표

대분류	중분류	세분류	세세분류
주식류	밥		쌀밥, 잡곡 및 견과류밥, 채소밥, 해조류밥, 비빔밥, 기타
	죽		쌀죽, 쌀과 기타 곡류 및 견과류를 섞어 쑨 죽, 육류죽, 어패류죽, 채소죽, 약재죽, 기타죽
	미음 · 범벅 · 응이	미음, 범벅, 응이	
	국수 · 수제비	국수, 수제비	
	만 두		
	떡 국		
	기 타		
부식류	국	맑은국	육류, 어패류, 채소류, 해조류, 알류, 기타
		토장국	육류, 어패류, 채소류, 해조류, 기타
		곰국	육류, 어패류, 기타
		냉국	육류, 어패류, 채소류, 기타
	찌개 · 전골	찌개	육류, 어패류, 채소류, 기타
		전골	육류, 어패류, 채소류, 기타
	김 치		배추류, 무류, 기타 엽채류, 기타 근채류, 과채류, 해조류, 기타
	나 물	생채, 숙채, 기타	
	구 이		육류, 어패류, 채소류, 기타
	조림 · 지짐이	조림	육류, 어패류, 채소류, 기타
		지짐이	육류, 어패류, 채소류, 기타
	볶음 · 초		육류, 어패류, 채소류, 해조류, 곡류 및 두류, 기타
	전 · 적	전	육류, 어패류, 채소류, 해조류, 기타
		누름적 (산적)	육류, 어패류, 채소류, 해조류, 기타
	찜 · 선	찜	육류, 어패류, 채소류, 알류, 기타
		선	어패류, 채소류, 기타
	회	생회	육류, 어패류, 해조류, 기타
		숙회	어패류, 채소류, 해조류, 기타
		초회	어패류, 채소류, 해조류, 기타
		무침	어패류, 채소류, 해조류, 기타
		강회	어패류, 채소류, 해조류, 기타
		물회	어패류, 기타
	마른반찬	부각	채소류, 해조류, 기타
		자반	어패류, 해조류, 기타
		튀각	해조류, 기타
		포	육류, 어패류
	순대 · 편육 · 족편	순대, 편육, 족편	
	묵 · 두부	묵, 두부	
	쌈	생쌈, 숙쌈	

대분류	중분류	세분류	세세분류
부식류	장아찌		소금물에 담근 것, 간장에 담근 것, 된장에 담근 것, 고추장에 담근 것, 기타
	젓갈 · 식해	젓갈, 식해	
	장	된장류, 고추장류, 간장류, 기타류	
	식 초		
	기 타		
떡 류	찐 떡		
	친 떡		
	지진 떡		
	삶은 떡(경단류)		
	기 타		
과정류	유밀과		
	유 과		
	다 식		
	정 과		
	과 편		
	숙실과		
	엿강정		
	당(엿)		
	기 타		
음청류	차		
	탕		
	장		
	갈 수		
	숙 수		
	화 채		
	미 수		
	식 혜		
	수정과		
	즙		
	수 단		
	기 타		
주 류	약주 · 탁주		
	증류주		
	기 타		

표 4 음식분류에 대한 정의

대분류	중분류	정 의
주식류	밥	곡물에 물을 약 1.2~1.5배 붓고 가열하여 전분이 호화상태로 되게 만든 음식으로 쌀만을 이용한 밥이 대표적임. 쌀에 잡곡 또는 견과류를 넣어 짓는 잡곡 및 견과류밥, 채소류를 넣어 짓는 채소밥, 해조류를 넣어 짓는 해조류밥, 밥을 지은 후 다양한 식품 재료를 섞는 비빔밥 등으로 구분됨
	죽	쌀, 보리, 조 등에 물을 6~7배 가량 붓고, 오래 끓여서 쌀알의 전분이 완전 호화되게 한 유동식 상태의 음식. 쌀만을 이용한 죽, 쌀에 기타 곡류와 견과류를 섞어 쑨 죽, 육류를 섞어 쑨 죽, 어패류를 섞어 쑨 죽, 채소를 섞어 쑨 죽, 약재를 섞어 쑨 죽 등으로 구분되며 기타 죽으로 유제품을 섞어 쑨 죽 등이 있음
	미음 · 범벅 · 응이	• 미음 : 곡류에 물을 많이 붓고(10배 이상) 푹 고아서 체에 밭쳐 국물만 마시는 유동식 • 범벅 : 옥수수, 호박, 감자 등을 주재료로 하고, 팥이나 콩을 함께 넣어 익혀서 먹거나 또는 곡식가루를 넣어 쑨 음식 • 응이 : 곡물을 갈아서 앙금을 만들어 말려 두었다가 이것을 이용하여 쑨 죽. 주로 오미자나 향미식품 즙액을 섞어서 충분하게 가열하여 걸죽하게 만든 것으로 유동식의 하나임. 의이(薏苡)라고도 함
	국수 · 수제비	• 국수 : 메밀가루, 밀가루, 감자가루 등을 주재료로 하여 반죽한 후 면대를 만들어 가늘게 썰거나, 반죽을 국수틀에 넣어 가늘게 뽑은 후 국물에 말거나 또는 비벼 먹는 음식. 국수의 종류는 재료별로 녹말국수, 메밀국수, 밀국수 등이 있고, 조리법에 따라 국수장국(온면), 냉면, 비빔국수(골동면), 칼국수, 제물국수, 건진국수 등이 있음 • 수제비 : 밀가루 반죽을 국수보다 질게 하여, 맑은장국에 손으로 자연스러운 모양으로 얇고 편편하게 떠 넣어 끓인 것. 장국으로는 고기맑은장국, 멸치맑은장국 등이 쓰이며, 지역에 따라 닭을 고아 끓인 미역국에 넣어 끓이기도 함
	만 두	밀가루, 메밀가루 또는 채소(배추, 동아), 얇게 저민 생선살을 껍질로 하고, 쇠고기, 닭고기, 두부, 숙주 등의 소를 넣고 빚은 음식. 조리법은 삶거나, 찌거나, 지지기도 하고, 끓는 육수나 장국 등에 넣어 끓이기도 함. 만두를 싸는 재료와 소의 재료, 빚는 모양에 따라 구분되어 불림
	떡 국	쌀가루를 쪄서 절구에 친 후 가래를 지은 것을 흰떡이라고 하며, 이것을 타원형으로 어슷하고 얇게 썰어 국물에 넣어 끓인 음식. 예전에는 떡국을 끓일 때 국물 재료로 꿩고기를 사용하였으나, 지금은 쇠고기나 닭고기를 사용하고 지역에 따라 굴, 멸치 등의 해산물을 이용하기도 함. 웃고명으로는 고기 볶은 것, 달걀지단, 파 등을 얹음. 개성 지방에서는 떡을 조랭이떡으로 빚어서 조랭이떡국을 끓임
	기 타	주식류에 포함되지만 위의 어느 중분류에도 속하지 않는 음식
부식류	국	육류, 어패류, 채소류, 해조류 등에 물을 넣어 끓임으로써 국물에 재료의 맛이 우러나도록 조리한 것. 조리방법에 따라 맑은장국, 토장국, 곰국 및 탕, 냉국 등으로 나눌 수 있음 • 맑은장국 : 물이나 양지머리국물(육수)에 맑은 국간장으로 간을 맞추어 여러 가지 건더기를 넣고 끓인 국 • 토장국 : 쌀뜨물에 된장이나 고추장으로 간을 맞추어 여러 가지 건더기를 넣고 끓인 국 • 곰국 : 육류의 여러 부위를 푹 고아서 소금으로 간을 맞춘 국 • 냉국 : 끓여서 차게 식힌 물에 맑은 국간장으로 간을 맞추어 끓이지 않고 날로 먹을 수 있는 건더기를 넣어 차게 해서 먹는 국
	찌개 · 전골	• 찌개 : 일명 조치. 국보다 국물을 적게 끓인 국물음식으로서 건더기와 국물을 반반 정도로 끓이는 음식. 간은 국보다 좀 센 편이고, 간을 맞추는 주재료에 따라 된장찌개, 고추장찌개, 젓국찌개 등으로 나뉨 • 전골 : 육류, 어패류, 채소류 등을 색 맞추어 담고 육수를 부어 즉석에서 끓이는 음식
	김 치	채소류와 해조류를 소금에 절이고 고추, 파, 마늘, 생강 등의 갖은 양념과 젓갈을 넣어 버무려 발효시킨 음식. 김치류는 주재료에 따라 배추, 무, 엽채류, 근채류, 과채류, 해조류 등을 이용한 김치로 분류됨

대분류	중분류	정 의
부식류	나 물	• 생채 : 채소를 날것대로, 혹은 소금에 절여 양념에 무친 것, 무치는 양념에 따라 고춧가루, 간장, 참기름, 다진 파, 마늘, 설탕, 식초 등으로 무친 것, 초간장에 무친 것, 겨자즙에 무친 것, 호두나 실백즙에 무친 것 등으로 나뉨 • 숙채 : 채소를 데쳐서 양념에 무치거나, 식용유에 볶으면서 양념을 한 것으로 나뉨 • 기타 : 생채와 숙채에 속하지 않는 음식으로 육류와 채소 등 여러 가지 재료를 섞어서 만드는 잡채, 탕평채 등의 음식
	구 이	육류, 어패류나 더덕과 같은 식물성 식품 재료에 소금간 또는 갖은 양념을 하여 불에 구운 음식으로 너비아니, 생선구이, 더덕구이 등이 있음
	조림 · 지짐이	• 조림 : 육류, 어패류, 채소류 등의 재료에 간을 약간 세게 하여 재료에 간이 충분히 스며들도록 약한 불에서 오래 익히는 음식. 조림의 간은 주로 간장으로 하나 고등어, 꽁치같이 살이 붉고 비린내가 강한 생선은 간장에 된장, 고추장을 섞어서 조림 • 지짐이 : 지짐이는 찌개와 조림의 중간쯤에 놓일 수 있는 음식으로서 찌개보다는 국물이 적고 조림보다는 국물이 많게 조리한 음식임. 대체로 일반 어패류가 많이 쓰이며, 때로 전을 부친 것에 국물을 조금 넣고 지짐 음식으로 하는 경우도 있음
	볶음 · 초	• 볶음 : 육류, 어패류, 채소류, 해조류, 곡류 및 두류 등을 손질하여 기름에 볶은 음식의 총칭. 볶음음식은 대체로 200℃ 이상의 고온에서 재료를 볶아야 물기가 흐르지 않으며, 기름에만 볶는 것과 볶다가 간장, 설탕 등으로 조미하는 것 등이 있음 • 초 : 볶음음식의 하나로서 전복초, 홍합초와 같이 간장, 설탕, 기름으로 국물이 없게 바싹 조린 음식
	전 · 누름적 (산적)	• 전 : 육류, 어패류, 채소류, 해조류 등의 재료를 다지거나 얇게 저며서 소금, 후춧가루로 간을 하고 밀가루를 바른 다음 달걀을 씌워 양면을 기름에 지진 음식. 전유어, 전유화, 저냐라고도 함 • 누름적(산적) : 육류, 어패류, 채소류, 해조류를 가늘고(1cm 정도), 길게(8~10cm 정도) 잘라서 꼬챙이에 색을 맞추어 꿰어 밀가루를 묻히고 달걀을 풀어 씌워 프라이팬에서 전 부치듯이 지진 음식의 총칭임. 밀가루 갠 것만 묻혀서 부치는 경우도 있고, 간을 소금 대신 장류로 하는 경우도 있음. 일명 누르미라고도 함
	찜 · 선	• 찜 : 재료를 큼직하게 썰어 갖은 양념을 하여 물을 붓고 오랫동안 끓여서 푹 익혀 재료의 맛이 충분히 우러나고 약간의 국물이 어울리도록 한 음식임. 주로 육류와 어패류 등 동물성 식품을 주재료로 하고 채소류, 알류 등을 부재료로 함. 김을 올려서 찌거나 또는 중탕으로 익히기도 하고, 수증기와 관계없이 그냥 즙이 바특하게 남을 정도까지 삶아서 익히는 방법도 있음 • 선 : 오이, 가지, 호박, 두부와 같은 재료에 소를 넣고 살짝 쪄서 초간장에 찍어 먹는 음식
	회	• 생회 : 육류, 어패류, 해조류를 날것으로 먹는 음식으로 재료를 얇게 포 뜨거나 가늘게 썰어 초고추장, 겨자장 또는 소금, 후춧가루에 찍어 먹는 음식 • 숙회 : 어패류, 채소류, 해조류를 살짝 익혀 만든 회음식 • 초회 : 어패류, 채소류, 해조류 등을 식초와 간장(또는 소금)으로 살짝 간을 하여 만든 회음식 • 무침 : 어패류, 채소류, 해조류 등을 고추장이나 양념에 무친 회음식 • 강회 : 회의 재료를 미나리, 실파 등의 가는 채소류로 예쁘게 말아 초고추장에 찍어 먹는 음식 • 물회 : 생선을 날로 잘게 썰어서 파, 마늘, 고춧가루 등의 양념과 함께 버무린 후 물을 부어서 만든 음식
	마른반찬	육류, 어패류, 채소류, 해조류 등을 소금에 절이거나, 또는 장이나 찹쌀풀을 발라 말려 저장해 두었다가 튀기거나 조리거나 무친 밑반찬용의 음식 • 부각 : 채소류와 어패류에 걸쭉하게 쑨 찹쌀풀을 발라 말려 두었다가 기름에 튀긴 음식 • 자반 : 어패류와 해조류를 간이 세게 절여서 저장해 두었다가 이용한 음식 • 튀각 : 주로 해조류 등의 재료에 아무것도 바르지 않고 잘라 끓는 기름에 튀긴 음식 • 포 : 육류와 어패류를 양념하여 얇게 펴서 말린 음식

대분류	중분류	정 의
부식류	순대 · 편육 · 족편	• 순대 : 돼지피와 찹쌀, 데친 숙주, 배추우거지 등을 섞어 갖은 양념을 한 후 돼지 창자 속에 꼭 차게 집어 넣고 실로 양끝을 잡아맨 후 찐 음식 • 편육 : 소의 양지머리, 사태 또는 돼지고기 등을 삶아 익혀서 차게 눌렀다가 얇게 저며 쓰는 고기음식 • 족편 : 쇠머리, 쇠족, 사태육, 양지 등을 푹 고아 석이채, 알고명, 실고추를 뿌려 식혀서 묵처럼 엉기게 한 음식
	묵 · 두부	• 묵 : 메밀, 녹두, 도토리, 칡 등의 전분가루에 물을 넣고 풀 쑤듯 쑤어 식혀서 엉기게 한 음식 • 두부 : 콩을 물에 담갔다가 갈아 그 액을 가열하여 비지를 짜 내고 간수(응고제)를 첨가하여 굳힌 음식
	쌈	채소류와 해조류로 밥과 반찬을 함께 싸서 먹는 음식. 쌈에는 재료를 생으로 쓰는 것(생쌈)과 데쳐서 쓰는 것(숙쌈)으로 나뉨
	장아찌	주로 채소류를 소금물, 간장, 된장, 고추장 속에 넣어 삭혀 만든 음식으로, 각종 육류, 어류도 살짝 익혀 된장, 고추장 속에 넣어 만들기도 함
	젓갈 · 식해	어패류의 염장식품으로 숙성 중 자체 효소에 의한 소화작용과 약간의 발효작용이 있고 반찬음식이나 조미용 식품으로 쓰이고 있음. 젓갈의 담금법으로는 소금에만 절인 것, 소금과 술에 절인 것, 기름이나 천초 등 향미를 섞어서 담근 것, 소금과 누룩에 담근 것, 소금과 엿기름과 찹쌀밥 등을 섞어 담근 것 등으로 크게 나눌 수 있음. 각종 육류를 어패류에 섞어서 담근 어육장도 있음 • 젓갈 : 어패류의 살, 내장, 알 등을 20%의 소금으로 절여 자체 내의 자가분해 효소와 미생물에 의해 발효시킨 음식 • 식해 : 소금에 절인 생선살에 밥(조밥, 쌀밥), 무채, 고춧가루, 기타 양념 등을 함께 섞어 발효시킨 음식
	장	콩으로 메주를 쑤어 띄워 담근 간장, 된장, 고추장이 기본장이며, 이외에 계절에 따라 별미로 담는 속성장이 있음
	식 초	신맛을 갖는 대표적인 조미료로 곡물이나 과일을 초산 발효시켜 만든 음식
	기 타	부식류에 포함되지만 위의 어느 중분류에도 속하지 않는 음식
떡 류	찐 떡	일명 시루떡으로 곡물가루와 고명을 시루에 켜켜로 안쳐 쪄서 만드는 떡
	친 떡	곡물로 밥을 짓거나, 곡물가루를 시루에 찐 다음, 절구에 놓고 쳐서 만드는 떡
	지진 떡	곡물가루를 반죽하여 모양을 만들어 프라이팬에서 기름으로 지지는 떡
	삶은 떡	경단류로 곡물가루를 반죽하여 모양을 만들어 삶아 건져 고물을 묻히는 떡
	기 타	떡류에 포함되지만 위의 어느 중분류에도 속하지 않는 음식
과정류	유밀과	밀가루에 꿀, 기름을 넣고 반죽한 것으로 모양을 만들어 기름에 튀겨 낸 다음 즙청한 음식
	유 과	찹쌀가루에 콩물 또는 술을 넣어 반죽하여 쪄 낸 것을 꽈리지게 치댄 후 얇게 밀어 말렸다가 기름에 튀겨 내어 당액과 고물을 묻힌 음식
	다 식	곡물가루, 약재가루, 견과류, 종실류, 꽃가루 등을 꿀에 반죽하여 다식판에 찍어 낸 음식
	정 과	식물의 뿌리, 줄기, 열매 등을 통째로 또는 썰어서 날것 그대로 삶아서 꿀이나 설탕에 졸인 음식
	과 편	신맛이 나는 과일의 즙을 내어 설탕을 넣고 졸이다가 녹말을 넣어 엉기도록 하여 그릇에 쏟아 식힌 다음 편으로 썬 음식
	숙실과	과일이나 식물의 뿌리를 익혀서 다지거나, 익혀서 가루 내어 꿀을 넣고 반죽하여 다시 원래의 모양으로 빚어서 잣가루를 묻힌 것을 난(卵)이라 함. 또한 과일의 모양 그대로를 꿀에 졸여 계핏가루와 잣가루를 묻힌 것을 초(炒)라 함

대분류	중분류	정 의
과정류	엿강정	엿물이나 조청, 꿀, 설탕시럽에 콩이나 깨, 또는 견과류를 넣고 섞어서 반대기를 지어 편으로 썬 음식
	당(엿)	쌀, 찹쌀, 수수, 고구마 등 전분식품에 엿기름을 섞어 당화시켜 졸인 음식
	기 타	과정류에 포함되지만 위의 어느 중분류에도 속하지 않는 음식
음청류	차	각종 약재, 과일, 차잎 등의 재료들을 가루 내거나 말려서, 또는 얇게 썰어 꿀이나 설탕에 재웠다가 끓는 물에 타거나 직접 물에 넣어서 끓여 마시는 음료
	탕	꽃이나 과일 말린 것을 물에 담그거나 끓여 마시는 것과 한약재를 가루 내어 끓이거나 오랫동안 졸였다가 고를 만들어 저장해 두고 타서 마시는 음료
	장	향약, 과실 등을 꿀, 설탕, 녹말을 푼 물에 침지하여 숙성시켜서 약간 시게 하여 마시는 음료
	갈 수	농축된 과일즙에 한약재를 가루 내어 혼합하여 달이거나 한약재에 곡물, 누룩 등을 넣어 꿀과 함께 달여 마시는 음료
	숙 수	향약을 물에 넣어 달여 꿀에 타서 마시는 것으로 조선시대부터는 숭늉을 숙수라 함
	화 채	과일과 꽃을 여러 형태로 썰어서 꿀이나 설탕에 재우거나 그대로 오미자국물이나 설탕물, 꿀물에 띄워 마시는 음료
	미 수	여러 종류의 곡류를 쪄서 볶은 후 곱게 가루 내어 냉수나 꿀물 또는 설탕물에 타서 마시는 음료
	식 혜	엿기름가루를 우려 낸 물에 밥(찹쌀밥 또는 멥쌀밥)을 넣어 일정한 온도와 시간 동안 삭혀서 만든 음료
	수정과	생강과 계피 등을 달인 물에 단맛을 내도록 꿀이나 설탕을 넣고 곶감을 넣은 음료
	즙	과일, 채소, 향약을 잘게 썰어서 즙을 낸 음료
	수 단	곡물을 그대로 삶거나 또는 가루 내어 흰떡 모양으로 빚어서 썬 다음 전분을 묻혀 삶아 내고 꿀물에 타거나 띄워서 마시는 음료
	기 타	음청류에 포함되지만 위의 어느 중분류에도 속하지 않는 음식
주 류	약주 · 탁주	곡물을 주재료로 하고 초근목피과실(草根木皮果實) 등의 부재료를 첨가하여 발효시켜 알코올 성분이 있게 만든 음료. 용수를 박아 맑은 술을 떠 낸 것을 약주, 맑은 술을 떠내지 않고 그대로 걸러 짠 술을 탁주라 함
	증류주	곡류와 초근목피과실(草根木皮果實) 등으로 발효시킨 술을 다시 증류하여 알코올 성분을 많이 함유하게 한 술(소주 등)
	기 타	주류에 포함되지만 위의 어느 중분류에도 속하지 않는 음식

4. 전통향토음식 자료의 표준화

【음식명 표기】

① 표준어와 방언 중복 기록 : 표준어명(방언명)

② 조리법이 유사하나 다른 음식명이 기록된 경우

예) 매생이탕 – 매생이국은 매생이국(매생이탕)으로 표기하고 통합 정리

감자밥 - 통감자밥은 감자밥으로 통합하고 감자밥에서 통감자밥 언급

③ 음식명이 같으나 조리법이 다른 경우

예) 매생이국 '방법 1', '방법 2' 등으로 표기

④ 나물, 생선 등을 이용한 음식의 표기

• 산나물밥, 나물무침 : 음식명에 산나물밥을 표기하고 참고사항에 "사용할 수 있는 산나물은 고사리, 취나물 등이 있다"로 설명함

• 나물명을 표기 가능한 것은 참나물, 고사리나물 등으로 정확히 표기

• 매운탕, 생선매운탕 : 어종을 표기하든가, 하단에 민어, 우럭 등을 사용한다고 설명

⑤ 곤지암소머리국밥, 백암순대 등 지명이 붙은 음식명 그대로 표기 : 지명이 붙은 음식은 '참고사항'에 그 음식의 유래 설명

【재료의 분량 표기】

① 가능한 한 기본 4인분, 부식류 중 김치, 장아찌, 젓갈·식해, 장, 떡류, 과정류, 주류 등 일반적으로 대량 조리하는 음식은 대량 조리가 가능한 분량으로 표기하였음

• CGS 단위를 사용하되 소비자가 알기 쉽도록 개, 컵 등 중복 표현

예) 대파 20g(1뿌리), 감자 100g(1개)

• 주·부재료는 CGS 단위, 양념류는 컵, 큰술, 작은술 사용

② 재료 표기 순서 : 주재료, 부재료, 양념순으로 하고 필요시 양념장의 재료는 별도 표기

※ 실험조리 및 현지 조리법을 재현한 품목 이외의 일부 음식에 대한 재료의 분량은 표기가 불가능하였음

【재료, 만드는 방법 표기】

① 작성방법 : 기준서를 따라 작성하되 세부사항은 전문가 위원회에서 검토

※ 기준서 : 신승미 외, 한국 전통음식 전문가들이 재현한 우리 고유의 상차림, 교문사, 2005

② 재료 및 만드는 법 등을 표준어로 표기 : 방언(사투리)은 '참고사항' 부분에 별도 기록

③ 조리과정을 과학적으로 설명하기 위해 ( ) 안에 세부 설명을 제시 : 송송 썰기(0.5cm 길이), 납작썰기(2×1×0.3cm) 등

【출처 및 정보제공자 표기】

① 책자 : 저자, 서명, 출판사, 발행년도(발행년도의 오름차순으로 입력)

② 논문 : 저자, 논문제목, 학회지명, 권호, 연도(발행년도의 오름차순으로 입력)

③ 정보제공자 및 조리시연자 : 이름, 주소, 주소의 경우 동 또는 리까지만 표기, 이하의 주소 및 전화번호 삭제(이름의 가나다순으로 입력)

【조리방법 설정】

① 현지조사 및 조리법 재현 자료
② 농촌진흥청 농업과학기술원 농촌자원개발연구소의 조리 실험에 의한 조리방법 : 농촌 식생활 향상을 위한 식생활 평가 시스템 개발연구 보고서(농촌진흥청, 2000)
③ 『소비자가 알기 쉬운 식품영양가표』 인용(농촌진흥청 농촌생활연구소(현 농촌자원개발연구소), 2002)
④ 참고문헌에 의한 설정(출처 반드시 기록)
⑤ 식품교환표(한국영양학회, 2000), 『사진으로 보는 음식의 눈대중량』(대한영양사협회 · 삼성서울병원, 1999) 참고한 조리방법 설정
⑥ 조리방법 설정이 불가능할 경우 재료명만 쓰기

표 5 재료, 만드는 법 용어 표기방법

	일반적 표기법	통일된 표기법
분량 및 기구	C	컵
	Ts, T	큰술
	ts, t	작은술
	번철, 후라이팬, 프라이팬	팬
	남비	냄비
	1과 $\frac{1}{2}$컵, 1 1/2컵	1$\frac{1}{2}$컵
	되, 말, 홉, 짝	g, mL(컵)
재 료	건고추	마른고추
	검정콩, 흑태	검은콩
	계란	달걀
	계피가루, 계피	계핏가루, 통계피
	고추 가루, 고추가루	고춧가루
	꼬지, 꼬챙이	꼬치
	녹말가루	전분
	다대기	다진 양념
	다시물, 맛국물, 고기국물	장국국물, 육수
	돈육	돼지고기
	들깻잎	깻잎
	메주가루	메줏가루
	면보, 베보자기	면포
	무우	무
	밥물	밥짓는 물
	소고기	쇠고기
	양념용 깨	깨소금, 통깨
	양념으로 사용하는 마늘, 파, 생강	다진 마늘, 다진 파, 다진 생강
	양념이 아닌 마늘	마늘, 통마늘

	일반적 표기법	통일된 표기법
재 료	양조간장, 진간장, 왜간장, 간장	간장
	청장, 집간장, 조선간장	국간장
	적당량, 적정량	적량
	조금, 소량	약간
	집청액, 시럽	즙청액
	청고추	풋고추
	콩기름, 기름, 튀김기름	식용유
	파	대파, 쪽파, 실파
	표고, 마른 표고버섯	표고버섯, 건표고버섯
	호박	애호박, 단호박, 늙은 호박
	홍고추	붉은 고추
	황율	황률(말린 밤)
	황 · 백지단, 황백색지단	황백지단
	후추	후춧가루, 통후추
만드는 법	파, 마늘, 풋고추, 생강 다지는 과정은 문장에서 삭제	재료에 다진 파, 다진 마늘 등으로 표기
	~을 곁들여 낸다. ~을 담아 낸다.	곁들인다.
	~을 졸인다.	~을 조린다.
	서술형으로 표현된 것	1, 2, 3 등으로 간결하게 표현

표 6 썰기 표현의 표기방법

	썰기방법		규격(길이×폭×두께)	이용되는 음식
깎 기	돌려 깎기		5cm 길이	호박, 오이 등
	둥글려 깎기		밤톨 크기	감자, 당근, 무 등
썰 기	채 썰기	아주 가는 채	5×0.1×0.1cm	구절판
		가는 채	5×0.2×0.2cm	무생채, 도라지생채
		굵은 채	5×0.3×0.3cm	잡채
	나박썰기		2.5×2.5×0.2(0.3)cm	나박김치, 무국
	깍둑썰기		사방 2cm	깍두기
	직사각형 썰기		5×1×0.3cm	겨자채, 무숙장아찌
	마름모 모양 썰기		폭 2cm	지단, 미나리초대
	원형썰기		0.2~0.3cm	오이생채
	반달썰기		0.4~0.5cm	된장찌개, 생선찌개의 부재료
	은행잎 모양 썰기		재료를 십자로 4등분	조림음식 등의 고명
	어슷썰기		0.3cm	대파, 고추
	편 썰기		0.2~0.3cm	홍합초의 생강
다지기	다지기		사방 0.1cm	마늘, 파 양념 다지기
	굵게 다지기		사방 0.2~0.3cm	고추, 파 등

자료 : 홍진숙 외, 기초한국음식, 교문사, 2007

5. 전통향토음식의 지역성 검증

1999~2005년까지 농촌자원개발연구소에서 조사 · 발굴한 전국 9개도 1만 4,308종의 음식자료의 지역성 검증 및 『한국의 전통향토음식』 발간을 위한 전문가위원회를 구성하였다. 전문가위원 중 지역성 검증을 위한 지역별 전문가 5명을 별도로 선정하였는데, 경기 지역의 검증위원에 손정우 교수(배화여자대학), 강원 지역의 검증위원에 윤덕인 교수(관동대학교), 충청 지역의 검증위원에 신승미 교수(청운대학교), 경상 지역의 검증위원에 김상애 교수(신라대학교), 전라 및 제주 지역의 검증위원에 서혜경 교수(전주대학교)로 구성하였다. 지역성 검증을 위한 전문가는 우리나라 전통음식 또는 향토음식에 조예가 깊고 조리 또는 향토음식과 관련하여 연구실적을 발표해 온 교수들로 선정하였다. 2006~2007년까지 6차례의 전문가협의회를 통하여 각 지역별 전통향토음식의 지역성 검증에 관한 절차와 방법을 논의하였고, 이를 바탕으로 해당 지역 지역성 검증위원이 해당 지역의 음식인지 여부를 검토하였다.

전문가협의회를 통해 지역성 검증을 위한 지역 구분은 행정구역상 구분을 따르기로 결정하였고, 그에 따라 검증 지역을 서울 · 인천 · 경기 지역, 강원 지역, 충북 지역, 대전 · 충남 지역, 전북 지역, 광주 · 전남 지역 , 대구 · 경북 지역, 부산 · 울산 · 경남 지역, 제주 지역 등 9개 지역으로 나누었다. 조사 · 발굴된 전통향토음식 중 각 지역음식에 포함될 음식의 1차적 기준을 설정하였다. 음식명이 우리나라 고유 언어로 불린 음식으로 한정하여 카레나 케첩 등은 제외하였고 조리법에서도 우리나라 고유의 조리법을 활용한 음식으로 한정하였다. 식품재료 사용에서도 우리나라에서 1970년 이전(수입농산물이 급격히 증가하기 전)에 사용해 온 것으로 한정하여 현대에 이르러 새롭게 식품재료로 활용되고 있는 흑미 등으로 조리된 음식은 제외하였다. 또한 전체적으로 '재료', '조리법', '음식명' 에서 우리 고유의 음식 특색이 없는 것은 제외하였다. 지역성 검증 작업을 진행하면서 몇 번의 협의와 수정을 거쳐 최종적으로 지역성 검증 기준을 다음과 같이 마련하였다.

첫째, 해당 지역의 특산물을 이용한 음식이어야 한다. 여기서 '해당 지역의 특산물' 이라 함은 그 지역에서 최소한 1970년대 이전부터 많이 재배되어 오는 농수산물을 말하며, 최근에 이르러 많이 재배되거나 전략적인 특산물로 홍보되는 작물은 제외하였다.

둘째, 해당 지역의 독특한 조리법에 의하여 만들어진 음식이어야 한다. '미역국' 이라도 다른 지역과 차별되는 그 지역만의 독특한 조리법이나 재료를 사용하면 그 지역의 음식으로 간주하였다.

셋째, 그 지역 주민이 선호하는 음식이어야 한다. 오래 전부터 그 지역 주민들이 즐겨 먹어 온 음식이어야 하고, 예전에는 먹지 않았으나 교통 · 통신수단의 발달로 타 지역에서 유입된 후 현대에 이르러 많이 먹는 음식은 제외하였다.

넷째, 그 지역의 환경과 관련성을 가진 음식이어야 한다. 그 지역의 독특한 자연환경, 생활상, 문화 등과 관련성이 있는 음식은 지역음식으로 간주하였다.

다섯째, 학술지나 고문헌, 각 지역에서 발간된 향토음식 관련 책자 등에서 그 지역음식으로 검증된 음식이어야 한다. 학술지나 고문헌, 향토음식 관련 책자 등에서 학술적으로 검증된 자료를 인용할 경우 반드시 문헌명과 출처를 제시하여야 한다.

이와 같이 다섯 가지로 지역성 검증 기준을 마련하였고, 이 다섯 가지 중 어느 한 조건이라도 만족하는 경우 그 지역의 음식으로 간주하였다. 이러한 검증 작업의 결과 최초의 조사·발굴된 1만 4,308종의 음식자료에서 최종적으로 3,300여 종의 음식이 지역음식으로 선정되었다.

6. 고문헌을 통한 역사성 검증

본 서에 실린 상용음식의 역사성 검증은 장혜진·이효지 연구(1989)의 고문헌 고찰방법을 채택하였다. 고문헌 고찰을 하기 위해서는 가장 먼저 고찰할 문헌들을 결정해야 하므로 문헌 선택을 위한 몇 가지 기준을 정하였다. 첫째, 조선시대 이후에 출간된 조리서나 식품에 관련된 문헌을 대상으로 하였다. 쉴즈(Shils, 1981)에 의하면 어떤 신념이나 행위모형이 '전통' 이 되기 위해서는 적어도 2번의 전승과 3세대의 간격이 필요하다고 하였다. 여기서 2번의 전승과 3세대의 간격이란 최소한 100년 동안의 전승이 있어야 한다는 의미이며, 조선시대의 고조리서에 등장한 음식이라면 이러한 100년 전승의 조건을 충분히 만족하는 것으로 판단하였다. 또한 조선시대는 농경을 중시하여 곡식과 채소의 생산이 늘어났고 그에 따라 식생활 문화가 발달하여 반가에서 음식 만드는 조리서들이 쓰여지기 시작하였다. 따라서 조선시대에 등장한 고조리서 고찰은 본 책자에 실린 음식들의 역사성을 검증하는 작업에 충분한 것으로 사료된다.

문헌을 선정하는 두 번째 기준으로 작업의 편이성을 위하여 한글 번역이 되어 있는 고조리서로 선정하였다. 만약 한글 번역이 되어 있지 않았는데, 내용상 고찰이 필요한 고조리서의 경우에는 그 고조리서를 분석한 학술논문 고찰로 대신하였다. 『도문대작』, 『주방문』, 『음식법』, 『부인필지』 등이 이에 해당한다.

세 번째로 조선 전기부터 일제시대까지 전체를 아우를 수 있게 약 50~100년 간격으로 문헌이 출간된 시점을 고려하였다. 역사성 검증을 위해 선정된 문헌은 표 7에, 학술논문은 표 8에 정리하였다. 선정된 각 문헌의 내용과 특징을 간략히 살펴보면 다음과 같다.

산가요록(山家要錄)

1449년 전순의가 지은 종합농서로서 식품 부분에 있어서는 우리나라에서 가장 오래된 최초의 식품서적으로서의 가치가 있다. 책의 내용은 양잠, 종상(種桑), 과수, 죽목(竹木), 채소, 염료작물, 가축 등의 농업 부분과 주류, 장류, 식초류, 침채류, 과일·채소류 저장, 어육류 저장, 동절양채, 죽류, 병과류, 국수·만두류, 과정류, 좌반류, 식해류, 기타 조리법 등의 식품 부분으로 나누어 만드는 법을 설명하고 있으며 이와 함께 옷 만들기 길한 날과 여러 가지 염색방법에 대해서도 기록하고 있다. 식품 부분은 중국농서를 참고하지 않아 그 시대의 전통적인 한국 고유의 식품을 기록하였다고 생각되고, 식품 부분이 180항목 내외로 그 내용이 다양하고 풍부한 특징이 있다.

표 7 역사성 검증을 위해 선정된 문헌

문 헌	원저자	원저 발행년도	역 자	발행처	발행년도
산가요록(고농서 국역총서 8)	전순의	1449	농촌진흥청	농촌진흥청	2004
식료찬요(고농서 국역총서 9)	전순의	1460	농촌진흥청	농촌진흥청	2004
수운잡방 · 주찬	김수	1500년대	윤숙경 역	신광출판사	1998
도문대작[1]	허균	1611			
지봉유설	이수광	1614	남만성 옮김	을유문화사	1980
음식디미방(경북대학교 고전총서 10)	석계부인, 안동 장씨	1670년경	경북대학교 출판부	경북대학교 출판부	2003
주방문[1]	하생원	1600년대 말엽			
산림경제 2권(고전국역총서)	홍만선	1715	민족문화추진회	민문고	1967
증보산림경제	유중림	1765	윤숙자 역	지구문화사	2005
규합총서	빙허각 이씨	1815	정양완	보진재	1999
음식법[1]	미상	1854(추정)			
시의전서	미상	1800년대 말엽	이효지 외	신광출판사	2004
부인필지[1]	미상	1915			
조선무쌍신식요리제법	이용기	1924	옛음식연구회	궁중음식연구원	2001
조선요리제법	방신영	1942		한성도서 주식회사	1942

주 : 1)의 고문헌들은 한글로 번역된 문헌을 찾을 수 없어 문헌들을 분석한 학술논문을 참고로 하였다. 참고한 학술논문은 표 8에 제시하였다.

식료찬요(食療纂要)

1460년 의관을 지낸 전순의가 지은 의서로서 현존하는 고서 중 최고의 식이요법서이다. 병을 치료하는 데 식품으로 치료하는 것을 우선해야 함을 강조하여 식이요법의 중요성과 실용적인 조문만 뽑아 간편하게 찾도록 구성하였다.

수운잡방(需雲雜方) · 주찬(酒饌)

김수가 지은 1500년대 조리서로서 고려 말에서 조선 전기의 음식 조리법과 안동 사림계층의 식생활을 엿볼 수 있는 특징이 있다. 그 내용은 술 빚는 법, 장류, 김치, 식초류, 채소 저장법, 과일 저장법, 조과 만들기, 타락, 엿 만들기 등이 포함되어 있으며 우리나라에 고추가 유입되기 전의 조리서이기 때문에 고춧가루를 넣지 않은 김치가 기록된 문헌이다.

도문대작(屠門大嚼)

1611년 허균이 바닷가에 귀양가서 거친 음식만 먹게 되자 견딜 수 없어 전에 먹어 보았던 음식을 떠올리며 기록하면서 자신이 도살장문(屠門)을 바라보고 그게 씹는(大嚼) 것과 같다고 하여 붙여진 이름이다. 그 내용은 식품을 분류하여 식품의 특징과 명산지를 기록하고 떡과 한과류를 중심으로 서울의 음식을 소개하였다. 이를 통하여 광해군시대의 식품재료와 각종 음식을 한눈에 볼 수 있다는 것과 다른 조리서들과 비교하였을 때 지역성을 알 수 있다는 점이 특징이다.

표 8 역사성 검증을 위해 선정된 학술논문

저 자	논문제목	학술지	연 도
이효지	『규곤시의방』의 조리학적 고찰	대한가정학회지, 19(2)	1981
이효지	『규합총서』, 『주식의』의 조리과학적 고찰	한양대학교 사대논문집	1981
김귀영 · 이성우	『주방문의』 조리에 관한 분석적 연구	한국식생활문화학회지, 1(4)	1986
이광자	우리나라 문서에 기록된 찬물류의 분석적 고찰	한양대학교 교육대학원 석사학위논문	1986
이효지	조선시대의 떡문화	한국조리과학회지, 4(2)	1988
장혜진 · 이효지	주식류의 문헌적 고찰	한국식생활문화학회지, 4(3)	1989
윤서석	한국의 국수문화의 역사	한국식생활문화학회지, 6(1)	1991
윤서석 · 조후종	조선시대 후기의 조리서인 『음식법』의 해설 1	한국식생활문화학회지, 8(1)	1993
	조선시대 후기의 조리서인 『음식법』의 해설 2	한국식생활문화학회지, 8(2)	1993
	조선시대 후기의 조리서인 『음식법』의 해설 3	한국식생활문화학회지, 8(3)	1993
이효지 · 차경희	부인필지의 조리과학적 고찰	한국식생활문화학회지, 11(3)	1996
김기숙 · 백승희 · 구선희 · 조영주	『음식디미방』에 수록된 채소 및 과일류의 저장법과 조리법에 관한 고찰	중앙대학교 생활과학논집 12권	1999
김기숙 · 이미정 · 강은아 · 최애진	『음식디미방』에 수록된 면병류와 한과류의 조리법에 관한 고찰	중앙대학교 생활과학논집 12권	1999
이은욱	조선 후기 식기 및 음식의 특색과 변화	이화여자대학교 석사학위논문	2002
김미희 · 유명님 · 최배영 · 안현숙	『규합총서』에 나타난 농산물 이용 고찰	한국가정관리학회지, 21(1)	2003
차경희	『도문대작』을 통해 본 조선 중기 지역별 산출 식품과 향토음식	한국식생활문화학회지, 18(4)	2003
김희선	어업기술의 발전 측면에서 본 『음식디미방』과 『규합총서』 속의 어패류 이용 양상의 비교 연구	한국식생활문화학회지, 19(3)	2004

지봉유설(芝峰類說)

1614년 이수광에 의해 편찬되었고 3,435조목을 25부문 182항목으로 나누어 설명하고 반드시 그 출처를 밝혔으며 실학사상에 입각하여 서구 문명을 소개한 것이 특징이다. 25부는 천문 · 시령(時令) · 재이(災異) · 지리 · 제국(諸國) · 군도(君道) · 병정(兵政) · 관직 · 유도(儒道) · 경서(經書) · 문자 · 문장 · 인물 · 성행(性行) · 신형(身形) · 어언(語言) · 인사(人事) · 잡사(雜事) · 기예(技藝) · 외도(外道) · 궁실 · 복용(服用) · 식물(食物) · 훼목(卉木) · 금충(禽蟲)으로 음식에 대한 설명은 식물부(食物部)에 기록되어져 있다.

음식디미방(규곤시의방, 閨壼是議方)

1670년경 안동 장씨의 친정집과 시댁의 음식법을 수록한 책이다. 이 책의 명칭은 두 가지로서 한 가지는 『음식디미방』으로 본문의 첫머리에 표기된 권두서명이고, 또 하나는 『규곤시의방(閨壼是議方)』으로 겉표지에 쓰인 서명이다. 예로부터 전해져 오는 음식과 스스로 개발한 음식에 대하여 면병류 18종, 어육류 42종, 과채류 19종, 주류 및 초류 54종을 수록하였고, '맛질방문' 에 면병류 9종, 어육류 4종을 포함하여 총 146개항에 달하는 음식조리법을 서술하였다. 이

책의 특징은 후손에게 전통적인 조리법을 전해 주려고 한 것으로서 여성이 기록한 옛 조리서라는 것과 최초의 한글 조리서라는 데 의의가 있다.

주방문(酒方文)

1600년대 말 하씨 성을 가진 생원에 의해 지어진 것으로 알려져 있다. 술과 관련된 항목 28종과 음식과 관련된 항목 50종을 포함하여 총 78종에 대한 조리와 가공법을 한글로 설명하고 있다.

산림경제(山林經濟)

1715년 홍만선이 백성들을 위하여 편찬한 책으로 일상생활에 필요한 여러 가지 문제를 체계적으로 분류한 것이 특징이다. 당시의 중국 서적과 우리나라 서적을 참고하여 농촌 가정에서 알아야 할 것을 기록하였고, 각 조목마다 인용서목을 적어 넣어 학문적 가치가 큰 책이다.

증보산림경제(增補山林經濟)

1766년 유중림에 의해 편찬된 한문 필사본으로 산림경제를 검토하여 토속성이 없는 것은 제외하거나 보충하여 그 내용을 방대하게 늘린 특징이 있다.

규합총서(閨閤叢書)

1815년경 빙허각 이씨에 의해 편찬된 것으로 산림경제, 고사신서, 해동농서를 참고하여 [주식의(酒食議)], [봉임측(縫紝則)], [산가락(山家樂)], [청낭결(靑囊訣)]로 구분하여 내용을 구성하였으며 전통적인 의식주에 대하여 설명한 가정백과의 성격을 띠고 있다. [주식의(酒食議)]는 장 만들기, 술 빚기, 밥, 떡, 과즐 등의 내용을 설명하고 있고, [봉임측(縫紝則)]은 재봉, 염색, 방직, 자수, 양잠, 그릇과 등잔관리 등에 대한 내용을 포함하며, [산가락(山家樂)]은 밭일, 꽃재배, 가축 기르기에 대한 내용을 담고 있다. [청낭결(靑囊訣)]은 태교, 아이 기르기, 구급법 등에 대하여 설명하고, 끝으로 『술주략』은 집과 여러 환난에 대처하는 방법 등을 기록하고 있다. 이는 우리나라 여성이 우리의 기후와 풍토에 맞는 실용적인 지혜를 바탕으로 저술한 책으로서 의의가 있다.

음식법(찬법, 饌法)

조선 후기 갑인년(1854년으로 추측)에 어느 가정에서 혼인하는 딸에게 내려 준 조리서로 알려져 있다. 책의 내용은 음식명이 기록된 127종과 음식명 없이 내용만 기록된 14종을 포함하여 총 141종의 음식과 제과유독, 제체유독, 음식 금기에 대한 내용이 포함되어 있다. 찬합음식의 종류와 담는 방법이 자세히 기록되고, 음식 규범에 대한 언급이 수록되어 있는 것이 특징이다.

시의전서(是議全書)

1800년대 말 작자미상의 책으로 422종의 음식이 상권과 하권으로 나누어 설명되고 있다. 또한 5첩 반상, 7첩 반상, 9첩 반상, 신선로상, 입매상, 술상, 곁상의 반배도가 그려져 있고, 조리법의 분류가 잘 되어 있다. 또한 그 시대의 전통식품을 한눈에 볼 수 있다는 것과 제물부(祭物部)를 독립시켜 당시 제사를 중요하게 생각했다는 것을 알 수 있는 특징이 있다.

부인필지(夫人必知)

빙허각 이씨의 규합총서에서 가정생활에 필요한 내용을 추려 1915년에 편찬한 것으로 115종의 음식이 수록되어 있다. 그 외에도 과채수장법, 제과독, 제유수취법, 의복, 길쌈, 좀 못 먹게 하는 법, 수 놓는 법, 사물, 물류 상감 등이 기록되어 있다.

조선무쌍신식요리제법(朝鮮無雙新式料理製法)

『임원십육지』의 [정조지]를 한글로 번역하고 신식요리를 곁들여 1924년에 이용기에 의해 편찬된 책이다. 손님 접대하는 법, 상 차리는 법, 상극이 되는 음식물, 아이 밴 이가 못 먹는 것, 우유 먹는 법 등이 수록되어 있고 서양요리, 중국요리, 일본요리 만드는 법 또한 수록되어 있다. 또한 밥, 장, 고추장, 된장, 초, 술, 소주, 국, 창국, 누룩, 김치, 장아찌, 떡, 국수, 만두, 전유어, 나물, 생채, 지지미, 찌개, 찜, 적, 구이, 회, 편육, 어채, 백숙, 묵, 선, 포, 마른 식품, 자반, 볶음, 조림, 무침, 쌈, 젓갈, 죽, 미음, 응이, 암죽, 차, 기름, 청량음료, 타락, 두부, 화채, 숙실과, 유밀과, 다식, 편, 당전과, 정과, 점과, 강정, 미시, 엿 등의 종류와 만드는 법에 대하여 설명하고 잡록 11종과 부록 22종에 대한 조리법과 양념, 각색가루, 소금 만드는 법에 대해서도 기록되어 있다.

조선요리제법(朝鮮料理製法)

방신영에 의해 편찬된 책으로 한국요리의 모체로 인정받고 있으며 1913년, 1917년, 1942년, 1954년에 판을 거듭하여 개정하였다. 1942년도 증보 개정판의 내용은 기명, 식물, 수육, 어육에 대한 해석과 음식 저장법, 남은 음식 · 상한 음식 · 해독 등에 대한 주의할 사항을 기록하였다. 또한 양념류, 분말제조법, 기름, 소금, 당류, 초, 장, 젓, 김치(김장김치), 김치(보통 때 김치), 찬국, 장아찌, 조림, 찌개, 지짐이, 찜, 볶음, 무침, 나물, 생채, 전유어, 구이, 자반, 적, 편육, 포, 마른 식품, 회, 어채, 쌈, 묵, 잡록, 떡국, 만두, 국수, 편, 정과, 강정, 엿강정, 숙실과, 다식, 유밀과, 화채, 차 다리는 법, 죽류, 국, 숩, 밥, 떡 등의 종류와 조리법에 대하여 설명하였다. 그 외에도 각 절기의 잔치, 상 차리는 법, 어린아이 젖먹이는 법이 기록되어 있다.

위의 문헌들에 대한 구체적인 고찰방법은 첫 단계로, 고문헌에서 나타난 음식명과 본 책자에 실린 상용음식의 음식명이 일치하는 음식을 찾았다. 음식명이 일치하는 경우 그 음식에 대한 현재의 조리법 및 식품재료와 고문헌에서 나타난 조리법과 식품재료가 일치하는지를 확인하였다. 두 번째로 고문헌에서 나타난 음식명과 일치하는 음식명이 없는 경우 조리법과 식품재료에 대한 비교 작업을 수행하였다. 음식명이 일치하지 않더라도 조리법과 식품재료의 비교에서 고문헌에 의한 방법과 현대의 방법이 유사하다면 그 음식의 역사성은 검증되는 것으로 판단하였다. 모든 음식의 검증자료는 엑셀 데이터베이스(DB)화하였고, 그 방법은 그림 1과 같다.

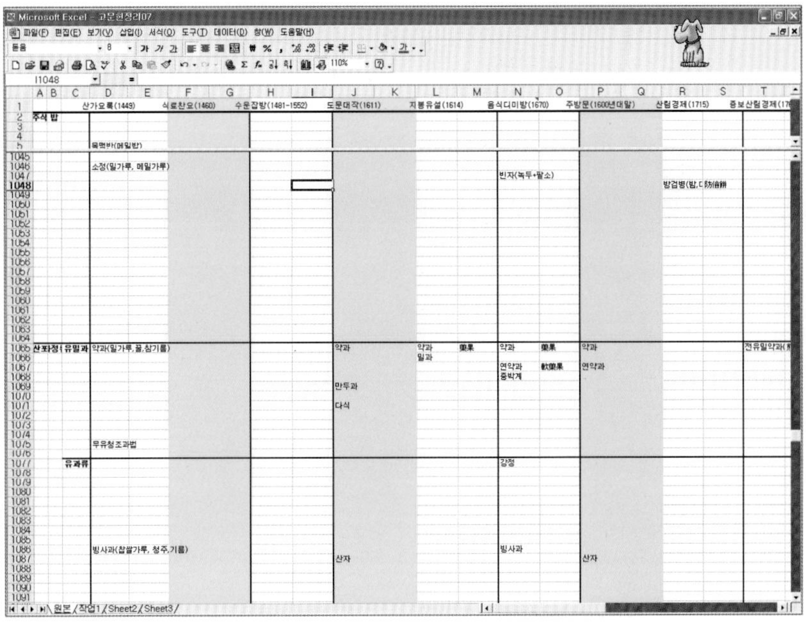

고 서	산가요록	식료찬요	수운잡방, 주찬	도문대작	지봉유설	음식디미방	주방문	산림경제	증보산림경제	규합총서	음식법	시의전서	부인필지	조선요리제법	조선무쌍신식요리제법
약 과	1			1	1	1	1			1		1	1	1	1

그림 1 엑셀 프로그램에 의한 음식명 일치 검색 예시

慶尚北道

제2부

경상북도

전통향토음식

제 1 장

경상북도의 전통향토음식 발달 배경과 특징

1. 경상북도의 지리적 특성
2. 경상북도의 특산물
3. 경상북도 전통향토음식 발달의 역사적 · 사회문화적 배경
4. 경상북도 전통향토음식의 특징
5. 대표적 전통향토음식

제1장

경상북도의 전통향토음식 발달 배경과 특징

김상애 신라대학교 교수

1. 경상북도의 지리적 특성

지금의 경상남북도를 통틀어 지칭하는 경상도의 지명은 고려 때 이 지방 대표적 고을인 경주와 상주의 머리글자를 합하여 만든 합성지명이다. 995년(고려 성종 14년)에 영남도, 영동도, 산남도로 나뉘었다가 1106년(예종 1년) 위의 3개 도를 합하여 경상진주도로 하면서 처음 '경상' 이라는 이름이 등장하였다. 1171년(명종 1년) 이를 경상주도와 진합주도로 하였다가 1186년(명종 16년) 경상주도로 통합, 1314년(충숙왕 1년)에 경상도라는 이름이 정해졌다. 1407년(조선 태종 7년) 군사행정상의 편의를 위하여 좌 · 우도로 고쳐지기도 하였고, 1895년(고종 32년)에는 대구, 안동, 진주, 동래의 4개 관찰부로 나누기도 하였다. 1896년(고종 33년)에 전국을 13도로 나눌 때 경상도를 남북으로 나눈 뒤 1914년 부 · 군 · 면의 조정이 이루어지면서 오늘날의 행정구역이 형성되어 현재에 이르고 있다(대구한의대학교 경산문화연구소, 2005 ; 네이버사전(두산백과), 2006).

경상북도는 대한민국의 동남쪽에 위치하며, 삼국시대 신라의 수도인 경주와 대가야의 주도인 고령이 있는 유서 깊은 지역이다. 동쪽은 동해와 남쪽은 울산, 경상남도와 서쪽은 전라북도, 충청북도, 북쪽은 강원도와 접하고 있다. 중요한 도시는 도청 소재지인 대구를 위시하여 안동, 영주, 상주, 김천, 구미, 경주, 포항이다.

동쪽의 태백산맥과 북서쪽의 소백산맥 사이에 비교적 넓은 산간평야를 형성하고 태백 및 소백산맥 남부는 성현산지(省峴山地)에 둘러싸여 큰 분지형을 이루고 있다. 내륙 지방을 굽어 흐르는 낙동강과 그 지류 주변에는 기름진 농토의 평야가 펼쳐져 있으며 소백산지, 중앙저지, 동부산지, 해안평야의 4지형구로 구분된다.

소백산지는 구운산(1,346m), 선달산(1,236m), 문수봉(1,162m), 연화봉(1,394m), 도솔봉(1,316m), 속리산(1,058m), 황악산(1,111m) 등의 고봉이 있고 평균 고도가 동부산지보다 높아 교통장애가 되고 있으나 죽령(689m), 조령(362m), 이화령(548m), 추풍령(200m) 등의 고개가 예로부터 중요한 교통로로 이용되어 왔다. 중앙저지는 동부산지와 소백산지 사이에 있는 낙동강 유역 분지이다. 낙동강은 강원도 삼척시 함백산 부근에서 발원하여 경상북도에 들어와 남에서 남서로 흘러 안동시 부근에서 반변천과 합류하고, 서쪽으로는 미천, 내성천, 영강 등의 지류와 합류하여, 점촌동 부근에서 위천, 감천, 금호강 등과 합치면서 경상남도로 흘러든다. 충적평야는 낙동강 양안에 좁게 발달되어 있는데, 그 가운데 낙동강 상류분지와 금호강 유역의 대구분지가 비교적 넓다. 충적평야를 제외한 중앙저지의 대부분은 저산성의 구릉지와 산록완사면으로 되어 있는데, 충적저지와 산록완사면은 주요한 농경지를 이룬다. 동부산지는 태백산맥의 남단부에 해당하며 여러 개의 종곡과 횡곡에 의하여 절단되어 왕두산(1,046m), 문수산(1,206m), 비룡산(1,130m), 통고산(1,067m), 일월산(1,218m), 장군봉(1,130m), 백암산(1,004m), 보현산(1,124m), 팔공산(1,193m), 비슬산

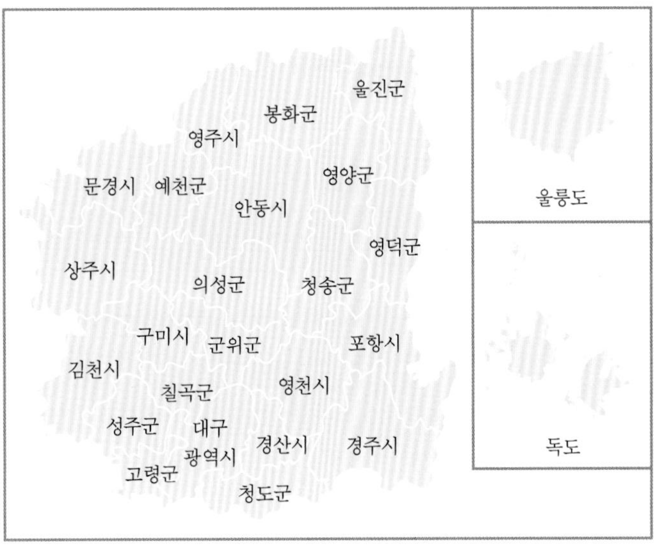

그림 1 경상북도

(1,124m), 가지산(1,240m), 고헌산(1,033m) 등이 있다. 울진~봉화, 영덕~안동, 포항~안동, 포항~영천 사이에 낮은 고개와 횡곡이 열려 있어 동해안 지방과 내륙 사이의 교통에 장애를 주지는 않는다. 해안평야는 태백산맥의 동쪽 해안을 따라 좁게 발달하고 있으며, 동부산지에서 동해로 흐르는 소하천의 하구 충적평야와 해안단구로 구성되어 있다. 형산강 하류의 홍해평야와 송천 하류의 영해평야는 왕피천, 남대천, 송천, 구계천, 곡강천, 형산강 등의 하구에서 비교적 넓게 형성된 충적평야이다. 또 호미곶에서 방어진까지의 해안에는 전형적인 해안단구가 발달하였다(경상북도청, 2006).

경상북도의 면적은 1만 9,025km^2(전 국토의 19.1%)(2006)로 전국 최대로서 서울의 31배에 달하며, 행정구역은 10시, 13군, 2구, 1출장소로 338읍 · 면 · 동이며, 인구는 269만 1,064명(2006년 현재)이다(네이버사전(두산백과), 2006).

또한 온대 지방의 내륙분지성 기후로 동해안은 해류와 산맥의 영향을 받아 내륙보다 따뜻하고 연교차가 적다. 연평균기온은 13°C이고, 1월 평균기온(0.3°C)은 동해안(영덕군)이 0.6~0.0°C, 남부 지방(영천시)이 -1.6~2.2°C, 북서 지방(영주시 · 문경시 · 청송군)이 -4.0~-4.2°C로, 약 5°C의 지역차를 보이고 있다. 8월 평균기온은 24.9~26.9°C인데, 남부 내륙이 높고 북부와 동해안 지방이 낮으나 그 교차는 2°C이고 겨울에 비하여 지역차는 작다.

연강수량은 900~1,300mm(평균 1,046mm)로 지역차가 크고, 소백산맥으로 인하여 남서부에서 이동해 오는 저기압 및 바람의 그늘에 해당되는 지역인 대구광역시 주변의 내륙 지방은 여름에 덥고 비가 적다. 영천시, 청송군, 길안면, 안계면을 잇는 내륙 지방은 900mm 이하이고 영주시, 부석면, 문경시, 경산시, 청도군, 고령군 등 북부 · 서부 · 남부는 1,000~1,100mm, 영덕군, 영양군, 봉화군, 안동시, 구미시, 김천시, 군위군, 경주시 등은 강수량이 900~1,100mm이다. 또 강수량의 반은 6~8월에 집중하여 강수의 하계집중률이 높고 겨울가뭄이 잦은 지역이다.

울릉도는 우리나라 기후의 일반적 기후 성격과 판이하여 고온다습한 해양성 기후를 나타내고 있다. 1월 평균기온 0.6°C, 8월 평균기온 23.9°C, 연평균기온 12°C로서 기온의 교차가 비교적 작은 온화한 기후를 보일 뿐만 아니라 1,485mm의 연강수량이 계절별로 비교적 고르게 배분되어 내리는 것이 특색이다.

2. 경상북도의 특산물

경상북도는 한반도의 남동부 지방에 위치하여 동쪽의 태백산맥과 북서쪽의 소백산맥 사이에 비교적 넓은 산간평야를 형성하고, 큰 분지형(대구, 안동)을 이루고 있다. 낙동강 주변에는 기름진 농토의 평야(경주)가 펼쳐져 있으며 좁고 긴 동해안 일대의 중요 농업 지역을 이루고 있는 형산강평야, 경북의 주요 곡창 지역을 이루고 있는 경주평야 등의 내륙 평야 지방이 있다.

험준한 산세의 태백산, 소백산, 지리산, 가야산, 덕유산 등이 걸쳐 있는 서부 및 북부 지방의 산간 지방에서는 주로 밭작물, 산채, 약초의 이용이 많다. 낙동강과 그 지류 유역의 주요 곡창지대인 내륙평야에서는 쌀, 보리, 콩, 채소, 과일 등이 많이 생산된다. 참외, 고추, 사과, 포도, 복숭아는 전국에서 가장 많이 생산되며, 참외는 성주 · 칠곡, 고추는 영양 · 청송, 사과는 칠곡 · 경산, 포도는 김천지방이 주산지이다. 이 밖에 특용작물로 안동의 마와 풍기의 인삼이 유명하며 예천, 상주, 문경 등지의 산간 지방에서는 양잠, 농가에서는 소 · 돼지 · 닭 등의 사육이 활발하다. 감포, 구룡포, 포항, 강구, 울릉도 등에서 오징어 · 꽁치 · 명태 · 쥐치 · 방어 등이 잡히며, 해조류로는 미역이 주산물이다.

지역별 주요 특산물로는 풍기의 인삼, 영양의 고추, 영덕과 울진의 대게, 포항의 과메기, 울릉도의 오징어, 의성의 마늘, 청도의 감, 안동의 마, 봉화의 당귀 · 송이버섯, 대구와 경산의 사과, 김천의 산채, 성주 참외, 군위의 돼지고기, 영천의 도토리묵, 상주의 곶감 등을 들 수 있다. 이 밖의 지역산물로는 문경시 가은의 약초 · 도라지, 감포의 단감 · 해산물, 강구의 대게 · 완두콩, 건천의 산채 · 양송이버섯, 경산의 대추 · 곡물 · 청과류, 고령의 참외 · 감 · 딸기, 구룡포의 해산물, 안동시 길안의 고추, 대덕의 호두, 문경의 송이버섯, 물야의 인삼 · 사과, 상주의 감 · 곶감, 선산의 땅콩 · 약주 · 곡물, 성산의 참외 · 수박 · 곡물, 성주의 칡 · 참외 · 수박, 수비의 고추, 신평의 마늘, 안강의 토마토 · 곡물 · 약초, 영덕의 복숭아, 영양의 꿀 · 고추, 영주의 약초 · 인삼 · 사과, 영천의 사과 · 양파, 예안의 고추 · 마늘, 예천의 고추 · 참깨, 오천의 영지버섯, 왜관의 참외 · 수박 · 포도, 울진의 대게 · 미나리 · 미역 · 버섯 · 고랭지배추, 의성의 산수유 · 감 · 고추 · 마늘, 자인의 포도 · 복숭아, 지품의 약초 · 잡곡, 청도의 복숭아 · 감 · 사과 · 고추, 청송의 사과 · 고추 · 산채 · 약초, 춘양의 인삼 · 송이, 평해의 곡물, 풍기의 인삼 · 사과, 함창의 고추, 화북의 고추 · 산채 · 버섯, 홍해의 해산물 · 딸기 · 잡곡을 들 수 있다.

3. 경상북도 전통향토음식 발달의 역사적 · 사회문화적 배경

경상북도는 유교문화권(안동), 가야문화권(성주, 고령), 신라문화권(경주)으로 나누어지며 매우 소박하고 보수성이 강한 지역이므로 전통적인 음식이 토착화되어 향토음식으로서의 특징을 지니고 있다. 강한 보수성은 문화적 우월감과 이 지역의 문화보다 높은 문화만을 수용한 것, 동족부락이 밀집되어 문화공간이 폐쇄적인 것 등에서 잉태된 것으로 본다(김상보, 2004). 문화적으로 북부 지역을 중심으로 한 안동문화권에는 유교문화 유적과 보수적 유습 및 토속적 습속의 의례음식이 발달되어 있고, 찬란한 불교문화의 천년고도인 경주 지역은 관광문화 도시로 신라시대 불교문화 유적지와 술, 떡 등 제례음식과 궁중음식이 발달되어 있으며, 전통문화를 간직한 성주 지역은 안동이나 경주와 같이 문중종부의 손맛으로 전승된 종가음식이 발달된 지역이다(윤숙경, 1994 ; 성주군농업기술센터, 2003 ; 경주시농업기술센터, 2005 ; 농촌진흥청, 2006). 지리적으로 낙동강 주변의 넓고 기름진 평야가 형성되어 있는 내륙 지방에는 온난한 기후와 비옥한 토지에서 생산된 좋은 쌀을 비롯하여, 계절마다 다양한 채소류와 육류의 공급이 원활하여 쌀을 비롯

한 곡류음식과 절기별로 생산되는 채소류의 음식 및 육류음식이 발달하였다. 전국에서 가장 긴 해안선과 동해바다를 끼고 사계절 해산물이 풍부하여 어패류를 이용한 음식과 젓갈류 등 저장 식품이 발달되었으며, 산간 지방에서는 잡곡, 감자, 콩 등의 밭작물을 이용한 음식과 산채와 약초를 채취하여 부식과 별미 약용으로 이용하며, 메밀묵, 도토리묵 등 대용식과 고사리, 더덕, 산나물, 버섯 등 어느 지역과 비교할 수 없는 풍부한 식품 재료를 사용하여 다양한 식문화가 형성되어 있다. 기후가 온난하여 일찍부터 벼농사를 중심으로 한 농경생활의 기틀 위에 신라의 찬란한 불교문화와 조선시대의 유교적 전통 등 환경의 영향을 받으며 독특한 식생활문화가 발달되어 왔다. 동해안 지방의 어촌 식생활과 봉화 등 북부 지방의 산간 식생활에는 약간의 지역적 차이가 있으나 대체로 산채와 곡식이 다양하고 넉넉하며 해산물 또한 풍부하여 농수산물이 식생활에 조화를 이루고 있다. 지형의 구조가 소박하고 보수성이 강한 기질을 만들어 전통음식 또한 보수적이며 소박한 형태로 토착화되어 경상북도 향토음식의 특징을 지니게 된 것으로 보인다. 따뜻한 기후로 인해 음식의 맛은 대체로 얼얼하도록 맵고 짠 편이며, 경상도 특유의 무뚝뚝함을 반영하듯 멋을 내거나 사치스럽지 않고 소담하게 만든다(한복진, 1998 ; 농촌진흥청, 2006).

4. 경상북도 전통향토음식의 특징

경상북도 전통향토음식은 불교문화(경주 중심)와 유교문화(안동 중심)의 전통을 이어온 보수적이고 전통적이고 의례적인 향토음식이 많다. 경주 지역은 동족부락으로 형성된 명문종가집의 제례를 중심으로 한 각종 음식, 즉 제사음식이 향토음식이라 하여도 좋을 것이다. 따라서 음식의 격조가 높은 지역으로 각종 전병류와 가주(家酒)의 전통이 깊으며 동해로부터 어물 공급이 비교적 좋은 고장이어서 제례음풍(祭禮飮風)으로 어류가 크게 숭상되고 있으며, 특히 김치에 갈치가 들어가기도 한다. 또 안동 지역은 양반문화를 중시 여기던 고장으로 양반들만의 음식상, 제사상 등이 구분되기도 하고, 조선시대에는 궁중음식, 반가음식, 서민음식이 구별되어 있었으나 음식이란 오랜 세월 계속적인 유전(流轉)으로 기층(基層)까지 점유하게 되므로 궁중, 반가, 서민음식이 융화되어 정착하면서 향토음식으로 자리잡게 되었다(윤숙경, 1994 ; 한복진, 1998 ; 경주시농업기술센터, 2005 ; 김상애, 2005).

경상북도는 음식의 지방색이 강한 곳으로 특히 의례음식인 떡류, 다과 및 음청류, 주류가 다양하게 발달되었으며 건어물, 자반어류 및 민물고기를 이용한 음식이 발달되었다. 또 산간 내륙 지방에서는 감자, 고구마, 메밀 및 도토리묵 등을 이용한 질박한 음식이 많았고, 생콩가루를 이용한 음식이 많이 있다. 안동식혜, 석감주, 다슬기국, 닭백숙, 집장, 밥식해, 횟집나물, 수수풀떼기, 호박떡 등의 향토음식이 알려져 있다.

일상적으로 주식은 밥이나 때로는 삼계탕, 찰밥, 칼국수, 비빔밥 등을 많이 이용하고, 부식으로는 파산적, 콩나물횟집, 산채요리(나물, 잡채), 송이버섯요리(장조림), 닭찜, 생선찜, 사연지, 상추김치, 숙김치, 산적(군소, 간납, 파) 등이 있다. 콩을 이용한 음식이 많은데, 된장이나 등겨장 등을 이용한 음식으로는 장떡, 장아찌, 시래기된장무침 등을, 생콩가루를 이용한 음식으로는 콩장, 건진국수 등을, 두부를 이용한 것으로는 두부전, 묵요리 등을 들 수 있다. 후식류에는 약과, 유과, 쑥구리, 느티떡 등이 있다. 또한 동해안에는 여러 가지 해산물을 이용하여 독특한 조리법으로 만든 회의 일종으로 물회가 있으며 특히 포항물회가 유명하다.

5. 대표적 전통향토음식

【주식류】

밥이 주이나 보리, 콩 등의 잡곡을 많이 섞었으며 산간 내륙 지방에서는 밭작물인 무, 감자, 고구마, 옥수수 등을 섞어 밥의 양을 증량(增量)시켜 먹었으며 마, 도토리 등의 구황식물을 이용한 밥도 또한 증량을 목적으로 한 주식이었다.

제례를 마친 후 제물로 만든 제사음식의 맛을 재현한 안동의 헛제삿밥, 산간 지방에서 생산되는 산채, 산야초, 메밀 등을 이용한 산채비빔밥, 묵나물밥 등이 대표적 비빔밥이고, 메밀묵밥, 취나물밥 등의 별미밥도 많이 이용하였다.

죽은 곡류를 이용한 유동식으로 일찍부터 발달한 주식의 한 종류이며 주식으로서뿐만 아니라 노약자의 보양식이나 이른 아침에 내는 초조반과 별미로 많이 먹어 왔다. 옛날에는 풍족하지 않은 식량사정으로 조반석죽(朝飯夕粥) 형태의 식생활이 두드러졌으며 구황식물이나 산야초를 이용하여 증량을 목적으로 한 산나물죽, 고구마갱시기 등이 있다. 특히, 갱시기(갱식, 일종의 김치국밥)는 겨울에 먹는 궁핍한 식사의 일종이었으나 현재는 옛것에 대한 그리움과 별미음식으로 즐기며 선호하는 음식이 되었다.

메밀국수나 수제비, 생콩가루를 섞은 국수(건진국수)나 칼국수의 장국으로 해안 지방은 주로 멸치장국을, 내륙 지방에서는 닭이나 쇠고기육수를 이용하였다. 건진국수, 닭칼국수, 마국수 등을 별미음식으로 만들어 먹었으며, 산간 지역에서는 옥수수, 수수 등의 잡곡과 메밀, 도토리 등의 구황작물을 이용한 음식이 많았다.

【부식류】

시래기콩가루국을 비롯하여 냉잇국, 엉겅퀴국 등의 채소나 산야초를 이용한 국이 많다. 경상남도는 주로 흰살생선국의 이용이 많은 데 비하여 경상북도에서는 고등어나 꽁치, 방어 등의 등푸른생선국도 많이 선호하고 있으며 생선국보다는 주로 닭고기, 쇠고기를 이용한 닭개장, 삼계탕, 육개장, 곰탕, 메탕국 등의 이용이 많은 것이 특색이다. 특히 육개장(따로국밥)은 오래 끓이는 과정에서 향미채소의 유황화합물이 단맛으로 변하여 부드러운 매운 국이 되어(김상애, 2005) 이 지방에서 선호하는 것으로 보인다. 경상도의 국은 건더기가 많고 쌀가루, 들깻가루, 콩가루 등을 넣은 걸쭉하면서 깊은 맛을 내는 음식인데, 특히 경상북도의 음식에는 콩가루를 더 빈번히 이용하는 특징이 있다.

경상북도는 찜이 많으며 해안 지방에서 먼 지역은 건어, 염장어를 이용한 북어찜, 자반고등어찜, 상어찜류가 많고, 내륙 산간 지방은 가금류 및 민물고기를 이용한 닭 및 오리찜, 은어 및 잉어찜 외에 산채나 묵나물을 이용한 찜류가 발달하였다.

된장(또는 고추장)에 감자, 밀가루와 풋고추, 부추 등을 넣어 만든 장떡도 흔히 먹어 온 음식의 하나이다. 당귀, 엄나물, 인삼, 참나물을 이용한 전류가 많으며, 특히 메밀전병은 이 고장의 별미식이라 할 수 있다. 경상남도보다 닭고기나 쇠고기를 이용한 전류나 산적류가 많았고, 음식의 격조가 높았으며 이러한 음식은 주로 제례음식이 차지하는 비중이 컸다.

회는 물회나 민물고기회, 과메기, 상어회, 육회 등이 특징적이다.

낙동강, 형산강 유역은 은어탕, 쏘가리 및 메기매운탕 등의 탕류가 많으며 은어, 피라미 등의 민물고기를 이용한 조림이나 찜이 많다. 산간 지방인 봉화는 고사리, 더덕, 취나물 등의 산채와 당귀잎, 산초 등의 약초를 이용한 부식 그리고 메밀이나 도토리를 이용한 음식, 묵무침 등이 특징이다.

젓갈류

동해안을 끼고 있어 어패류를 이용한 젓갈류로는 명란젓, 창란젓, 꽁치젓갈, 오징어젓(한복진, 1998)이 유명하며 특히 생선에 쌀밥이나 조밥을 넣어 발효시킨 여러 종류의 식해(가자미, 오징어, 홍치, 밥)가 많고 젓갈류의 이용도 많다.

김치류

통상적으로 먹어 온 김치는 더운 기후 때문에 고춧가루와 마늘을 많이 사용하여 얼얼하고 맵게 만들며 멸치젓갈을 많이 사용하여 진하고 짜고 매운맛이 특징이며, 특히 보관을 위하여 양념을 많이 한 김치는 '짠지' 라고 전해 오고 있다. 짠지 이외에 국물이 많은 물김치, 국물이 홍건하고 실고추로 색을 낸 분홍지, 백김치인 사연지 등(윤숙경, 1994) 김치의 종류가 많으며 대표적인 김치로는 사연지, 부추김치, 파김치, 감김치, 상추김치, 우엉김치, 숙김치, 인삼김치, 콩잎김치 등이 있으며 또 콩잎을 이용한 물김치는 이 지방에서 많이 먹는 김치이다.

장 류

음식 맛의 기본은 간장과 된장에 의하여 좌우되는데, 음식의 조미는 된장을 많이 이용하고 있다. 된장의 종류에는 된장 전용의 막장이 있고 또 된장에 소금절이한 오이, 가지 등을 박아 퇴비 속에서 단기간에 속성 발효 숙성시키는 집장인 거름장은 여름에 이용하였고 겨울철에는 담북장(청국장)을 이용하였다. 보리등겨를 이용한 등겨장(시금장), 생된장을 그대로 먹는 보리막장 등은 별미장의 일종이다.

【떡 류】

떡은 관혼상제(冠婚喪祭) 시는 물론 명절과 절기에 따라 만들어 먹어 온 음식이며, 특히 보수성이 강한 이 지역에서는 유교적 관습에 따르는 제례, 혼례 등의 행사식에는 필수적인 음식이다. 제철의 산야초나 산물을 떡가루에 섞어 계절의 맛을 즐겼던 별미떡, 지역의 특산물을 이용한 특미떡 등이 많다.

대표적인 것으로는 꿀에 잰 팥소를 넣어 반달 모양으로 만든 밀비지, 찹쌀가루에 대추살, 콩, 팥을 넣어 찐 만경떡, 찹쌀가루를 반죽하여 삶아 건져 꽈리가 나도록 저어 밤소를 넣고 꿀을 발라 석이채, 대추채, 밤채, 청매채를 묻힌 잡과편, 꿀에 콩가루, 깨소금, 밤고물을 넣고 경단을 만들어 잣가루를 묻힌 잣구리 등이 있으며 지역산물인 감자나 감을 이용한 감자떡, 감경단 등이 있고 소나무의 속껍질을 무르게 푹 삶은 것을 이용한 송기떡 등이 있다. 제사편으로 본편(콩고물시루떡), 증편, 경단, 주악, 화전, 약밥, 찹쌀가루로 만든 각색 웃기떡인 부편 등이 있다. 찰떡을 망개잎에 싸서 찐 망개떡, 구황식품인 도토리를 이용한 산간 지방의 도토리찰시루떡, 여름에 쉽게 상하지 않는 모시잎송편, 송기를 넣은 송편과 절편을 즐겼으며 메밀가루로 만든 총떡, 밀가루로 만든 가마니떡 등이 알려져 있다.

【과정류】

우리나라의 전통 과정류를 총칭하는 한과 중 대표적인 과정류는 진상품으로 올린 유과, 곡물가루에 꿀, 엿, 설탕을 넣고 반죽하여 튀긴 약과, 입과, 준주강반 등이 있고 또 과일, 열매, 식물의 뿌리 등을 꿀로 조리거나 굳혀 만든 과정류에는 각색정과(도라지, 우엉, 연근), 대추초, 대추징조 등이 있다. 이외 옥수수엿, 쌀엿, 호박엿, 무릇곰 등이 있다.

【음청류】

음청류의 대표적인 것으로는 대추식혜, 찐밥에 고춧가루, 무, 생강즙을 넣어 삭힌 안동식혜, 산야초, 한약재를 넣어 삭힌 약식혜, 곶감과 계피, 생강을 끓여 만든 수정과, 오매육에 백당향, 축사인, 꿀 등을 넣어 만든 제호탕, 찹쌀식혜인 점주, 녹두녹말, 오미자로 만드는 착면 등이 있다.

【주 류】

기후풍토에 맞게 또 명문가마다의 다양한 기법으로 예부터 정성을 다하여 빚은 많은 명주(名酒)나 약주(藥酒)가 지방색이 있는 민속주와 향토주가 되고 있다. 다양한 민속주는 관혼상제의 의식을 존중하고, 풍류를 즐기는 풍습(농촌진흥청, 2006)에서 기인되어 발달되어 온 것으로 본다. 대표적인 주류로는 반가의 제주(祭酒), 교동법주, 안동소주, 하향주 등과 지역 및 계절의 산물로 빚은 국화주, 갖가지 꽃잎이나 과일로 빚은 주류가 많다.

제2장

경상북도의 전통향토음식 종류와 만드는 방법

경상북도 전통향토음식 편집 내용

경상북도 전통향토음식 만드는 법

- 주식류
- 부식류
- 떡 류
- 과정류
- 음청류
- 주 류

경상북도 전통향토음식 편집 내용

수록된 406종의 경상북도 전통향토음식은 각 음식에 대해 분류, 음식명, 재료 및 분량, 만드는 법, 참고사항, 출처 및 정보제공자, 조리시연자, 고문헌에 의한 기록, 사진 자료 등으로 구성되어 있다. 조리방법에 대한 자료의 표준화는 기준서(신승미 외, 한국 전통음식 전문가들이 재현한 우리 고유의 상차림, 교문사, 2005)에 따르되 보다 구체적인 사항은 전문가협의회를 통해 표준화 기준을 정한 후 그 기준에 따라 정리하였다.

분류 각 음식 조리방법 상단에 분류를 명기하였다. 그 결과 대분류를 주식류, 부식류, 떡류, 과정류, 음청류, 주류 등 6항목, 중분류를 밥류, 죽류, 국수 · 미음 · 응이 등 55항목, 세분류를 43항목, 세세분류를 119항목으로 나누었다. 본 서의 수록방법은 주식류, 부식류, 과정류는 중분류를 기준으로 작성하였고, 떡류, 음청류, 주류는 대분류를 기준으로 작성하였다. 다만, 부식류 중 나물류와 과정류에 한하여 세분류까지 나누어 표기하였다.

음식명 가급적 표준어로 음식명을 기록하였으며 지방 특색을 살리고자 표준 음식명 옆에 ( )로 지방 고유의 음식명이나 방언을 중복 기재하였다.

재료 및 분량 본 서에 실린 음식의 식품 재료는 가능한 한 4인 분량을 기준으로 작성되었으며, 보통 대량 조리로 만들어지는 음식인 일부 김치류, 장아찌류, 젓갈 및 식해류, 떡류, 다과류, 일부 음청류, 장류, 식초류 또는 주류 등의 발효식품류에 대해서는 대량조리가 가능한 분량으로 제시하였다. 식품 재료의 분량에 대한 표기법은 국제적인 CGS 단위를 기본으로 한 뒤 일반적으로 많이 사용하는 컵, 큰술, 작은술 등의 단위를 병행 표기하였다. 양념이 따로 필요한 음식의 경우 양념에 사용되는 식품 재료는 '양념' 으로 묶어 따로 표기하였다.

※ 실험조리 및 현지 조리법을 재현한 품목 이외의 일부 음식에 대한 재료의 분량은 표기가 불가능하였음

만드는 법 표준어, 과학적 표현, 통일된 용어 사용 등을 기준으로 만드는 방법을 자세히 설명하였다.

참고사항 음식이나 재료의 방언에 대한 설명, 전승 내력이나 특징, 조리상의 주의점, 이용하는 방법 등을 수록하였다.

출처 및 정보제공자, 조리시연자 출처는 지역의 전통향토음식이 기록되어 있는 문헌이나 인터넷 사이트를 연도순으로 제시하였고, 정보제공자는 음식에 대한 정보를 제공해 준 사람의 이름을 가나다순으로 제시하고 주소를 리(동)까지 나타내었다. 조리시연자는 책에 수록된 음식을 시연한 사람(현지 조사 시 조리시연을 해준 사람 또는 지역별 조리전문가)에 대하여 이름과 주소를 제시하였다.

고문헌에 의한 기록 책에 수록된 음식의 역사성 검증 결과 고문헌에 기록이 있는 음식인 경우 기록이 있는 고문헌과 그 문헌에서 표기된 음식명을 ( ) 안에 제시하였다.

사진자료 경상북도 전통향토음식 중 일부 음식에 대해서는 재료와 과정, 그리고 완성된 음식에 대해 사진 자료를 수록하였다. 사진에 표기된 번호는 해당되는 만드는 법의 번호를 의미한다.

식품량 측정 계량단위

종 류	계량단위별 중량			종 류	계량단위별 중량		
	식품명	계량단위	무게(g)		식품명	계량단위	무게(g)
곡 류	기장쌀	1컵	160	견과류	밤(깐 것)	1컵	160
	밀	1컵	160		밤	1개	16
	밀가루	1컵	110		오미자	1컵	40
		1큰술	8		은 행	6알	12
	밥	1공기	210		은행(깐 것)	1컵	160
	보리쌀	1컵	145		잣	1컵	140
	수 수	1컵	145		잣가루	1컵	90
	쌀	1컵	180		참 깨	1컵	120
	쌀가루	1컵	150		행인(깐 것)	1컵	120
	압 맥	1컵	110		호 두	2알	20
	엿기름가루	1컵	115		호두(깐 것)	1컵	80
	옥수수	1컵	145	채소류	가 지	1개	120
	조	1컵	145		고비(데친 것)	1컵	300
	차수숫가루	1컵	90		고사리(데친 것)	1컵	200
	차 조	1컵	160		깻 잎	1단(10장)	16
	찹 쌀	1컵	167		당 근	1개	146
	찹쌀가루	1컵	100		대 파	1뿌리	35
	현 미	1컵	160		더덕(대)	1뿌리	39
감자류	감 자	1개	150		더덕(소)	1뿌리	23
	강낭콩	1컵	204		도라지	5뿌리	100
	고구마	1개	245		두 릅	10개	120
	전 분	1컵	158		마 늘	5쪽	21
		1큰술	7			1컵	110
	토 란	1개	45			1통	30
두 류	거피팥고물	1컵	114		무	1개	850
	거피팥고물(볶은 것)	1컵	108		배 추	1포기	1,265
	녹 두	1컵	200		붉은 고추	1개	16
	대 두	1컵	160		상 추	5장	30
	두 부	1모	508		생 강	1쪽	4
	메줏가루	1컵	80			1컵	115
	순두부	1개	400		애호박	1개	382
	콩가루(볶은 것)	1컵	85		양배추	1통	1,244
	콩가루(생 것)	1컵	122			2장	72
	팥	1컵	211		양 파	1개	158
견과류	들 깨	1컵	110		연 근	1개	192
	땅 콩	1컵	159		오 이	1개	143

종 류	계량단위별 중량			종 류	계량단위별 중량		
	식품명	계량단위	무게(g)		식품명	계량단위	무게(g)
채소류	우 엉	1뿌리	400	어패류	게(대)	1마리	434
	죽순(삶은 것)	1개	200		게(중)	1마리	251
	토마토	1개	153		고등어	1마리	393
	풋고추	4개	56			1토막	150
버섯류	느타리버섯	5개	100		굴	1컵	200
	석이버섯(건)	4개	4		굴 비	1마리	89
	양송이버섯	5개	84		꼴뚜기	5마리	70
	표고버섯(건)	3개	9		꽁 치	1마리	74
	표고버섯(생)	5개	65		낙 지	1마리	254
과실류	감	1개	140		넙 치	1마리	1,100
	곶 감	1개	32		노가리(대)	1마리	12
	귤	1개	70		노가리(소)	1마리	4
	대 추	1컵	70		농 어	1마리	2,000
	대추(건)	5개	12		대 하	1마리	100
	딸 기	10개	100		대합살	1마리	51
	모 과	1개	500		도 미	1마리	1,000
	배	1개	370		동 태	1마리	540
	복숭아	1개	302		동태포	6토막	90
	사 과	1개	244		멸치(건)	7마리	14
	살 구	2개	85			1컵	50
	수 박	1/2통	2,300		명 태	1마리	1,053
	앵 두	1컵	150			1토막	120
	유 자	1개	110		미더덕	5마리	54
	참 외	1개	500		민 어	1마리	2,300
	포 도	1송이	292		바지락살	5개	15
육 류	꿩	1마리	1,000		방 게	4마리	28
	다진 육류	1컵	200		뱅어포	1장	20
	닭	1마리	1,270		병 어	1마리	480
	닭다리(생)	1토막	90			1토막	96
	영 계	1마리	300		북 어	1마리	137
난 류	달 걀	1개	50			1토막	25
	메추리알	5알	52		삼 치	1마리	334
어패류	가자미	1마리	337			1토막	80
	갈 치	1마리	323		새우(생)	5마리	56
		1토막	80		새우(건)	30마리	23
	갈치포	1마리	90		새우살	1컵	120
		3토막	55		소라(삶은 것)	2개	75
	갑오징어	1마리	260		오징어(건)	1마리	61
	건해삼	1마리	111		오징어(생)	1마리	352

종 류	계량단위별 중량		
	식품명	계량단위	무게(g)
어패류	옥 돔	1마리	591
	우렁쉥이(멍게)	1마리	184
	우렁이(삶은 것)	2개	91
	임연수어	1마리	413
		1토막	120
	전갱이	1마리	300
	전 복	1마리	83
	정어리	1마리	107
	조갯살	1컵	200
	조 기	1마리	167
	준 치	1마리	700
	쥐치포	1마리	26
	한 치	1마리	203
	해 삼	1마리	194
	홍 합	3개	65
	홍합살	1컵	200
해조류	김	1장	2
	다시마(20cm)	1장	20
	불린 미역	1컵	150
조미료류	간 장	1큰술	17
		1작은술	5.8
		1컵	230
	겨자가루	1큰술	6
		1작은술	2
	고춧가루	1컵	80
		1큰술	5
		1작은술	2
	고추장	1컵	260
		1큰술	18
		1작은술	6
	깨소금	1컵	120
		1큰술	6
		1작은술	3
	꿀	1컵	292
		1큰술	9
		1작은술	3
	다진 파	1컵	120

종 류	계량단위별 중량		
	식품명	계량단위	무게(g)
조미료류	다진 파	1큰술	9
		1작은술	3
	된 장	1컵	280
		1큰술	18
		1작은술	6
	물 엿	1컵	292
		1큰술	20
		1작은술	6
	생강즙	1컵	210
		1큰술	10
		1작은술	3.3
	설 탕	1컵	150
		1큰술	12
		1작은술	3.5
	소 금	1컵	130
		1큰술	18
		1작은술	3.5
	실고추	1컵	30
		1큰술	1.9
		1작은술	0.6
	식용유	1컵	140
		1큰술	12
		1작은술	4
	식 초	1컵	200
		1큰술	14
		1작은술	5
	조 청	1컵	292
		1큰술	21
		1작은술	7
	참기름	1컵	190
		1큰술	12
		1작은술	3.5
	통 깨	1컵	90
		1큰술	8
		1작은술	3
	후춧가루	1큰술	8
		1작은술	3

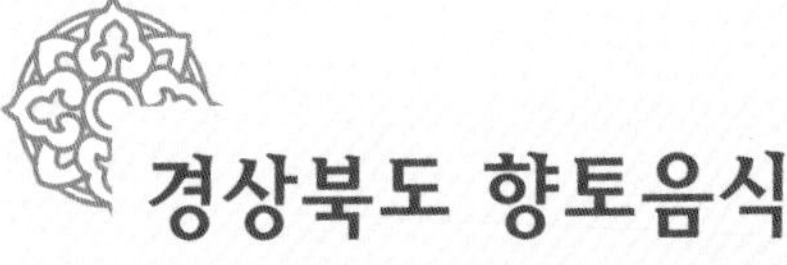

경상북도 향토음식

<table>
<tr><th>대분류</th><th colspan="2">중분류</th><th>지역/상용음식</th></tr>
<tr><td rowspan="7">주식류
(70)</td><td colspan="2">밥(27)</td><td>대게비빔밥, 조밥, 헛제삿밥(안동헛제삿밥), 다시마밥, 달걀밥, 오미자밤찰밥, 주왕산산채비빔밥, 취나물밥, 콩가루주먹밥(고두밥콩가루무침), 김치밥국, 밥국(밥쑤게), 따개비밥, 따로국밥, 마밥, 메밀묵밥, 무밥, 보리감자밥, 쑥밥, 직지사산채비빔밥, 산나물밥(묵나물밥), 새재묵조밥, 옥수수밥, 은어밥, 콩나물밥, 콩나물밥국(콩나물국밥), 팥잎밥, 홍합밥</td></tr>
<tr><td colspan="2">죽(19)</td><td>갱죽(갱시기, 콩나물갱죽), 말죽, 수수풀떼기, 다부랑죽, 닭죽, 대게죽, 밀풀떼기죽, 볶음죽, 산나물죽, 뽕나물죽, 쑥콩죽, 아욱죽, 옥수수단팥죽, 은어죽, 은행죽, 콩죽, 파래죽, 호박순죽(호박잎죽), 호박죽</td></tr>
<tr><td colspan="2">미음 · 범벅 · 응이(5)</td><td>감자범벅, 메밀범벅, 호박범벅, 감자버무리, 밀찜(밀다부래이)</td></tr>
<tr><td colspan="2">국수 · 수제비(15)</td><td>건진국수(안동손국수, 안동칼국수), 마국수, 새알수제비(찹쌀깔디기), 콩칼국수(콩가루손칼국수), 꽁치진국수(꽁치국수), 녹두죽밀국수, 닭칼국수, 메밀국수, 비빔국수, 손닭국수, 영양콩국수, 송이칼국수, 등겨수제비, 조마감자수제비, 메밀수제비</td></tr>
<tr><td colspan="2">만두(3)</td><td>토끼만두, 꿩만두, 메밀만두(무생채피만두)</td></tr>
<tr><td colspan="2">떡국(1)</td><td>태양떡국</td></tr>
<tr><td colspan="2">기 타</td><td></td></tr>
<tr><td rowspan="11">부식류
(251)</td><td colspan="2">국(44)</td><td>대구육개장, 들깨미역국, 묵나물콩가루국, 콩가루냉잇국, 가지미미역국, 고둥국(골뱅이국, 골부리국, 다슬기국), 메기매운탕, 물메기탕(물곰국), 상어탕국(돔배기탕수), 청도추어탕(미꾸라지탕), 콩가루우거지국(우거지다리미국), 팥잎국(팥잎콩가루국), 가지가루찜(가지가루찜국), 감자국, 냉잇국(냉이콩국), 고등어국, 꽁치육개장(꽁치국), 다담이국, 닭개장, 닭백숙, 닭뼈다귀알탕국, 대게탕, 더덕냉국, 쑥갓채(깻국), 돼지고기국, 들깨우거지국, 메밀묵채, 방어국, 보신탕, 북어미역국, 북어탕, 뼈해장국(해장국), 삼계탕(계삼탕), 송이맑은국, 쇠고기탕국(메탕국), 엉겅퀴해장국, 채탕(무채탕), 염소탕(흑염소탕), 오징어내장국, 은어탕, 토란된장국(토란대된장국), 호박매집(호박매립), 해물잡탕, 현풍곰탕</td></tr>
<tr><td colspan="2">찌개 · 전골(9)</td><td>강된장찌개, 태평추(태평초, 묵두루치기), 고등어찌개, 콩비지찌개(비지찌개), 된장찌개, 두루치기국, 마전골, 염소고기전골, 청국장찌개</td></tr>
<tr><td colspan="2">김치(16)</td><td>생태나박김치, 우엉김치, 콩잎김치, 콩잎물김치, 갈치김치, 감김치, 늙은호박김치(누렁호박김치), 무름, 민들레김치, 부추김치(정구지김치, 전구지김치), 사연지, 상추김치, 속새김치, 숙김치(술김치), 열무감자물김치, 인삼김치</td></tr>
<tr><td rowspan="3">나물(26)</td><td>생채(9)</td><td>두부생채, 말나물(말무침, 말무침생저러기), 다시마채무침, 더덕무침(더덕생채), 미역무침(미역귀무침), 미역젓갈무침, 수박나물, 톳나물젓갈무침, 풋마늘대겉절이</td></tr>
<tr><td>숙채(14)</td><td>쑥부쟁이나물(부지깽이나물), 시래기나물(시래기된장무침), 콩나물횟집나물, 팥잎나물, 고사리무침, 고추무침, 곰피무침(곤포무침, 곤피무침), 머윗대볶음(머윗대들깨볶음), 무숙초고추장무침(찐무무침), 비름나물, 산나물(묵나물), 아주까리잎무침(아주까리나물), 인삼취나물, 제사나물</td></tr>
<tr><td>기타(3)</td><td>감자잡채, 도토리묵무침, 산채잡채</td></tr>
<tr><td colspan="2">구이(11)</td><td>상어구이(돔배기구이), 북어껍질불고기, 안동간고등어구이, 염소불고기, 닭불고기, 더덕구이, 명태구이(북어구이, 황태구이), 오징어불고기, 북어간납구이(북어갈납구이), 청어구이, 은어간장구이(은어구이)</td></tr>
<tr><td colspan="2">조림 · 지짐이(8)</td><td>가자미조림(미주구리조림), 장어조림, 건어물조림, 송이장조림, 민물고기조림, 상어조림(돔배기조림), 민물고기튀김조림, 은어튀김양념조림</td></tr>
<tr><td colspan="2">볶음 · 초</td><td></td></tr>
<tr><td colspan="2">전 · 적(30)</td><td>고추장떡, 배추전, 호박전(호박선), 가지저, 군수산적(구수산적), 된장떡, 마늘산적, 무전, 감자장전(감자장떡), 닭갈납, 감자전(장바우감자전), 늙은호박전, 도토리묵전, 도토리전, 메밀전병(총떡, 메밀선), 비지진, 연근전(연뿌리전), 인삼전(인삼찹쌀전), 참나물전, 참죽장떡(가죽장떡), 콩부침(콩전, 콩죽지짐), 김치적, 당귀산적, 두릅전, 부적(가지고추부적), 상어산적(돔배기산적), 소라산적, 엄나물전, 집산적, 파산적</td></tr>
</table>

대분류	중분류	지역/상용음식
부식류 (251)	찜 · 선(27)	머윗대찜(머위나물찜, 머위들깨찜), 자반고등어찜(간고등어찜), 가오리찜, 논메기찜, 대게찜(울진대게찜), 묵나물찜, 잉어찜, 호박오가리찜, 고등어찜, 고추버무림(고추물금, 밀장), 늙은호박콩가루찜, 다시마찜 1·2, 닭찜, 된장찜(찜된장), 명태껍질찜, 무찜, 미더덕찜(미더덕들깨찜), 미더덕찜별법, 부추콩가루찜(부추찜, 부추버무리), 상어찜(돔배기찜), 북어찜(마른명태찜) 1·2, 안동찜닭, 은어찜, 채소무름, 감자새우선
	회(11)	과메기, 가자미무침회, 상어회, 고래고기육회, 꿀뚝회, 물회, 미나리북어회, 쇠고기육회, 우렁이회(우렁회), 은어회(은어회무침), 잉어회
	마른반찬(22)	가죽부각(가죽자반튀김), 쑥부쟁이부각(부지갱이부각), 고추부각 1·2, 미역귀튀각, 감꽃부각(감잎부각), 감자부각(감자말림), 김부각, 김자반, 당귀잎부각, 당귀잎튀김, 더덕튀김, 묵튀김(도토리묵튀김), 들깨송이부각(들깨머리부각, 들깨열매부각), 마른문어쌈, 붕어포, 모시잎부각, 북어보푸라기(명태보푸림), 우엉잎자반(우엉잎부각), 은어튀김, 인삼튀김, 콩자반
	순대 · 편육 · 족편(4)	상어피편(돔배기피편, 두뚜머리), 개북치수육, 소껍질무침, 오징어순대
	묵 · 두부(11)	콩탕(콩장, 순두부), 도토리묵(꿀밤묵), 동부가루묵, 옥수수묵(올챙이묵), 호박묵, 고구마묵(고구마전분묵), 우뭇가사리묵(천초묵), 메밀묵, 청포묵(녹두묵), 두부, 추어두부
	쌈(1)	말쌈
	장아찌(16)	가죽장아찌(참죽장아찌), 감장아찌, 박쥐나뭇잎장아찌(남방잎장아찌), 당귀잎장아찌, 도토리묵장아찌, 고추장아찌, 김장아찌, 더덕장아찌, 마늘장아찌, 무말랭이장아찌, 무장아찌, 산초장아찌, 초피잎장아찌(제피잎장아찌), 참외장아찌(끝물참외장아찌), 풋참외장아찌, 호두장아찌
	젓갈 · 식해(8)	꽁치젓갈(봉산꽁치젓갈), 가자미식해, 밥식해, 오징어식해, 홍치식해, 게장, 명태무젓, 오징어젓
	장(6)	유곽, 시금장(등겨장), 감고추장, 감쌈장, 막장, 집장(거름장)
	식초(1)	감식초
	기 타	
떡류 (43)	떡	감경단, 도토리가루설기(도토리떡), 도토리느태(꿀밤느태), 쑥구리, 홍시떡(상주설기, 감설기), 감설기, 감자떡(감자송편), 국화전, 대추인절미, 밀병떡(밀개떡), 밀비지떡, 송기떡, 옥수수시루떡, 호박북심이, 호박시루떡, 가마니떡(밀주머니떡), 감고지떡(감모름떡), 감자경단, 개떡(등겨떡), 곶감모듬박이, 남방감저병(고구마떡), 녹두찰편, 느티떡(괴엽병, 느티설기), 만경떡(망경떡), 망개떡, 메밀빙떡(돌래떡, 멍석떡), 모시떡, 시무잎떡(스무나무잎떡, 스무잎떡), 무설기(무설기떡), 본편(콩고물시루떡), 부편, 빙떡(멍석떡), 속말이인절미, 수수옴팡떡, 수수전병(수수부꾸미), 쑥버무리(쑥북시네), 쑥털털이, 쑥설기, 잡과편, 잣구리, 주악, 증편(순흥기주떡), 차노치
과정류 (18)	유밀과(4)	매작과(뽕잎차수과), 문경새재찹쌀약과, 약과, 하회약과
	유과(6)	문경한과, 별곡유과, 유과, 입과(잔유과, 한과), 준주강반, 지례한과
	다 식	
	정과(1)	각색정과(도라지정과, 연근정과, 우엉정과, 잣정과)
	과 편	
	숙실과(2)	대추징조, 대추초
	엿강정	
	당(엿)(4)	무릇곰, 쌀엿(매화장수쌀엿), 옥수수엿(강냉이엿), 호박오가리엿
	기타(1)	섭산삼
음청류 (12)	음 청	석감주, 안동식혜, 점주(찹쌀식혜), 대추곰(대추고리, 대추고임), 송화밀수, 대추식혜, 배숙, 수정과, 약식혜(약단술), 옥수수식혜, 제호탕, 창면(착면, 청면)
주류 (12)	술	스무주(시무주), 옻술, 감자술, 과하주, 교동법주, 국화주, 동동주(인삼동동주), 선산약주(송로주), 안동소주, 옥수수주(옥수수술), 진사가루술, 하향주

밥

대게비빔밥

재 료

밥 840g(4공기) • 대게 2마리 • 오이 150g(1개) • 애호박 120g(⅓개) • 당근 120g(1개) • 도라지 80g(4뿌리) • 달걀 50g(1개) • 김 2g(1장) • 소금 1큰술 • 식용유 1작은술 • 참기름 ½큰술 • 다진 마늘 1큰술 • 깨소금 1큰술 • 설탕 약간

만드는 법

1. 대게를 깨끗이 손질하여 찜통에 게딱지가 바닥으로 가게 뒤집어 넣고 10분 정도 찐다.
2. 애호박과 오이는 5cm 길이로 돌려 깎기 하여 껍질을 벗기고 채 썰어 소금에 절여 물기를 제거한 후 팬에서 볶는다.
3. 당근은 채 썰어(5×0.2×0.2cm) 끓는 물에 소금을 넣고 데친 후 소금, 참기름을 넣고 무쳐 팬에서 볶는다.
4. 도라지는 5cm 길이로 썰어 가늘게 찢고 소금을 넣고 주물러서 쓴맛을 제거한 다음 끓는 물에 데쳐 다진 마늘, 깨소금, 참기름, 설탕을 넣고 무쳐 팬에서 볶는다.
5. 달걀은 황백지단을 부쳐 곱게 채 썬다(5×0.2×0.2cm).
6. 김은 불에 살짝 구운 후 부수어 놓는다.
7. 찐 게의 게딱지를 떼어 낸 후 게 내장을 덜어 내고, 다리 마디에서 게살을 발라 낸다.
8. 그릇에 밥을 담아 2, 3, 4의 나물과 게살을 색 맞추어 얹고, 김과 황백지단을 고명으로 올린다.

1

2, 3

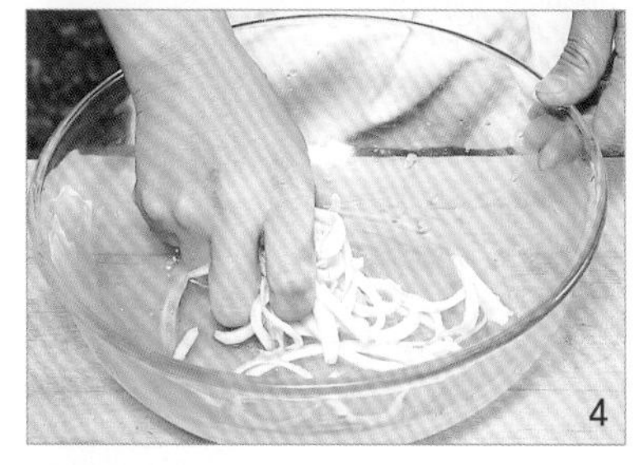
4

7

출 처
농촌진흥청, 향토음식, www2.rda.go.kr/food/, 2006

조리시연자
박미숙, 경상북도 경주시 내남면 이조리

조밥

재료

쌀 270g(1½컵) • 차조 75g(½컵) • 물 470mL(2⅓컵)

만드는 법

1. 쌀은 깨끗이 씻어 30분 정도 물에 불린다.
2. 조는 씻어 불린 후 물기를 뺀다.
3. 솥에 불린 쌀을 넣고 물을 부어 끓이다가 조를 얹고 밥을 짓는다.
4. 뜸을 잘 들인 후 밥을 고루 섞어 담는다.

2

3

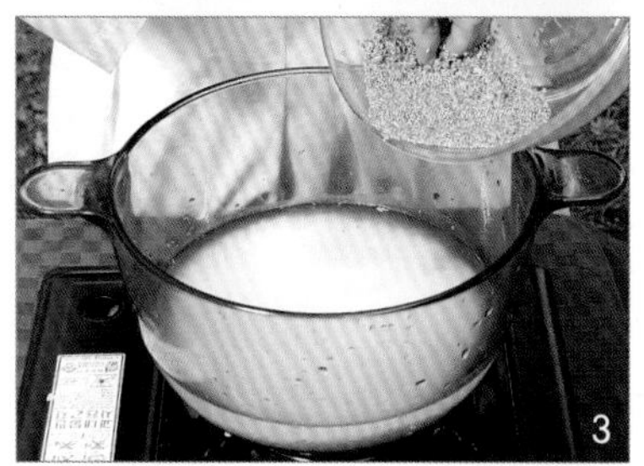

3

참고사항

쌀과 조를 처음부터 같이 넣어 밥을 짓기도 하고, 팥, 콩, 수수를 넣기도 한다.

정보제공자
이옥늠, 경상북도 경산시 남산면 사월2리

조리시연자
박미숙, 경상북도 경주시 내남면 이조리

밥

헛제삿밥(안동헛제삿밥)

재 료

쌀 360g(2컵) • 밥 짓는 물 470mL(2⅓컵) • 무 300g(⅓개) • 두부 250g(½모) • 상어 200g • 쇠고기 200g • 간고등어 200g(½마리) • 달걀 100g(2개) • 동태포 80g(6토막) • 시금치 80g • 콩나물 80g • 배추 80g • 삶은 고사리 50g(¼컵) • 도라지 50g(3뿌리) • 다시마 30g • 물 적량 • 국간장 2큰술 • 다진 생강 1작은술 • 참기름 ½큰술 • 깨소금 ½큰술 • 소금 2작은술 • 식용유 ½큰술 • 설탕 약간

반죽물 밀가루 2큰술 • 국간장 1작은술 • 참기름 1작은술 • 소금 약간 • 물 1큰술

만드는 법

1. 쌀은 깨끗이 씻어 30분 정도 불린 후 물을 부어 밥을 짓는다.
2. 간고등어와 상어는 손질하여 직사각형으로 썬(3×7×1cm) 후 상어는 소금을 약간 넣어 간을 한다.
3. 쇠고기는 결 방향으로 직사각형으로 썰어(3×8×1cm) 소금으로 간을 한다.
4. 2와 3을 꼬치에 끼워 식용유를 두르고 지진다.
5. 시금치는 다듬어서 끓는 물에 소금을 넣고 데친 후 소금, 참기름, 깨소금으로 무친다.
6. 도라지는 소금으로 비벼 씻어 쓴맛을 빼고 데친 후 소금, 설탕, 참기름으로 양념하여 팬에 식용유를 두르고 볶는다.
7. 삶은 고사리는 씻어 물기를 빼고 국간장, 참기름으로 무쳐 팬에 볶다가 물(1큰술)을 넣어 끓인다.
8. 무의 반은 나박썰기 하고(2×2×0.5cm), 나머지 반은 채 썰어(5×0.2×0.2cm) 소금에 절인 후 물기를 빼고 팬에 식용유를 두르고 다진 생강, 소금, 참기름을 넣어 볶는다.
9. 콩나물은 씻어 소금 간을 하여 물(1큰술)을 붓고 볶아 참기름, 깨소금으로 무친다.
10. 동태포는 어슷하게 썰어 놓고, 두부는 반은 깍둑썰고(사방 2cm), 반은 1cm 두께로 썰어 소금 간을 하여 지져서 3×4cm 크기로 썬다.
11. 배추는 칼등으로 두들겨 놓고, 다시마는 물 4컵에 불려 반은 5×5cm 크기로, 반은 2×2cm 크기로 썰고, 다시마물은 따로 둔다.
12. 밀가루에 소금, 참기름, 국간장, 물을 넣고 섞어서 반죽물을 만든다.
13. 달걀 1개는 소금 간을 하여 풀어 놓고, 나머지는 소금을 넣고 삶는다.
14. 가열한 팬에 식용유를 두르고 다시마(5×5cm)와 배춧잎은 반죽물을 묻혀 지지고 동태포는 밀가루, 달걀물순으로 묻혀 지진다.
15. 냄비에 11의 다시마 불린 물을 넣고 끓여 다시마(2×2cm), 무를 넣고 국간장과 소금으로 간을 하여 끓으면 깍둑썬 두부를 넣고 한소끔 더 끓인다.
16. 밥과 위에서 준비한 국, 각종 나물, 전, 삶은 달걀을 담고 국간장을 곁들인다.

4

6

14

15

참고사항

- 『해동죽지(海東竹枝)』(1925년)에 제사 지낸 음식으로 비빔밥을 만들어 먹는 풍습이 있다고 기록되어 있다. 평상시에는 제삿밥을 먹지 못하므로 제사음식과 같은 재료로 비빔밥을 만들어 먹은 것에서 유래된 것으로 유교문화의 본고장인 안동 지역은 헛제삿밥이 다른 지역에 비해 유명하다. 유래는 유생들이 축과 제물을 지어 풍류를 즐기며 거짓으로 제사를 지낸 후 제수음식을 먹었다고 하는 설과 상인들이 쌀밥이 먹고 싶어 헛제사음식을 만들어 먹었다는 설이 있다.
- 실제 제수와 똑같이 각종 나물과 미역부각, 상어, 가오리, 문어, 산적, 여기에 육탕, 어탕, 채탕, 막탕 등의 음식이 제공된다.

출 처

경상북도 농촌진흥원, 우리의 맛 찾기 경북 향토음식, 1997
안동시농업기술센터, 향토음식 맥잇기 안동 음식여행, 2002
윤숙경, 안동 지역의 향토음식에 대한 고찰, 한국식생활문화학회지, 9(1), 1994
이선호 · 박영배, 안동 지역의 향토음식을 활용한 관광체험 프로그램 개발, 한국조리학회지, 8(3), 2002
최규식 · 이윤호, 경상북도 북부 지역 향토음식 호텔 메뉴화 전략, 관광정보연구, 16, 2004
이연정, 향토음식에 대한 인식이 향토음식전문점 방문빈도에 미치는 영향 연구, 한국조리과학회지, 22(6), 2006

정보제공자

전명자, 경상북도 안동시

조리시연자

박미숙, 경상북도 경주시 내남면 이조리

다시마밥

재료

쌀 360g(2컵) • 다시마 10g(½장) • 물 470mL(2⅓컵)

양념장 간장 3큰술 • 다진 고추 1큰술 • 다진 파 1큰술 • 다진 마늘 1작은술 • 참기름 1작은술 • 통깨 약간

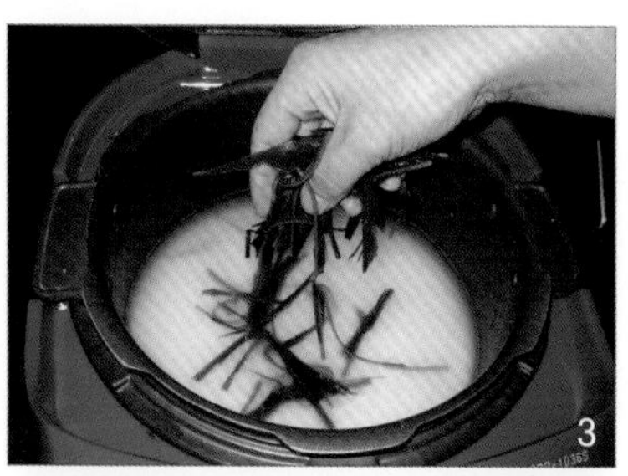
3

만드는 법

1. 쌀은 깨끗이 씻어 30분 정도 물에 불린다.
2. 다시마는 젖은 면포로 깨끗이 닦아 굵게 채 썬다(5×0.3×0.3cm).
3. 솥에 쌀과 다시마를 넣고 물을 부어 밥을 짓는다.
4. 양념장을 곁들인다.

조리시연자
윤무경, 경상북도 청송군 청송읍 금곡2리

달걀밥

재 료

쌀 4큰술 • 달걀 200g(4개) • 물 4큰술

만드는 법

1. 쌀은 깨끗이 씻어 30분 정도 물에 불린다.
2. 달걀은 껍질이 부서지지 않게 윗부분만 살짝 뜯어 내용물을 비운다.
3. 2의 달걀 껍질 속에 쌀을 ½ 정도 채워 넣고 물을 넘치지 않게 부어 윗부분은 물에 적신 한지를 붙인다.
4. 불을 때고 여열이 남은 재 속에 3의 달걀을 세워 굽는다.
5. 다 익으면 껍질을 벗긴다.

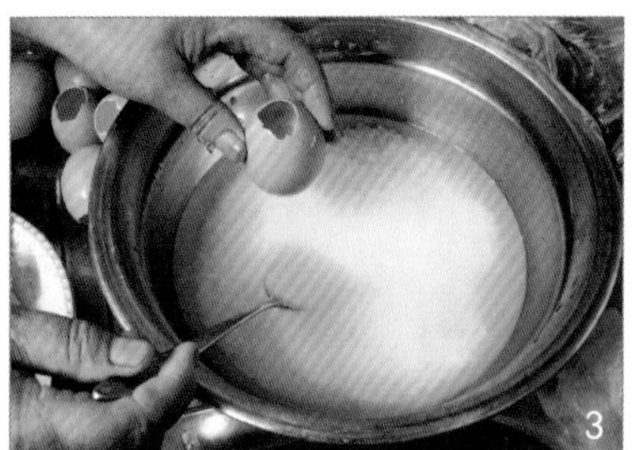
3

5

출 처
영천시농업기술센터, 향토음식 맥잇기 고향의 맛, 2001

조리시연자
김옥환, 경상북도 영천시 도동

밥

오미자밤찰밥

재 료

찹쌀 330g(2컵) • 오미자 300g • 밤(깐 것) 100g(10개) • 물 1L(5컵) • 설탕 1큰술 • 소금 ½작은술

양념장 간장 3큰술 • 설탕 3큰술 • 물 6큰술

만드는 법

1. 오미자는 깨끗이 씻어 물을 붓고 하룻밤 정도 오미자물을 우려 낸다.
2. 찹쌀은 깨끗이 씻어 오미자물에 3~4시간 정도 담가 곱게 물들인다.
3. 냄비에 양념장을 넣고 끓으면 밤을 넣어 조린다.
4. 김 오른 찜통에 2에서 물들인 찹쌀을 20~30분 정도 쪄서 식힌다.
5. 4에 소금, 설탕으로 간을 하고 3의 밤을 넣어 둥글게 뭉친다.

3

4

5

조리시연자
윤수정, 경상북도 상주시

주왕산산채비빔밥

3~5

재 료

밥 840g(4공기) • 취나물 100g • 도라지 100g • 삶은 고사리 100g • 참나물(또는 어수리나물) 100g • 표고버섯 50g(4개) • 송이버섯 50g • 달걀 50g(1개) • 고추장 2큰술 • 식용유 적량 • 소금 약간

양념 간장 1큰술 • 다진 마늘 ½작은술 • 참기름 2작은술 • 깨소금 1작은술 • 소금 약간

만드는 법

1. 취나물과 참나물은 끓는 물에 소금을 넣고 데친 후 헹궈 물기를 꼭 짠다.
2. 도라지는 소금물에 주물러 씻어 쓴맛을 빼고, 고사리도 씻어 물기를 뺀다.
3. 표고버섯은 0.5cm 두께로 채 썰고, 송이버섯은 길이대로 찢는다.
4. 1, 2, 3은 각각 양념하여 볶는다.
5. 달걀은 황백지단을 부쳐 곱게 채 썬다(5×0.2×0.2cm).
6. 그릇에 밥을 담고 4를 색 맞추어 올린 다음 황백지단을 고명으로 올리고 고추장을 곁들인다.

❄ 참고사항

봄에는 햇나물(참나물, 곰취나물 등)을 이용하며, 봄나물을 말린 묵나물은 겨울철의 나물로 이용한다.

정보제공자
김미화, 경상북도 청송군 청송읍 부곡리
최상순, 경상북도 청송군 부동면 상의리

밥

취나물밥

재 료

쌀 360g(2컵) • 취나물 100g • 다시마장국국물(다시마 · 물) 500mL(2½컵) • 다진 파 1큰술 • 다진 마늘 1작은술 • 국간장 ½큰술 • 소금 ½큰술 • 식용유 1작은술

양념장 간장 3큰술 • 다진 풋고추 1작은술 • 다진 붉은 고추 1작은술 • 다진 파 1큰술 • 다진 마늘 1작은술 • 고춧가루 1작은술 • 참기름 1작은술 • 깨소금 1작은술

만드는 법

1. 취나물은 끓는 물에 소금을 넣고 삶아 물기를 꼭 짠 다음 적당한 길이로 썬다.
2. 쌀은 깨끗이 씻어 30분 정도 물에 불린 후 물기를 뺀다.
3. 팬에 식용유를 두르고 달궈지면 1의 취나물을 넣어 볶다가 다진 파, 다진 마늘을 넣고 소금, 국간장으로 간을 한다.
4. 다시마장국국물에 불린 쌀을 넣고 끓이다가 3을 넣어 약한 불로 뜸을 들인다.
5. 4를 고루 섞어서 그릇에 담고 양념장을 곁들인다.

3

4

4

정보제공자
김영숙, 경상북도 김천시 증산면 평촌리

조리시연자
조영숙, 경상북도 홍천군

콩가루주먹밥(고두밥콩가루무침)

2

재료

쌀 360g(2컵) • 콩가루 90g(1컵) • 물 470mL(2⅓컵)

만드는 법

1. 쌀은 깨끗이 씻어 30분 정도 물에 불린 후 고슬고슬하게 밥을 지어서 식힌다.
2. 1에 콩가루를 넣고 고루 섞어서 주먹밥을 만든다.

출처
경상북도 농촌진흥원, 우리의 맛 찾기 경북 향토음식, 1997
청송군농업기술센터, 청송의 맛과 멋, 2006

정보제공자
박갑순, 경상북도 경주시 건천읍 송선리
은혜경, 대구광역시 남구 봉덕3동

조리시연자
이정렬, 경상북도 봉화군

밥

김치밥국

재료

찬밥 840g(4공기) • 김치 300g • 대파 30g(1뿌리) • 멸치장국국물(멸치 · 다시마 · 물) 2L(10컵) • 소금 약간

만드는 법

1. 김치는 물기를 꼭 짜서 0.5cm 너비로 채 썰고, 대파도 채 썬다(5×0.2×0.2cm).
2. 냄비에 멸치장국국물을 붓고 채 썬 김치와 대파를 넣어 끓이다가 찬밥을 넣어 한소끔 더 끓인다.
3. 2에 소금으로 간을 한다.

출 처
영천시농업기술센터, 향토음식 맥잇기 고향의 맛, 2001

정보제공자
박윤희, 경상북도 경산시 진량읍 다문2리

밥

밥국(밥쑤게)

재료

찬밥 420g(2공기) • 감자 300g(2개) • 김치 150g • 멸치장국국물(멸치 · 다시마 · 물) 2L(10컵) • 국간장 1⅓큰술

반죽 밀가루 110g(1컵) • 소금 약간 • 물 4큰술

만드는 법

1. 밀가루에 소금과 물을 넣고 반죽한다.
2. 김치는 송송 썰고(0.5cm), 감자는 반으로 잘라 0.5cm 두께로 썬다.
3. 냄비에 김치, 멸치장국국물을 넣어 끓인 후 감자를 넣고 밀가루 반죽을 알맞게 뜯어 넣는다.
4. 3이 끓으면 찬밥을 넣고 한소끔 더 끓여 국간장으로 간을 한다.

정보제공자
박은미, 경상북도 영주시
손영옥, 경상북도 예천군 예천읍 남본리

따개비밥

재 료

쌀 360g(2컵) • 따개비 300g • 당근 70g(½개) • 오이 70g(½개) • 양파 160g(1개) • 물 600mL(3컵) • 참기름 ½큰술 • 식용유 1작은술

양념장 간장 3큰술 • 고춧가루 2큰술 • 다진 파 1큰술 • 다진 마늘 ½큰술 • 참기름 ½큰술 • 깨소금 약간

만드는 법

1. 쌀은 깨끗이 씻어 30분 정도 물에 불린 후 물기를 뺀다.
2. 따개비는 삶아 살을 발라 내고 국물은 따로 둔다.
3. 양파, 오이, 당근은 곱게 채 썰어(5×0.2×0.2cm) 가열한 팬에 식용유를 두르고 소금으로 간을 하여 순서대로 볶는다.
4. 냄비에 참기름을 두르고 따개비 살을 넣어 볶다가 불린 쌀을 넣어 같이 볶는다.
5. 4에 따개비 삶은 물(2⅓컵)을 부어 밥을 짓는다.
6. 그릇에 밥을 담고 볶은 양파, 오이, 당근을 올린 후 양념장을 곁들인다.

참고사항

따개비는 굴등이라고도 하며 몸길이가 10~15cm이다. 바닷가 암초나 배 밑 등에 붙어서 고착생활을 한다. 몸은 山자 모양으로 딱딱한 석회질 껍데기로 덮여 있고 게와 새우 같은 갑각류에 속한다.

출 처

경상북도 농촌진흥원, 우리의 맛 찾기 경북 향토음식, 1997
울릉군농업기술센터, 신비로운 맛과 향 울릉도 향토음식, 1998

정보제공자

이범숙, 경상북도 울릉군 울릉읍 저1리

따로국밥

재 료

소뼈 150g • 소도가니 1kg • 쇠고기(양지머리) 100g • 물 3L(15컵) • 밥 840g(4공기)

양념 고춧가루 · 다진 파 · 다진 마늘 · 소금 · 후춧가루 적량

만드는 법

1. 소뼈와 소도가니에 물을 붓고 12시간 이상 고아 국물을 만든다.
2. 1에 쇠고기를 넣고 1~2시간 동안 더 끓인다.
3. 고기가 익으면 건져서 납작하게 썬 다음 다시 국에 넣는다.
4. 양념을 넣고 다시 30분 정도 끓여서 국과 밥을 따로 담아 낸다.

참고사항

국에 밥을 미리 말면 국물이 제 맛을 잃기 때문에 국과 밥을 따로 내 놓는다고 하여 '따로국밥' 이라 부른다. 5일장에 오는 외지의 상인에게 제공되었던 음식이다.

출 처

한국문화재보호재단, 한국음식대관 제2권, 한림출판사, 1999
이성우 · 이효지, 규곤요람, 한국생활과학연구, 1, 1983
이연정, 향토음식에 대한 인식이 향토음식전문점 방문빈도에 미치는 영향 연구, 한국조리과학회지, 22(6), 2006

정보제공자

최영자, 대구광역시 중구 전동

마밥

재료

쌀 360g(2컵) • 마 200g • 물 470mL(2⅓컵)

촛물 식초 2큰술 • 물 400mL(2컵)

양념장 간장 3큰술 • 고춧가루 1작은술 • 다진 붉은 고추 1작은술 • 다진 풋고추 1작은술 • 참기름 ½큰술 • 깨소금 ½큰술

만드는 법

1. 마는 껍질을 벗겨서 깍둑썰기 하여(사방 1cm) 1시간 정도 촛물에 담근 후 물기를 뺀다.
2. 쌀은 깨끗이 씻어 30분 정도 물에 불린다.
3. 솥에 1, 2와 물을 넣어 밥을 짓다가 밥이 끓으면 중불로 줄이고 쌀알이 퍼지면 불을 약하게 하여 뜸을 들인 후 잘 섞는다.
4. 마밥을 고루 섞어 담고 양념장을 곁들인다.

출 처
안동시농업기술센터, 향토음식 맥잇기 안동 음식여행, 2002

정보제공자
서점숙, 경상북도 안동시 송천동

메밀묵밥

재 료

밥 560g(2⅔공기) • 메밀묵 800g(1½모) • 김치 150g • 오이 200g(1½개) • 김 4g(2장) • 멸치장국국물(멸치 · 다시마 · 물) 800mL(4컵) • 깨소금 1큰술

양념장 간장 3큰술 • 다진 풋고추 1작은술 • 다진 붉은 고추 1작은술 • 고춧가루 1작은술 • 깨소금 ½큰술 • 참기름 ½큰술

만드는 법

1. 메밀묵은 굵게 채 썬다(5×0.5×0.5cm).
2. 김치는 송송 썰고(0.5cm), 오이는 곱게 채 썬다(5×0.2×0.2cm).
3. 김은 살짝 구워서 길이 5cm, 너비 0.5cm 크기로 자른다.
4. 그릇에 메밀묵을 담고 김치, 오이, 김을 얹고, 멸치장국국물을 붓는다.
5. 4에 밥을 넣고 양념장을 곁들인다.

출 처
봉화군농업기술센터, 봉화의 맛을 찾아서, 2002

정보제공자
김순옥, 경상북도 봉화군 법전면 척곡리

무밥

재 료

쌀 360g(2컵) • 무 300g(1/3개) • 물 400mL(2컵)

양념장 간장 3큰술 • 고춧가루 2큰술 • 다진 파 1큰술 • 다진 마늘 1/2큰술 • 참기름 1/2큰술 • 깨소금 약간

만드는 법

1. 쌀은 깨끗이 씻어 30분 정도 물에 불린다.
2. 무는 곱게 채 썬다(5×0.2×0.2cm).
3. 솥에 불린 쌀을 넣고 채 썬 무를 올려 밥을 짓는다.
4. 무밥을 고루 섞어 그릇에 담고 양념장을 곁들인다.

❁ 참고사항

- 달걀 노른자를 곁들이기도 하고, 보리밥을 이용하기도 한다.
- 쇠고기를 채 썰어 생강, 간장으로 밑간하여 함께 밥을 지으면 영양과 기호 면에서 우수하다.

출 처

영천시농업기술센터, 향토음식 맥잇기 고향의 맛, 2001

구미시농업기술센터, 구미 향토-로하스요리 질시루, 2005

정보제공자

권춘화, 경상북도 영주시 휴천2동

밥

보리감자밥

재 료

보리 250g(1⅔컵) • 감자 500g(3개) • 물 400mL(2컵)

소금물 소금 ½큰술 • 물 1L(5컵)

만드는 법

1. 보리는 깨끗이 씻어 10분 정도 물에 불린다.
2. 감자는 깨끗이 씻어 껍질을 벗기고 소금물에 30분 정도 담갔다가 물기를 제거한다.
3. 솥에 보리를 안쳐 끓이다가 감자를 넣어 약한 불에서 뜸을 들인다.

출 처
경상북도 농촌진흥원, 우리의 맛 찾기 경북 향토음식, 1997

밥

쑥밥

재 료

쌀 360g(2컵) • 햇쑥 30g • 물 470mL(2⅓컵)

양념장 간장 3큰술 • 고춧가루 1큰술 • 다진 파 1큰술 • 다진 마늘 1작은술 • 참기름 1작은술 • 깨소금 1작은술

만드는 법

1. 쌀은 깨끗이 씻어 30분 정도 물에 불리고, 쑥도 깨끗이 씻어 물기를 빼 놓는다.
2. 솥에 불린 쌀과 쑥을 넣고 물을 부어 밥을 지어 양념장을 곁들인다.

출 처
김천시농업기술센터, 김천 향토음식, 1999

정보제공자
이경옥, 경상북도 포항시 남구 해도1동

밥

직지사산채비빔밥

재 료

밥 840g(4공기) • 숙주 150g • 도라지 100g(5뿌리) • 삶은 고사리 100g(½컵) • 느타리버섯 50g(3개) • 표고버섯 50g(4개) • 더덕 150g(4뿌리) • 배추 50g • 머위잎 50g • 곰취 30g • 호박잎 30g • 미나리 30g • 깻잎 10g(6장) • 고추장 2큰술 • 소금 약간

양념 간장 2큰술 • 다진 파 1큰술 • 다진 마늘 1작은술 • 참기름 1작은술 • 통깨 1작은술

쌈장 된장 3큰술 • 고추장 ½큰술

만드는 법

1. 배추, 머위잎, 곰취, 호박잎, 미나리, 깻잎은 깨끗이 씻어 물기를 빼 놓는다.
2. 도라지와 더덕은 껍질을 벗기고 소금으로 주물러 씻어 쓴맛을 빼고 잘게 찢는다.
3. 숙주와 2는 끓는 물에 소금을 넣고 각각 데친다.
4. 느타리버섯, 표고버섯은 각각 데쳐 곱게 채 썬다.
5. 삶은 고사리는 씻어 물기를 빼고 7~8cm 길이로 썬다.
6. 데친 숙주, 도라지, 더덕은 소금과 참기름으로 각각 양념하여 무친다 .
7. 느타리버섯, 표고버섯, 고사리는 양념을 넣어 각각 무친다.
8. 그릇에 밥을 담고 준비한 재료들을 색을 맞추어 올린 다음 고추장, 쌈장, 1의 채소쌈을 곁들인다.

출 처
김천시농업기술센터, 김천 향토음식, 1999

산나물밥(묵나물밥)

재 료

쌀 360g(2컵) • 조 2큰술 • 말린 산나물(묵나물) 40g • 물 500mL(2½컵)

양념장 간장 3큰술 • 다진 풋고추 1작은술 • 다진 붉은 고추 1작은술 • 깨소금 ½큰술 • 참기름 ½큰술 • 고춧가루 1작은술

만드는 법

1. 쌀과 조는 깨끗이 씻고 쌀은 30분 정도 물에 불린다.
2. 말린 산나물은 물에 불린 후 씻어 물기를 꼭 짠다.
3. 솥에 불린 쌀과 조를 넣고 산나물을 올려 밥을 짓는다.
4. 밥을 고루 섞어 그릇에 담고 양념장을 곁들인다.

❀ 참고사항

산나물로는 계절에 따라 취나물, 고사리, 표고버섯, 달래순, 도라지 등이 이용된다.

출 처

농촌진흥청, 향토음식, www2.rda.go.kr/food/, 2006

정보제공자

김미현, 경상북도 청송군 안덕면 명당2리

밥

새재묵조밥

재 료

쌀 270g(1½컵) • 조 4큰술 • 도토리묵 1모 • 김치 150g • 물 400mL(2컵)

양념장 간장 3큰술 • 다진 풋고추 1작은술 • 다진 붉은 고추 1작은술 • 고춧가루 1작은술 • 참기름 ½큰술 • 깨소금 ½큰술

만드는 법

1. 쌀과 조를 각각 깨끗이 씻어 쌀은 30분 정도 물에 불린 후 조밥을 짓는다.
2. 도토리묵은 굵게 채 썰고(5×1×1cm), 김치는 물기를 꼭 짜 송송 썬다(0.5cm).
3. 조밥에 도토리묵과 김치를 올리고 양념장을 곁들인다.

출 처

최규식 · 이윤호, 경상북도 북부 지역 향토음식 호텔 메뉴화 전략, 관광정보연구, 16, 2004
농촌진흥청, 향토음식, www2.rda.go.kr/food/, 2006

정보제공자

김영숙, 경상북도 문경시 모전동

밥

옥수수밥

재 료

쌀 270g(1½컵) • 옥수수 1개 • 팥 3큰술 • 물 400mL(2컵) • 소금 약간

만드는 법

1. 쌀은 깨끗이 씻어 30분 정도 물에 불리고, 팥은 씻어 푹 삶아 건진다.
2. 옥수수는 푹 삶아 알갱이만 뗀다.
3. 불린 쌀과 팥, 옥수수를 넣고 소금으로 간을 하여 밥을 짓는다.

정보제공자

양순화, 경상북도 봉화군 봉성면 동양리

밥

은어밥

재 료

쌀 360g(2컵) • 은어 6마리 • 물 500mL(2½컵)

양념장 간장 3큰술 • 고춧가루 1작은술 • 다진 풋고추 1작은술 • 다진 붉은 고추 1작은술 • 참기름 ½큰술 • 깨소금 ½큰술

만드는 법

1. 은어는 내장을 빼고 깨끗이 씻은 다음 물기를 뺀다.
2. 쌀은 깨끗이 씻어 30분 정도 물에 불린 후 손질한 은어를 넣어 밥을 짓는다.
3. 은어살을 발라 밥과 섞고 양념장을 곁들인다.

참고사항

- 은어는 1급수에 서식하는 희귀성 어족으로 주로 낙동강, 섬진강 유역에서 서식하며 담백한 맛과 수박향의 독특한 맛을 가지며 여름철 보양식으로 이용한다.
- 은어살은 한 손으로 머리 부분을 잡고 젓가락으로 위에서 아래로 훑어 내리면 쉽게 발라진다.
- 은어밥은 기름지고 영양가가 높을 뿐만 아니라 맛이 좋고 담백하며, 소화가 잘 된다. 은어 내장과 알은 된장, 고춧가루, 마늘 양념을 넣고 졸여 먹기도 한다.

출 처
봉화군 농업기술센터, 봉화의 맛을 찾아서, 2002

정보제공자
김인식, 경상북도 봉화군, 봉화읍 거촌리

콩나물밥

재 료

쌀 360g(2컵) • 콩나물 300g • 물 400mL(2컵) • 소금 약간

양념장 간장 3큰술 • 다진 파 1큰술 • 다진 마늘 1작은술 • 다진 붉은 고추 1작은술 • 다진 풋고추 1작은술 • 고춧가루 1작은술 • 참기름 ½큰술 • 깨소금 ½큰술

만드는 법

1. 쌀은 깨끗이 씻어 30분 정도 물에 불린다.
2. 콩나물은 잘 다듬어 씻는다.
3. 솥에 불린 쌀을 넣고 가장자리에 콩나물을 넣은 다음 소금 간을 하여 밥을 짓는다.
4. 그릇에 콩나물밥을 고루 섞어 담고 양념장을 곁들인다.

❊ 참고사항

물의 양은 쌀만으로 밥을 지을 때보다 적게 하며, 콩나물밥을 지을 때 쇠고기를 양념하여 볶아 넣기도 한다.

출 처

영천시농업기술센터, 향토음식 맥잇기 고향의 맛, 2001
구미시농업기술센터, 구미 향토-로하스요리 질시루, 2005

정보제공자

황은아, 경상북도 의성군 의성읍 후죽리

콩나물밥국(콩나물국밥)

재 료

밥 840g(4공기) • 콩나물 400g • 대파 35g(1뿌리) • 물 2L(10컵) • 새우젓국 1작은술 • 깨소금 1큰술 • 고춧가루 약간

양념 국간장 1큰술 • 다진 파 1큰술 • 다진 마늘 1작은술 • 고춧가루 1작은술 • 참기름 1작은술

만드는 법

1. 콩나물은 뿌리를 떼고 씻어 물기를 뺀다.
2. 대파는 어슷썬다(0.3cm).
3. 냄비에 콩나물과 물을 넣어 뚜껑을 덮고 비린내가 나지 않도록 삶아 콩나물을 건지고 국물은 따로 둔다.
4. 삶은 콩나물에 양념을 넣어 무친다.
5. 냄비에 밥, 콩나물 삶은 물, 양념한 콩나물, 새우젓국을 넣고 끓이다가 어슷썬 대파를 넣고 한소끔 더 끓인다.
6. 그릇에 담고 고춧가루, 깨소금을 얹는다.

참고사항

가래떡을 넣기도 한다.

출 처

영천시농업기술센터, 향토음식 맥잇기 고향의 맛, 2001

성주군농업기술센터, 성주 향토음식의 맥, 2004

정보제공자

김윤희, 경상북도 성주군 성주읍 학산리

이정숙, 경상북도 경주시

전경옥, 경상북도 성주군 대가면 옥련리

팥잎밥

재 료

쌀 360g(2컵) • 팥잎 100g • 생콩가루 3큰술 • 물 470mL(2⅓컵) • 소금 약간

양념장 간장 3큰술 • 다진 풋고추 1작은술 • 다진 붉은 고추 1작은술 • 고춧가루 1작은술 • 참기름 ½큰술 • 깨소금 ½큰술

만드는 법

1. 끓는 물에 소금을 넣고 팥잎을 데쳐 물기를 제거하고 송송 썰어(0.5cm) 소금으로 간을 한다.
2. 쌀은 깨끗이 씻어 30분 정도 물에 불린다.
3. 솥에 불린 쌀을 넣고 밥을 짓다가 끓기 시작하면 팥잎에 생콩가루를 묻혀 얹고 뜸을 들인다.
4. 팥잎밥을 고루 섞어 그릇에 담고 양념장을 곁들인다.

참고사항

1950년대 후반 보릿고개 시절에 쌀이 부족하여 팥잎으로 밥의 양을 늘려서 먹었던 음식이다.

출 처

안동시농업기술센터, 향토음식 맥잇기 안동 음식여행, 2002
군위군농업기술센터, 향토음식 맥잇기 군위의 맛을 찾아서, 2005
이선호 · 박영배, 안동 지역의 향토음식을 활용한 관광체험 프로그램 개발, 한국조리학회지, 8(3), 2002
최규식 · 이윤호, 경상북도 북부 지역 향토음식 호텔 메뉴화 전략, 관광정보연구, 16, 2004

정보제공자

김덕자, 경상북도 군위군 부계면 동산1리
신복순, 경상북도 안동시 정상동

밥

홍합밥

재 료

쌀 360g(2컵) • 홍합살 140g(⅔컵) • 감자 150g(1개) • 당근 70g(½개) • 표고버섯 30g(2개) • 물 500mL(2½컵) • 참기름 1작은술 • 국간장 1작은술

양념장 국간장 1큰술 • 간장 1큰술 • 송송 썬 실파 1큰술 • 다진 마늘 1작은술 • 참기름 ½큰술 • 깨소금 ½큰술

만드는 법

1. 쌀은 깨끗이 씻어 30분 정도 물에 불린다.
2. 감자, 당근, 표고버섯은 깍둑썬다(사방 1cm).
3. 홍합살은 잘 다듬어 깨끗이 씻고 물기를 뺀다.
4. 솥에 참기름을 두르고 홍합살을 볶다가 불린 쌀과 2의 채소를 넣고 국간장으로 간을 하여 밥을 짓는다.
5. 홍합밥을 고루 섞어 그릇에 담고 양념장을 곁들인다.

참고사항

깊은 바다에서 갓 잡아 올린 홍합으로 지은 홍합밥은 울릉도만의 별미이며, 홍합을 잘게 다져서 밥을 짓기도 한다.

출 처

경상북도 농촌진흥원, 우리의 맛 찾기 경북 향토음식, 1997

정보제공자

이범숙, 경상북도 울릉군 울릉읍 저1리

죽

갱죽(갱시기, 콩나물갱죽)

재료

쌀 360g(2컵) • 콩나물 200g • 배추김치 200g • 실파 20g • 멸치 30g(15마리) • 물 2.4L(12컵) • 국간장 1큰술 • 참기름 1큰술 • 소금 약간

만드는 법

1. 쌀은 깨끗이 씻어 30분 정도 불린 다음 물기를 뺀다.
2. 멸치에 물을 부어 끓여 멸치장국국물을 만든다.
3. 김치는 1cm 길이로 송송 썰고, 실파는 3cm 길이로 썬다.
4. 콩나물은 씻어 물기를 빼 놓는다.
5. 냄비에 참기름을 두르고 김치를 볶다가 불린 쌀을 넣고 다시 볶는다.
6. 5에 멸치장국국물을 부어 끓어 오르면 콩나물을 넣고 주걱으로 저어 가며 끓인다.
7. 쌀알이 다 퍼지면 실파를 넣고 국간장과 소금으로 간을 한다.

5

5

6

7

참고사항

갱죽은 갱시기, 밥시기, 콩나물김치죽, 밥국죽 등으로도 불리며 나물과 밥을 넣고 끓인 국밥 또는 죽을 말한다. 찬밥을 이용해도 좋고 감자나 고구마를 이용하기도 한다. 찬밥을 이용할 때 밥을 너무 많이 넣으면 끓인 후 밥이 불어서 국물이 없어지므로 밥은 적게 넣고 국물이 있게 해야 한다.

출처

문화공보부 문화재관리국, 한국민속종합조사보고서(향토음식 편), 1984
김천시농업기술센터, 김천 향토음식, 1999
상주시농업기술센터, 상주 향토음식 맥잇기 고운 빛 깊은 맛, 2004
청도군농업기술센터, 청도 향토음식의 보고 석빙고, 2004
구미시농업기술센터, 구미 향토-로하스요리 질시루, 2005
청송군농업기술센터, 청송의 맛과 멋, 2006
윤숙경, 안동 지역의 향토음식에 대한 고찰, 한국식생활문화학회지, 9(1), 1994

정보제공자

김숙희, 경상북도 김천시
박남이, 경상북도 영주시 가흥1동
유점희, 경상북도 의성군 점곡면 서변리
이선임, 경상북도 청도군 금천면 김전1리
이영아, 경상북도 김천시 개령면 광천2리

조리시연자

박미숙, 경상북도 경주시 내남면 이조리

말죽

재 료

말 500g • 쌀 90g(½컵) • 물 2L(10컵) • 국간장 1큰술 • 소금 약간

만드는 법

1. 말은 깨끗이 씻어 3~4cm 길이로 썬다.
2. 쌀은 깨끗이 씻어 30분 정도 물에 불린 후 반 정도만 부숴지게 찧어 놓는다.
3. 냄비에 2와 물을 넣어 끓이다가 쌀알이 퍼지면 1을 넣고 한소끔 더 끓여 소금과 국간장으로 간을 한다.

3

참고사항

말은 버들잎가래라고도 한다. 못에서 자라는 수생식물로 연한 줄기와 잎은 나물로 이용이 되며 말죽을 끓일 때 조갯살을 넣기도 한다. '서글픈 날 저녁에는 말죽을 끓이고, 배 아픈 날 저녁에는 콩죽을 끓인다' 는 속담에서, 전자는 저녁에 쌀이 없어 말을 많이 넣고 끓인 멀건 물죽에 가까운 말죽을 말하고, 후자는 콩죽을 먹으면 배가 잘 아픈데, 시어머니는 배가 아픈 며느리에게 저녁에 콩죽을 끓이라며 구박을 준다는 내용으로 전해진다.

출 처
네이버사전(두산백과), 100.naver.com/, 2006

정보제공자
신화춘, 경상북도 경산시 자인면 북사2리

조리시연자
김귀조, 경상북도 경산시 진량읍 다문2리

죽

수수풀떼기

재 료

찰수숫가루 180g(2컵) • 고구마 250g(1개) • 동부(콩) 80g(⅓컵) • 밤(깐 것) 50g(5개) • 대추 20g(8개) • 물 2L(10컵) • 소금 1작은술

만드는 법

1. 고구마는 껍질을 벗기고 깍둑썰기 한다(사방 2cm).
2. 동부, 밤, 대추는 씻어 물기를 뺀다.
3. 냄비에 물을 붓고 고구마, 동부, 밤, 대추를 넣어 끓인다.
4. 3이 익으면 수숫가루를 얇게 한 켜씩 뿌려 가며 눋지 않게 끓여 소금으로 간을 한다.

3

4

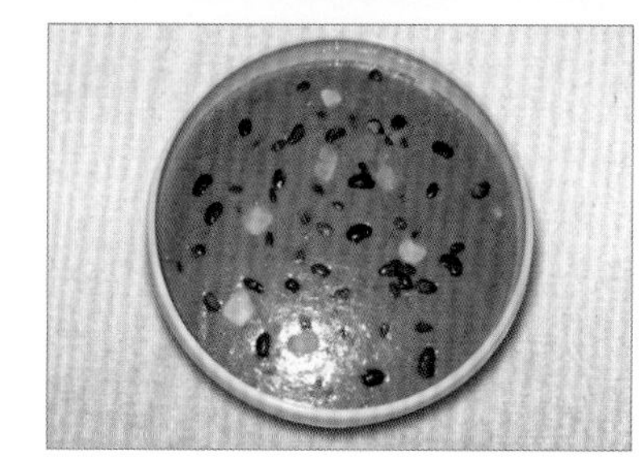

참고사항

- 청대콩(청태), 팥을 이용하기도 한다.
- 풀떼기는 풀떼죽이라고도 하며, 범벅보다는 묽고 죽보다는 된 편이다.

출 처

경상북도 농촌진흥원, 우리의 맛 찾기 경북 향토음식, 1997
농촌진흥청 농촌생활연구소(현 농촌자원개발연구소), 전통지식 모음집(생활문화 편), 1997
봉화군농업기술센터, 봉화의 맛을 찾아서, 2002
네이버사전(두산백과), 100.naver.com/, 2006

정보제공자

이병희, 경상북도 문경시 산양면 진정리

조리시연자

권영순, 경상북도 봉화군 봉화읍 석평2리

죽

다부랑죽

재 료

콩나물 300g • 감자 150g(1개) • 쌀 180g(1컵) • 대파 20g($\frac{1}{2}$뿌리) • 멸치장국국물(멸치 · 다시마 · 물) 2L(10컵)

반죽 밀가루 165g(1$\frac{1}{2}$컵) • 소금 약간 • 물 6큰술

양념장 국간장 3큰술 • 다진 파 1큰술 • 다진 마늘 1작은술 • 고춧가루 1작은술 • 참기름 1작은술 • 깨소금 1작은술

만드는 법

1. 쌀은 깨끗이 씻어 물에 30분 정도 불리고, 콩나물은 손질하여 씻는다.
2. 밀가루에 소금과 물을 넣고 반죽을 한다.
3. 감자는 0.5cm 두께로 썰고, 대파는 어슷썬다(0.3cm).
4. 냄비에 불린 쌀과 멸치장국국물을 붓고 끓여 쌀이 익으면 밀가루 반죽을 적당한 크기로 떼어 넣고 끓인다.
5. 한소끔 끓으면 콩나물, 감자, 대파를 넣고 끓여 양념장을 곁들인다.

정보제공자
황은아, 경상북도 의성군 의성읍 후죽리

죽

닭죽

재료

닭 630g(½마리) • 찹쌀 165g(1컵) • 수수 5큰술 • 율무 5큰술 • 차조 5큰술 • 물 2L(10컵) • 소금 1작은술

만드는 법

1. 찹쌀, 수수, 율무, 차조는 깨끗이 씻어 물에 30분 정도 불린다.
2. 닭은 푹 삶아 뼈를 발라 내고 살코기만 먹기 좋은 크기로 찢는다.
3. 2의 육수에 1을 넣고 푹 끓인다.
4. 곡물이 퍼지면 2의 닭고기를 넣어 한소끔 더 끓인 후 소금으로 간을 한다.

참고사항

멥쌀만으로 죽을 쑤기도 한다.

출처

경주시농업기술센터, 천년고도 경주 내림손맛, 2005

정보제공자

김정자, 경상북도 영주시 창진동

고문헌

식료찬요(닭죽), 산림경제(계죽 : 鷄粥), 조선무쌍신식요리제법(계죽 : 鷄粥)

죽

대게죽

재 료

대게살 150g • 쌀 360g(2컵) • 육수 2L(10컵) • 국간장 1큰술 • 참기름 ½큰술 • 소금 약간

만드는 법

1. 쌀은 깨끗이 씻어서 물에 충분히 불린 후 쌀알의 크기가 반 정도 되도록 간다.
2. 냄비에 참기름을 두르고 갈아 놓은 쌀을 넣어 볶다가 윤기가 나면 대게살을 넣고 더 볶아 익힌다.
3. 2에 육수를 붓고 잘 젓다가 뚜껑을 덮고 쌀알이 충분히 퍼지도록 약한 불에서 끓인 다음 소금과 국간장으로 간을 한다.

출 처
윤숙경 · 박미남, 경상북도 동해안 지역 식생활문화에 관한 연구(1), 한국식생활문화학회지, 14(2), 1999

정보제공자
고순덕, 경상북도 울진군 북면 부구리

죽

밀풀떼기죽

재 료

감자 150g(1개) • 물 2L(10컵) • 소금 1작은술

반죽 밀 2컵 • 소금 1작은술 • 물 4큰술

만드는 법

1. 밀은 맷돌이나 분쇄기에 곱게 갈아 소금과 물을 넣고 보슬보슬하게 반죽 한다.
2. 감자는 반으로 잘라 0.5cm 두께로 반달썰기 한다.
3. 끓는 물에 밀가루 반죽을 떼어 넣고 감자를 넣어 끓인 후 소금으로 간을 한다.

정보제공자
이정자, 경상북도 포항시 연일읍 달전리

죽

볶음죽

재 료

보리 200g($1\frac{1}{3}$컵) • 쌀 120g($\frac{2}{3}$컵) • 콩 2큰술 • 땅콩 2큰술 • 물 1.6L(8컵) • 소금 1작은술

만드는 법

1. 쌀은 깨끗이 씻어 물에 30분 정도 불린다.
2. 보리, 콩, 땅콩은 씻어 물기를 빼고 팬에서 볶은 후 분쇄기에 간다.
3. 냄비에 불린 쌀과 2의 가루를 넣고 물을 부어 끓인 후 소금으로 간을 한다.

출 처
구미시농업기술센터, 구미 향토-로하스요리 질시루, 2005

정보제공자
권동님, 경상북도 구미시 해평면 낙성2리

죽

산나물죽

재 료

산나물 300g • 쌀 360g(2컵) • 물 2L(10컵) • 국간장 1큰술 • 참기름 $\frac{1}{2}$큰술 • 소금 약간

만드는 법

1. 쌀은 깨끗이 씻어 물에 30분 정도 불린 후 분쇄기에 간다.
2. 산나물은 끓는 물에 소금을 넣고 데친 후 물기를 빼고 먹기 좋은 크기로 썰어 국간장, 참기름으로 무친다.
3. 냄비에 참기름을 두르고 불린 쌀과 산나물을 넣어 볶다가 쌀이 투명해지면 물을 부어 끓인다.
4. 쌀알이 퍼지면 국간장과 소금으로 간을 한다.

출 처
청송군농업기술센터, 청송의 맛과 멋, 2006

뽕나물죽

재 료

뽕잎 400g • 쌀 360g(2컵) • 보리새우 100g • 대파 35g(1뿌리) • 물 2L(10컵) • 된장 5큰술 • 고추장 1½큰술 • 국간장 1큰술 • 다진 마늘 2작은술 • 소금 약간

만드는 법

1. 쌀은 깨끗이 씻어 물에 30분 정도 불린 후 물기를 뺀다.
2. 뽕잎은 연한 잎만 골라 손질하고, 대파는 어슷하게 썬다.
3. 보리새우는 마른 면포로 싸서 비벼 수염과 다리를 뗀다.
4. 냄비에 물을 붓고 된장과 고추장을 푼 다음 보리새우를 넣어 토장국을 끓인다.
5. 뽕잎과 대파, 다진 마늘을 넣어 끓인 후 국간장과 소금으로 간을 한다.
6. 불린 쌀을 넣어 쌀알이 퍼질 때까지 푹 끓인다.

출 처

상주시농업기술센터, 상주 향토음식 맥잇기 고운 빛 깊은 맛, 2004

죽

쑥콩죽

재료

쑥 50g • 콩 320g(2컵) • 쌀 180g(1컵) • 물 2L(10컵) • 소금 1작은술

만드는 법

1. 쑥은 깨끗이 씻는다.
2. 쌀은 깨끗이 씻어 물에 30분 정도 불린 후 물기를 뺀다.
3. 콩은 씻어 물에 불린 후 살짝 삶아서 껍질을 벗기고 삶은 물은 따로 둔다.
4. 불린 쌀과 삶은 콩은 곱게 간다.
5. 냄비에 4와 콩 삶은 물을 넣어 충분히 끓인 후 쑥을 넣고 한소끔 더 끓여 소금으로 간을 한다.

참고사항

쌀과 콩은 씻어 불린 후 절구에 찧어 죽을 쑤기도 한다.

출 처

봉화군농업기술센터, 봉화의 맛을 찾아서, 2002
청도군농업기술센터, 청도 향토음식의 보고 석빙고, 2004

정보제공자

박화자, 경상북도 칠곡군 왜관읍 매원2리
이정렬, 경상북도 청도군 각남면 화리

아욱죽

재 료

아욱 300g • 밥 840g(4공기) • 된장 2큰술 • 멸치장국국물(멸치 · 다시마 · 물) 2L(10컵)

만드는 법

1. 아욱은 손으로 비벼 푸른 물이 빠지도록 씻어 적당한 크기로 찢는다.
2. 냄비에 멸치장국국물을 붓고 밥과 아욱을 넣어 끓인다.
3. 끓으면 된장으로 간을 하여 한소끔 더 끓인다.

참고사항

된장을 넣지 않고 다진 쇠고기에 갖은 양념을 해서 넣거나 밥 대신 쌀을 이용하기도 한다.

정보제공자

최순자, 경상북도 성주군 대가면 용흥1리

고문헌

식료찬요(아욱죽), 조선요리제법(아욱죽), 조선무쌍신식요리제법(규죽 : 葵粥)

죽

옥수수단팥죽

재 료

마른 찰옥수수알갱이 300g(2컵) • 팥 300g(1½컵) • 물 4L(20컵) • 소금 1작은술 • 설탕 약간

만드는 법

1. 마른 찰옥수수는 껍질을 벗기고 5~6배의 물(10컵)을 부어 푹 삶는다.
2. 팥은 씻어 물(10컵)을 붓고 푹 삶아 체에 내린다.
3. 2에 1의 삶은 찰옥수수를 넣어 눌지 않게 저어 가면서 걸쭉하게 죽을 쑨다.
4. 마지막에 설탕, 소금으로 간을 한다.

참고사항

삶은 팥은 체에 내리지 않고 그대로 죽을 쑤기도 한다.

출 처

경상북도 농촌진흥원, 우리의 맛 찾기 경북 향토음식, 1997
봉화군농업기술센터, 봉화의 맛을 찾아서, 2002

정보제공자

장영숙, 경상북도 봉화군 봉성면 금봉리

죽

은어죽

재 료

은어 200g • 쌀 180g(1컵) • 미나리 50g • 쑥갓 30g • 풋고추 30g(2개) • 깻잎 10g(6장) • 물 2L(10컵) • 식초 약간 • 된장 1큰술 • 고추장 1작은술 • 다진 파 1큰술 • 다진 마늘 1작은술 • 다진 생강 1작은술 • 고춧가루 · 후춧가루 약간

반죽 밀가루 110g(1컵) • 소금 약간 • 물 4큰술

만드는 법

1. 은어는 내장을 제거하고 식초를 넣은 물에 깨끗이 씻은 다음 푹 삶아 뼈를 발라 낸다.
2. 쌀은 깨끗이 씻어 물에 30분 정도 불린다.
3. 밀가루에 물, 소금을 넣고 반죽을 한다.
4. 풋고추는 송송 썰고(0.5cm), 깻잎은 돌돌 말아 1cm 굵기로 채 썬다.
5. 미나리는 5cm 길이로 썰고, 쑥갓은 한 줄기씩 떼어 놓는다.
6. 1에 된장, 고추장을 풀고 불린 쌀, 다진 파, 다진 마늘, 다진 생강을 넣어 끓인다.
7. 쌀이 퍼지면 밀가루 반죽을 얇게 뜯어 넣고 풋고추, 깻잎, 미나리, 쑥갓을 넣어 한소끔 더 끓인다.
8. 기호에 따라 후춧가루, 고춧가루를 넣는다.

참고사항

삶은 은어를 뼈째로 갈아 죽을 쑤면 색이 검게 될 수 있고, 삶을 때 콩을 넣으면 비린내가 제거된다.

출 처

봉화군농업기술센터, 봉화의 맛을 찾아서, 2002

정보제공자

김인식, 경상북도 봉화군 봉화읍 거촌리

죽

은행죽

재 료

은행(깐 것) 300g(2컵) • 쌀 180g(1컵) • 물 2L(10컵) • 소금 1작은술

만드는 법

1. 쌀은 씻어 물에 불린 후 물(2컵)을 넣고 갈아서 체에 거른다.
2. 은행은 따뜻한 물에 담가 쓴맛과 떫은 맛을 제거하고, 물(8컵)을 넣고 갈아서 고운체에 거른다.
3. 2의 윗물을 냄비에 붓고 중간불에서 저어 가며 끓인 후 은행 앙금을 넣고 끓인다.
4. 3에 1의 쌀 앙금을 넣고 눌지 않게 저어 가며 끓여 소금으로 간을 한다.

출 처

김천시농업기술센터, 김천 향토음식, 1999

콩죽

재료

콩 320g(2컵) • 쌀 180g(1컵) • 감자 150g(1개) • 물 2L(10컵) • 소금 1작은술

만드는 법

1. 쌀은 깨끗이 씻어 물에 30분 정도 불린다.
2. 감자는 껍질을 벗겨 4~6등분한다.
3. 콩은 깨끗이 씻어 물에 불린 후 물을 붓고 갈아 고운체에 거른다.
4. 냄비에 3의 콩물을 넣어 끓이다가 불린 쌀과 감자를 넣고 눌지 않게 저으면서 끓인다.
5. 다 익으면 소금으로 간을 한다.

참고사항

콩(대두)을 갈아 만든 죽으로 단백질, 지방 등 영양이 매우 풍부하여 어린이 및 노인의 건강식이다. 콩죽을 끓일 때 감자를 넣지 않고 쌀과 콩으로만 죽을 쑤기도 한다.

출 처
봉화군농업기술센터, 봉화의 맛을 찾아서, 2002

정보제공자
김정자, 경상북도 경주시 동방동

고문헌
조선요리제법(콩죽), 조선무쌍신식요리제법(태죽 : 太粥)

파래죽

재 료

쌀 360g(2컵) • 감자 100g($\frac{2}{3}$개) • 파래 50g • 쌀뜨물 2L(10컵) • 참기름 1작은술 • 소금 1작은술

만드는 법

1. 쌀은 박박 문질러 씻은 후 쌀뜨물을 받아 놓고 물에 불린다.
2. 감자는 껍질을 벗겨 깍둑썬다(사방 2cm).
3. 파래는 끓는 물에 살짝 데쳐 짧게 썬다.
4. 냄비에 참기름을 둘러 불린 쌀을 넣고 노릇노릇해질 때까지 볶다가 쌀뜨물을 붓고 감자를 넣어 끓인다.
5. 감자가 익으면 파래를 넣고 쌀알이 완전히 퍼질 때까지 약한 불에서 끓인다.
6. 소금으로 간을 하고 참기름을 넣는다.

출 처
포항시농업기술센터, 포항 전통의 맛, 2004

정보제공자
신임숙, 경상북도 포항시 남구 연일읍 학전리

호박순죽(호박잎죽)

재 료

호박순 30g • 호박잎 30g • 쌀 270g(1½컵) • 애호박 150g(½개) • 멸치장국국물(멸치 · 다시마 · 물) 2L(10컵) • 들깻가루 2큰술 • 소금 1작은술

반죽 밀가루 110g(1컵) • 소금 약간 • 물 4큰술

만드는 법

1. 쌀은 깨끗이 씻어 물에 30분 정도 불린다.
2. 호박순과 잎을 문질러 푸른 물을 뺀 후 건져 두고 애호박은 큼직하게 썬다.
3. 밀가루에 물, 소금을 넣고 반죽을 한다.
4. 냄비에 멸치장국국물을 부어 끓인 후 불린 쌀을 넣고 끓인다.
5. 쌀이 적당히 퍼지면 밀가루 반죽을 뜯어 넣는다.
6. 호박순과 잎, 애호박을 넣고 한소끔 끓인 후 들깻가루를 넣고 소금으로 간을 한다.

출 처

농촌진흥청 농촌영양개선연수원(현 농촌자원개발연구소), 한국의 향토음식, 1994

정보제공자

이분옥, 경상북도 군위군 소보면 위성4리
최영희, 대구광역시 동구 용계동

호박죽

재 료

늙은 호박 450g • 찹쌀가루 150g(1컵) • 팥 100g(⅔컵) • 밤콩 100g(½컵) • 조 100g(⅔컵) • 물 1.6L(8컵) • 설탕 1큰술 • 소금 1작은술

만드는 법

1. 늙은 호박은 껍질을 벗기고 씨를 긁어 낸 후 적당한 크기로 썰어 찜통에 넣고 푹 쪄서 으깬다.
2. 조는 씻어 놓고, 밤콩과 팥은 물을 충분히 부어 푹 삶는다.
3. 냄비에 으깬 호박과 물을 넣고 찹쌀가루를 풀어 끓인다.
4. 3에 조와 삶은 밤콩과 팥, 설탕을 넣고 끓이다가 소금으로 간을 한다.

참고사항

- 배추뿌리를 호박과 함께 넣어 죽을 쑤기도 한다.
- 찹쌀가루로 새알을 만들어 넣기도 하고 밤, 땅콩, 검은콩을 넣기도 한다.

출 처

영천시농업기술센터, 향토음식 맥잇기 고향의 맛, 2001
청도군농업기술센터, 청도 향토음식의 보고 석빙고, 2004

정보제공자

오순초, 경상북도 의성군 단묵면 정안1리
지수스님, 경상북도 청도군 매전면 북지리

미음 · 범벅 · 응이

감자범벅

재 료

감자 450g(3개) • 고구마 250g(1개) • 늙은 호박 200g • 팥 100g(½컵) • 밀가루 100g(1컵) • 반죽물 50mL(¼컵) • 설탕 2큰술 • 소금 1작은술

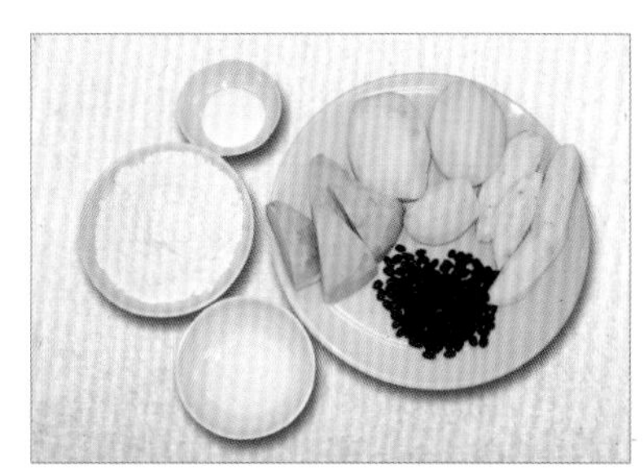

만드는 법

1. 팥은 깨끗이 씻어 물을 붓고 삶는다.
2. 늙은 호박은 껍질을 벗겨 내고 속을 긁어 적당한 크기로 썬다.
3. 감자, 고구마는 껍질을 벗겨 적당한 크기로 썰어 소금, 설탕을 넣어 삶다가 2의 늙은 호박, 삶은 팥을 넣어 물기 없이 삶는다.
4. 밀가루에 물을 넣고 버무려 3에 얹어 익힌다.
5. 주걱으로 감자를 으깨면서 잘 섞는다.

3

4

5

정보제공자
김경자, 경상북도 영주시 휴천2동

조리시연자
김순옥, 경상북도 봉화군 법전면 칠곡2리

미음 · 범벅 · 응이

메밀범벅

재 료

메밀 450g(3컵) • 물 1.6L(8컵) • 소금 1작은술

만드는 법

1. 메밀은 깨끗이 씻어 물기를 빼고 소금을 넣어 빻는다.
2. 메밀가루에 물(4컵)을 부어 치댄 후 삼베주머니에 걸러 가라앉혀 윗물을 따라 내고 앙금(전분)을 받는다.
3. 냄비에 2의 앙금(전분)을 넣고 물을 부어 걸쭉하게 끓여 소금으로 간을 한다.

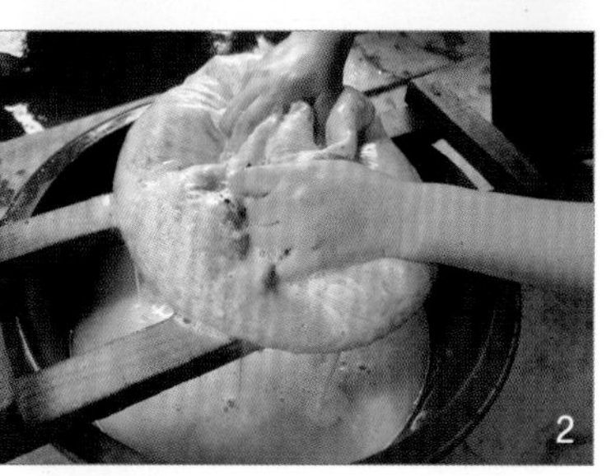
2

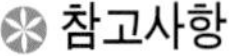

참고사항

가뭄에 벼 대신 메밀을 많이 경작하여 밥 대용으로 이용한 음식이다.

조리시연자
정태봉, 경상북도 경산시 압량면 강서리

미음 · 범벅 · 응이

호박범벅

재 료

늙은 호박 200g • 팥 200g(1컵) • 찹쌀가루 150g(1½컵) • 고구마 80g(¼개) • 밤(깐 것) 40g(4개) • 물 1.2L(6컵) • 소금 1작은술 • 설탕 약간

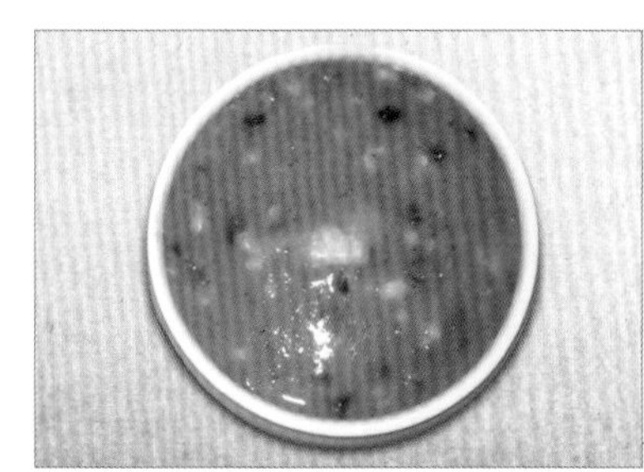

만드는 법

1. 팥은 깨끗이 씻어 푹 삶아 건져 두고, 밤은 2~4등분한다.
2. 고구마는 껍질을 벗겨 깍둑썰기 한다(사방 2cm).
3. 늙은 호박은 껍질을 벗겨 씨를 긁어 낸 후 적당한 크기로 썬다.
4. 찹쌀가루에 물(2컵)을 부어 찹쌀물을 만든다.
5. 냄비에 늙은 호박을 넣고 물(4컵)을 부어 푹 삶아 으깬 후 고구마를 넣어 끓인다.
6. 삶은 팥과 밤을 넣고 찹쌀물을 조금씩 부으면서 주걱으로 눌지 않게 저어 준다.
7. 걸쭉해지면 소금과 설탕으로 간을 하고 한소끔 더 끓인다.

참고사항

찹쌀가루의 반은 새알심을 만들어 넣고, 찹쌀가루 대신 멥쌀가루, 밀가루, 차수숫가루를 이용하기도 한다.

출 처

농촌진흥청 농촌생활연구소(현 농촌자원개발연구소), 전통지식 모음집(생활문화 편), 1997
안동시농업기술센터, 향토음식 맥잇기 안동 음식여행, 2002
상주시농업기술센터, 상주 향토음식 맥잇기 고운 빛 깊은 맛, 2004
구미시농업기술센터, 구미 향토-로하스요리 질시루, 2005
이선호 · 박영배, 안동 지역의 향토음식을 활용한 관광체험 프로그램 개발, 한국조리학회지, 8(3), 2002

정보제공자

권문희, 경상북도 봉화군 봉화읍 도촌2리
홍순우, 경상북도 군위군 군위읍 대흥1동

조리시연자

이옥희, 대구광역시

미음 · 범벅 · 응이

감자버무리

재 료

감자 800g(6개) • 밀가루 110g(1컵)

양념장 간장 3큰술 • 다진 파 1큰술 • 다진 마늘 1작은술 • 고춧가루 1작은술 • 참기름 1작은술 • 깨소금 1작은술

만드는 법

1. 감자는 껍질을 벗기고 굵게 채 썰어(5×0.3×0.3cm) 밀가루를 묻힌다.
2. 1을 찜솥에 넣고 쪄서 양념장을 곁들인다.

정보제공자
채정애, 경상북도 포항시 죽도2동

미음 · 범벅 · 응이

밀찜(밀다부래이)

재 료

밀 230g(1½컵) • 팥 100g(½컵) • 강낭콩 100g(½컵) • 물 1.2L(6컵) • 소금 1작은술 • 설탕 약간

만드는 법

1. 밀, 팥, 강낭콩은 씻어 5시간 정도 물에 불린 다음 건져 놓는다.
2. 냄비에 1과 소금, 설탕을 넣고 물을 넉넉히 부어 푹 무르도록 삶는다.

참고사항

곤궁한 시기에 밀 타작 후 콩, 잡곡에 사카린을 넣어 만든 옛 음식으로 성주 지역에서는 '밀다부래이' 라고 한다.

출 처
성주군농업기술센터, 성주 향토음식의 맥, 2004

정보제공자
도춘희, 경상북도 성주군 대가면 용흥리

건진국수(안동손국수, 안동칼국수)

재료

닭 1.3kg(1마리) • 달걀 50g(1개) • 김 4g(2장) • 대파 35g(1뿌리) • 마늘 25g(6쪽) • 밀가루 · 실고추 약간 • 물 3L(15컵) • 소금 2작은술 • 식용유 적량

국수 반죽 밀가루 330g(3컵) • 생콩가루 120g(1컵) • 소금 2작은술 • 물 200mL(1컵)

닭고기 양념 다진 파 1큰술 • 다진 마늘 1작은술 • 참기름 ½큰술 • 깨소금 2작은술 • 소금 · 후춧가루 약간

양념장 간장 3큰술 • 고춧가루 1큰술 • 다진 파 1큰술 • 다진 마늘 1작은술 • 참기름 1작은술 • 깨소금 1작은술

만드는 법

1. 냄비에 닭, 마늘, 대파를 넣고 물을 부어 끓이고 밀가루, 생콩가루에 소금물을 넣고 반죽한다.
2. 밀대로 반죽을 밀어 밀가루를 묻혀 여러 번 접어 가늘게 썬 후 밀가루를 털어 낸다.
3. 달걀은 황백지단을 부쳐 곱게 채 썰고(5×0.2×0.2cm), 김은 살짝 구워 5cm 길이로 채 썬다. 실고추는 2~3cm 길이로 썬다.
4. 1의 닭이 익으면 면포를 깔고 육수는 걸러 내어 소금(1작은술)으로 간을 해두고, 닭살은 발라 내어 적당한 크기로 찢어 양념한다.
5. 2의 국수를 끓는 물에 소금(1작은술)을 넣고 끓이다가 넘치려고 할 때 찬물을 붓고 다시 끓이는 과정을 3번 정도 반복한 다음 국수를 건져 찬물에 씻어 물기를 빼 놓는다.
6. 그릇에 국수를 담고 육수를 부은 후 닭살, 황백지단, 실고추, 김을 얹고 양념장을 곁들인다.

1

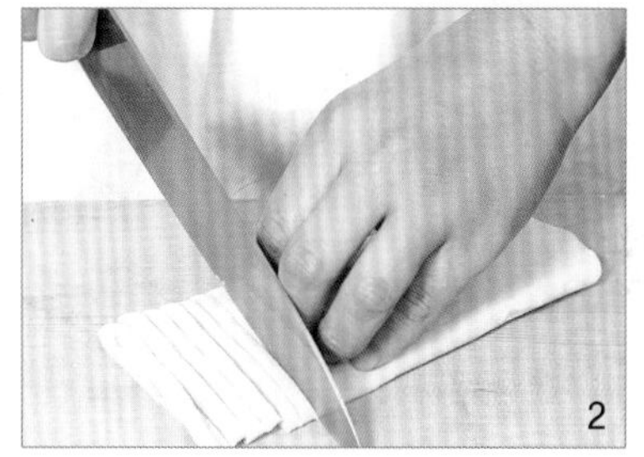

2

4

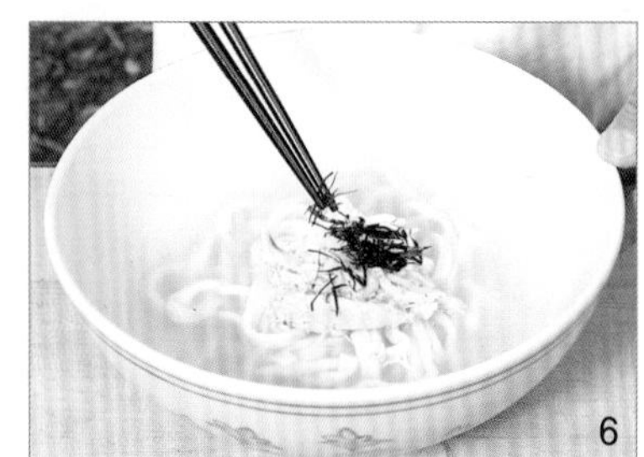

6

참고사항

- 여름철에 즐겨 먹는 음식으로 조밥과 배추쌈을 곁들이는 것이 안동 지방의 관습이다. 건진국수의 하나로 성주군 용암면 마월리(옛 지명은 마천)에서는 마천국수라 하는데, 이는 디딜방아에 밀을 빻아 밀가루를 만들 때 절구 주변의 미세한 가루를 모아 반죽한 국수로, 매끄럽고 쫄깃쫄깃한 면발이 일품으로 유명해진 국수이다.
- 쇠고기를 다져 볶아 고명으로 이용하기도 하고 멸치를 우려 낸 국물을 이용하기도 한다.

출처

문화공보부 문화재관리국, 한국민속종합조사보고서(향토음식 편), 1984
농촌진흥청 농촌영양개선연수원(현 농촌자원개발연구소), 한국의 향토음식, 1994
안동시농업기술센터, 향토음식 맥잇기 안동 음식여행, 2002
성주군농업기술센터, 성주 향토음식의 맥, 2004
구미시농업기술센터, 구미 향토-로하스요리 질시루, 2005
윤숙경, 안동 지역의 향토음식에 대한 고찰, 한국식생활문화학회지, 9(1), 1994
이선호 · 박영배, 안동 지역의 향토음식을 활용한 관광체험 프로그램 개발, 한국조리학회지, 8(3), 2002
최규식 · 이윤호, 경상북도 북부 지역 향토음식 호텔 메뉴화 전략, 관광정보연구, 16, 2004
이연정, 향토음식에 대한 인식이 향토음식전문점 방문빈도에 미치는 영향 연구, 한국조리과학회지, 22(6), 2006

정보제공자

신복순, 경상북도 안동시 정상동
조계행, 경상북도 안동시 성곡동
최경희, 경상북도 경주군 강동면 왕신1리

조리시연자

박미숙, 경상북도 경주시 내남면 이조리

마국수

재 료

애호박 100g(¼개) • 달걀 50g(1개) • 육수(사태 · 무 · 마늘 · 물) 10L(10컵) • 김 2g(1장) • 소금 1작은술 • 밀가루 · 실고추 약간 • 식용유 적량

국수 반죽 밀가루 220g(2컵) • 마가루 6큰술 • 생콩가루 8큰술 • 소금 1½작은술 • 물 12큰술

양념장 간장 3큰술 • 고춧가루 1큰술 • 다진 파 1큰술 • 다진 마늘 1작은술 • 참기름 1작은술 • 깨소금 1작은술

만드는 법

1. 밀가루에 마가루, 생콩가루, 소금을 넣고 물을 부어 반죽한다.
2. 반죽을 밀대로 밀어 밀가루를 뿌리면서 접어서 가늘게 썬다.
3. 달걀은 황백지단을 부쳐 곱게 채 썰고(5×0.2×0.2cm), 김은 살짝 구워 채 썬다.
4. 애호박은 돌려 깎기 하여 5cm 길이로 곱게 채 썰어 소금에 절였다가 물기를 빼고 달군 팬에 식용유를 두르고 볶는다.
5. 실고추는 2~3cm 길이로 썬다.
6. 냄비에 육수를 부어 끓으면 2의 국수를 넣어 삶는다.
7. 애호박, 황백지단, 김, 실고추를 고명으로 얹어 양념장을 곁들인다.

1

2

6

7

출 처
농촌진흥청, 향토음식, www2.rda.go.kr/food/, 2006

정보제공자
김옥분, 경상북도 봉화군 봉화읍 도촌2리

조리시연자
박미숙, 경상북도 경주시 내남면 이조리

새알수제비(찹쌀깔디기)

재 료

마른 미역 30g • 멸치 30g(15마리) • 물 1.6L(8컵) • 들깻가루 1큰술 • 국간장 1⅓큰술 • 참기름 1작은술

수제비 반죽 찹쌀가루 230g(2⅓컵) • 소금 1작은술 • 물 2⅓큰술

만드는 법

1. 찹쌀가루에 소금과 뜨거운 물을 넣고 익반죽해서 지름 2cm 정도의 새알을 빚는다.
2. 냄비에 물을 부어 멸치를 넣고 끓여 멸치장국국물을 만든다.
3. 마른 미역은 물에 불려 깨끗이 씻어 4~5cm 길이로 썬다.
4. 냄비에 참기름을 두르고 불린 미역을 넣고 볶다가 멸치장국국물을 부어 끓인다.
5. 4의 국물이 끓어오르면 들깻가루를 넣고 푹 끓인다.
6. 새알을 넣고 한소끔 더 끓여 국간장으로 간을 한다.

참고사항

- 닭육수를 이용하기도 하며 안동 지역에서는 대구포로 우려 낸 국물을 이용한다.
- 찹쌀수제비, 미역찹쌀수제비 등으로 불리기도 한다.

출 처

경상북도 농촌진흥원, 우리의 맛 찾기 경북 향토음식, 1997
농촌진흥청 농촌생활연구소(현 농촌자원개발연구소), 전통지식 모음집(생활문화 편), 1997
김천시농업기술센터, 김천 향토음식, 1999
안동시농업기술센터, 향토음식 맥잇기 안동 음식여행, 2002
구미시농업기술센터, 구미 향토-로하스요리 질시루, 2005

정보제공자

구영숙, 경상북도 경주시 안강면 사방리
김영숙, 경상북도 김천시 증산면 평촌리
백규옥, 경상북도 경주시 남산리
송봉숙, 경상북도 영주시 이산면 원리

조리시연자

홍옥화, 경상북도 경주시

콩칼국수(콩가루손칼국수)

재 료

애호박 100g(¼개) • 배추 100g • 김 2g(1장) • 멸치장국국물(멸치 · 새우 · 다시마 · 양파 · 청주 · 물) 1.6L(8컵) • 참기름 ½큰술 • 깨소금 1큰술 • 소금 1작은술

칼국수 반죽 밀가루 330g(3컵) • 콩가루(생것) 5큰술 • 검은콩가루(생것) 2큰술 • 소금 1½작은술 • 물 13큰술

만드는 법

1. 밀가루, 콩가루, 물, 소금을 넣고 반죽해서 가늘게 썰어 칼국수를 만든다.
2. 애호박은 0.5cm 두께로 반달썰기 하고, 배추는 가로 3cm, 세로 5cm 크기로 썬다.
3. 김은 살짝 구워 가로 1cm, 세로 5cm 크기로 자른다.
4. 냄비에 멸치장국국물을 부어 끓으면 칼국수를 넣는다.
5. 끓으면 애호박과 배추를 넣고 소금으로 간을 하여 한소끔 더 끓인다.
6. 칼국수를 그릇에 담고 김, 깨소금을 얹고 참기름을 넣는다.

정보제공자
이옥화, 경상북도 의성군
임성열, 대구광역시 동구 방촌동

조리시연자
신점순, 경상북도 청송군 청송읍 금곡1리

꽁치진국수(꽁치국수)

재료

꽁치 2마리 • 국수 400g • 애호박 100g(¼개) • 달걀 50g(1개) • 김 2g(1장) • 멸치장국국물(멸치 · 다시마 · 물) 1.6L(8컵) • 국간장 1⅓큰술 • 다진 파 2작은술 • 다진 마늘 1작은술 • 깨소금 1큰술 • 소금 1작은술 • 생강즙 약간 • 식용유 적량

양념장 간장 3큰술 • 고춧가루 2큰술 • 다진 파 1큰술 • 다진 마늘 1작은술 • 깨소금 ½큰술

만드는 법

1. 꽁치는 포를 떠서 살만 곱게 다져 소금, 다진 파, 다진 마늘을 넣고 잘 섞어 반죽 형태로 갠다.
2. 끓는 물에 소금, 국수를 넣어 끓어오르면 찬물을 약간 붓고, 다시 끓어오르면 국수를 건져서 찬물에 헹궈 사리를 만든다.
3. 달걀은 황백지단을 부쳐 곱게 채 썬다(5×0.2×0.2cm).
4. 애호박은 5cm 길이로 채 썰어 소금에 절여 물기를 제거한 후 달군 팬에 식용유를 두르고 볶는다.
5. 김은 살짝 구워 부순다.
6. 멸치장국국물에 국간장으로 간을 하여 끓인 후 1을 한 숟가락씩 떠 넣고 생강즙을 넣어 끓인다.
7. 그릇에 삶은 국수를 담고 황백지단, 애호박, 김, 깨소금을 얹어 멸치장국국물을 부은 후 양념장을 곁들인다.

출 처

울진군농업기술센터, 울진의 LOHAS 친환경음식, 2005
농촌진흥청, 향토음식, www2.rda.go.kr/food/, 2006

녹두죽밀국수

재 료

녹두 150g(1컵) • 물 2L(10컵) • 소금 1작은술

국수 반죽 밀가루 330g(3컵) • 소금 1½작은술 • 물 12큰술

만드는 법

1. 밀가루에 소금과 물을 넣고 반죽한 다음 밀대로 밀고 가늘게 썰어 칼국수를 만든 후 끓는 물에 삶는다.
2. 녹두는 깨끗이 씻어 물을 붓고 멧돌이나 분쇄기에 갈아 체에 걸러 찌꺼기는 버리고 물만 받아 둔다.
3. 냄비에 2를 붓고 소금으로 간을 하여 끓으면 칼국수를 넣어 저으면서 끓인다.

정보제공자
최순자, 경상북도 성주군 대가면 용흥1리

닭칼국수

재 료

닭 500g(½마리) • 들깨 1큰술 • 참깨 1큰술 • 물 3L(15컵) • 소금 1작은술

국수 반죽 밀가루 330g(3컵) • 소금 1½작은술 • 물 12큰술

만드는 법

1. 밀가루에 소금과 물을 넣고 반죽하여 밀대로 얇게 민 다음 가늘게 썰어 칼국수를 만든다.
2. 냄비에 닭과 물을 넣고 푹 삶은 후 닭을 건져 뼈를 발라 내고 살은 찢어서 소금으로 양념하고, 육수는 따로 둔다.
3. 냄비에 닭 육수(10컵)를 붓고 끓으면 칼국수를 넣어 끓인다.
4. 3에 들깨, 참깨를 갈아서 넣고 소금으로 간을 한다.
5. 국수를 그릇에 담고 양념한 닭고기살을 고명으로 올린다.

참고사항

고명으로 부추무침, 무장아찌를 얹기도 한다.

출 처

문화공보부 문화재관리국, 한국민속종합조사보고서(향토음식 편), 1984

농촌진흥청 농촌생활연구소(현 농촌자원개발연구소), 전통지식 모음집(생활문화 편), 1997

정보제공자

이길재, 경상북도 경산시 하양읍 부호1리

메밀국수

재 료

메밀국수 400g • 당근 70g(½개) • 달걀 50g(1개) • 실파 20g • 김 2g(1장) • 참기름 ½큰술 • 깨소금 1큰술 • 식용유 적량

육수 쇠고기 100g • 다시마 10g(½장) • 물 2L(10컵) • 국간장 ½큰술 • 소금 · 후춧가루 약간

만드는 법

1. 당근은 곱게 채 썰고(5×0.2×0.2cm), 실파는 깨끗이 씻어 6cm 길이로 썬다.
2. 물에 다시마, 쇠고기를 넣고 끓여 불순물을 걷어 내고 국간장, 소금, 후춧가루로 간을 하여 육수를 만든다.
3. 가열한 팬에 식용유를 두르고 당근과 실파를 살짝 볶는다.
4. 달걀은 황백지단을 부쳐 곱게 채 썰고, 김도 살짝 구워 채 썬다.
5. 메밀국수는 끓는 물에 삶아 건져 찬물에 씻어 물기를 뺀다.
6. 그릇에 국수를 담고 육수를 부은 다음 당근, 실파, 황백지단, 김을 얹고 깨소금과 참기름을 넣는다.

정보제공자
박해영, 경상북도 영주시 휴천3동

비빔국수

재 료

국수 400g • 쇠고기 100g • 삶은 고사리 100g • 청포묵 100g • 달걀 100g(2개) • 도라지 70g • 애호박 70g • 다시마 20g(1장) • 소금 약간 • 식용유 적량

쇠고기 양념 간장 1작은술 • 설탕 · 후춧가루 · 깨소금 · 참기름 · 다진 파 · 다진 마늘 약간

고사리 양념 간장 1작은술 • 참기름 약간 • 물 1큰술

청포묵 양념 참기름 1작은술 • 소금 약간

양념장 간장 1큰술 • 설탕 ½큰술 • 참기름 1작은술 • 깨소금 1작은술

만드는 법

1. 쇠고기는 곱게 채 썰어(5×0.2×0.2cm) 쇠고기 양념을 하여 볶는다.
2. 고사리는 5cm 길이로 잘라 고사리 양념으로 무친 후 볶는다.
3. 도라지는 얇게 찢어 소금으로 비벼 씻어 물기를 짠 후 팬에 식용유를 두르고 볶는다.
4. 애호박은 곱게 채 썰어(5×0.2×0.2cm) 소금에 절여 물기를 제거하고 팬에 식용유를 두르고 볶는다.
5. 청포묵은 굵게 채 썰어(5×0.3×0.3cm) 끓는 물에 데친 후 청포묵 양념으로 양념한다.
6. 다시마는 식용유에 튀겨서 먹기 좋게 부순다.
7. 달걀은 황백지단을 부쳐 5cm 길이로 곱게 채 썬다.
8. 끓는 물에 소금을 넣고 국수를 넣어 쫄깃하게 삶은 후 찬물에 헹구어 물기를 빼고 사리를 만든다.
9. 국수를 양념장으로 무친 후 쇠고기, 고사리, 도라지, 애호박, 청포묵을 넣어 버무린다.
10. 그릇에 담고 다시마와 황백지단을 올린다.

정보제공자
정순자, 경상북도 영천시 문외동

손닭국수

재 료

영계 300g(1마리) • 석이버섯 20g • 물 3L(15컵) • 밀가루 · 실고추 약간 • 소금 1작은술

국수 반죽 밀가루 330g(3컵) • 생콩가루 6큰술 • 달걀 3개(150g) • 소금 1½작은술

만드는 법

1. 밀가루와 생콩가루를 체에 내린 후 소금, 달걀흰자를 넣어 반죽한다.
2. 반죽은 얇고 고르게 민 후 밀가루를 조금씩 뿌리면서 말아 가늘게 썬다.
3. 국수는 끓는 물에 삶아 찬물에 2~3번 헹궈서 사리를 만든다.
4. 석이버섯은 깨끗이 씻어 물기를 뺀 다음 곱게 채 썰고, 실고추는 2~3cm 길이로 썬다.
5. 영계는 푹 고아서 소금으로 간을 하여 육수를 만든다.
6. 그릇에 국수를 담고 육수를 부어 석이버섯과 실고추를 올린다.

참고사항

고명으로는 부추무침, 황백지단, 닭고기, 무장아찌, 애호박나물, 구운 김 등을 이용하기도 한다.

출 처

농촌진흥청 농촌영양개선연수원(현 농촌자원개발연구소), 한국의 향토음식, 1994
경상북도 농촌진흥원, 우리의 맛 찾기 경북 향토음식, 1997

정보제공자

이유준, 경상북도 경산시 진량면 당곡리

영양콩국수

재 료

콩 480g(2컵) • 국수(소면) 400g • 대추 25g(10개) • 수삼 30g(2뿌리) • 꿀 1작은술 • 흑설탕 1작은술 • 물 2L(10컵) • 소금 1작은술

만드는 법

1. 대추는 깨끗이 씻어 씨를 발라 내고 따뜻한 물(5컵)에 담가 국물이 우러나도록 하룻밤 정도 둔다.
2. 수삼은 가늘게 채 썬다(5×0.2×0.2cm).
3. 냄비에 1의 대추 우려 낸 물과 흑설탕, 꿀을 넣어 약한 불에서 1분간 끓인다.
4. 콩은 씻어 불린 후 물(5컵)을 넣고 곱게 갈아 면포에 거른다.
5. 냄비에 콩물을 넣고 약한 불에서 끓인 후 3과 소금을 넣고 한소끔 더 끓인다.
6. 끓는 물에 소금과 국수를 넣고 삶아 건져 찬물에 헹구어 물기를 빼고 사리를 만든다.
7. 그릇에 국수를 담아 5의 콩물을 붓고 채 썬 수삼을 올린다.

정보제공자
황현숙, 경상북도 구미시 선산읍 완전리

송이칼국수

재 료

송이버섯 150g • 칼국수 600g • 감자 150g(1개) • 부추 100g • 애호박 100g(¼개) • 대파 20g(⅔뿌리) • 멸치장국국물(멸치 · 다시마 · 물) 1.6L(8컵)

양념장 간장 3큰술 • 다진 파 1큰술 • 다진 마늘 1작은술 • 고춧가루 ½큰술 • 참기름 ½큰술 • 깨소금 ½큰술 • 물 3큰술

만드는 법

1. 송이버섯은 길이대로 찢는다.
2. 감자, 호박, 대파는 채 썰고(5×0.2×0.2cm), 부추도 5cm 길이로 썬다.
3. 냄비에 멸치장국국물을 부어 끓인 후 칼국수와 2의 채소를 넣어 끓인다.
4. 칼국수가 익으면 송이버섯을 넣고 한소끔 더 끓여 양념장을 곁들인다.

출 처
봉화군농업기술센터, 봉화의 맛을 찾아서, 2002

정보제공자
김영순, 경상북도 봉화군 명호면 풍호리

등겨수제비

재 료

풋고추 30g(2개) • 멸치장국국물(멸치 · 다시마 · 물) 1.6L(8컵) • 고춧가루 1큰술 • 다진 파 1큰술 • 다진 마늘 1작은술 • 소금 1작은술

수제비 반죽 보리등겨가루 500g • 소금 2작은술 • 물 150mL(¾컵)

만드는 법

1. 보리등겨가루에 소금과 물을 넣어 반죽하고, 풋고추는 송송 썬다(0.3cm).
2. 멸치장국국물에 다진 파, 다진 마늘, 고춧가루를 넣고 끓이다가 1의 반죽을 떼어 넣어 끓인다.
3. 소금으로 간을 하고 송송 썬 풋고추를 올린다.

참고사항

보릿고개 때 보리등겨로 배고픔을 면하게 했던 음식이다.

출 처
성주군농업기술센터, 성주 향토음식의 맥, 2004

정보제공자
정남희, 경상북도 경산시 와촌면 계전1리

국수 · 수제비

조마감자수제비

재 료

감자 700g(5개) • 전분 2컵 • 멸치장국국물(멸치 · 다시마 · 물) 1.6L(8컵) • 국간장 1작은술 • 소금 1½작은술

만드는 법

1. 감자를 갈아서 체에 내린 후 찌꺼기는 버리고 가라앉은 앙금에 전분, 소금(1작은술)을 넣고 반죽한다.
2. 냄비에 멸치장국국물을 부어 끓이다가 1의 반죽을 떼어 넣고 소금(½작은술), 국간장으로 간을 하여 한소끔 더 끓인다.

출 처
김천시농업기술센터, 김천 향토음식, 1999

메밀수제비

재 료

애호박 50g • 감자 50g • 대파 35g(1뿌리) • 김 2g(1장) • 멸치장국국물(멸치 · 다시마 · 물) 1.6L(8컵) • 소금 1작은술

수제비 반죽 메밀가루 330g(3컵) • 소금 1½작은술 • 물 12큰술

양념장 간장 3큰술 • 고춧가루 ½큰술 • 다진 파 1큰술 • 다진 마늘 1작은술 • 참기름 1작은술

만드는 법

1. 메밀가루에 소금과 물을 넣어 반죽한다.
2. 감자와 애호박은 0.5cm 두께로 반달썰기 한다.
3. 대파는 어슷썰기 하고(0.3cm), 김은 살짝 구워 부순다.
4. 냄비에 멸치장국국물을 붓고 감자와 애호박을 넣어 끓인다.
5. 4에 메밀 반죽을 얇게 떼어 넣고 어슷썬 대파를 넣어 한소끔 더 끓인다.
6. 양념장을 곁들인다.

출 처
봉화군농업기술센터, 봉화의 맛을 찾아서, 2002

정보제공자
도미숙, 경상북도 봉화군 봉성면 금봉리

토끼만두

재 료

토끼고기 100g • 두부 100g • 숙주 100g • 묵은 김치 100g • 부추 80g • 당면 30g • 다진 파 1큰술 • 다진 마늘 1작은술 • 다진 생강 1작은술 • 소금 2작은술 • 후춧가루 약간

만두피 밀가루 220g(2컵) • 소금 1작은술 • 물 8큰술

만드는 법

1. 밀가루에 소금과 물을 넣고 반죽하여 30분 정도 젖은 면포에 싸 두었다가 밀대로 얇게 밀어 지름 6cm의 만두피를 만든다.
2. 토끼고기는 포를 떠서 곱게 다지고 소금, 다진 마늘, 다진 생강, 후춧가루를 넣어서 밑간을 한다.
3. 숙주는 끓는 물에 소금을 넣고 데쳐 곱게 다지고, 부추도 곱게 다진다.
4. 두부는 찜통에 쪄서 물기를 제거하고 으깬다.
5. 묵은 김치는 속을 털어 내어 곱게 다지고, 당면도 삶아서 다진다.
6. 2, 3, 4, 5에서 준비한 재료에 소금을 넣고 버무려서 소를 만든다.
7. 만두피에 소를 넣고 만두를 빚어 김이 오른 찜통에 만두를 올려 찐다.

❋ 참고사항

• 토끼뼈를 푹 고아서 육수를 내고 만두를 넣어 만둣국을 해먹기도 한다.
• 배추를 다져 넣기도 한다.

출 처
군위군농업기술센터, 향토음식 맥잇기 군위의 맛을 찾아서, 2005

정보제공자
염동균, 경상북도 군위군 군위읍 동부리

조리시연자
정성옥, 경상북도 군위군

꿩만두

재료

꿩고기 1kg(1마리) • 무 200g(¼개) • 고춧가루 1큰술 • 다진 마늘 1큰술 • 참기름 ½큰술 • 깨소금 ½큰술 • 소금 적량

만두피 밀가루 220g(2컵) • 소금 1작은술 • 물 8큰술

만드는 법

1. 밀가루에 소금과 물을 넣고 반죽하여 30분 정도 젖은 면포에 싸 두었다가 조금씩 떼어 지름 6cm의 원형으로 얇게 밀어 만두피를 만든다.
2. 무는 채 썰어(5×0.2×0.2cm) 고춧가루, 다진 마늘, 소금, 깨소금으로 양념한다.
3. 꿩고기도 채 썰어 다진 마늘, 참기름, 소금, 깨소금으로 양념하여 무와 함께 섞어 소를 만든다.
4. 만두피에 3의 소를 넣고 만두를 빚어 찜통에 찌거나 만둣국으로 끓여 먹는다.

참고사항

숙주, 부추를 만두소 재료로 이용하기도 한다.

정보제공자
김성자, 경상북도 봉화군 재산면 현동2리

메밀만두(무생채피만두)

재료

메밀가루 1½컵 • 무 300g(⅓개) • 고춧가루 1큰술 • 소금 약간 • 물 6큰술

만드는 법

1. 메밀가루에 소금과 물을 넣고 반죽하여 30분 정도 젖은 면포에 싸 두었다가 조금씩 떼어 지름 6cm의 원형으로 얇게 밀어 만두피를 만든다.
2. 무를 숟가락으로 긁어 내어 고춧가루, 소금으로 양념하여 소를 만든다.
3. 만두피에 2의 소를 넣고 만두를 빚는다.
4. 만두는 찜통에 찌거나 만둣국으로 이용한다.

❁ 참고사항

메밀가루에 달걀을 넣어 반죽하기도 하고 만두소로 돼지고기와 대파를 이용하기도 한다.

출처

이선호 · 박영배, 안동 지역의 향토음식을 활용한 관광체험 프로그램 개발, 한국조리학회지, 8(3), 2002
최규식 · 이윤호, 경상북도 북부 지역 향토음식 호텔 메뉴화 전략, 관광정보연구, 16, 2004

정보제공자

김명희, 경상북도 봉화군 봉화읍 해라3리

태양떡국

재 료

쌀 360g(2컵) • 다진 쇠고기 100g(½컵) • 달걀 50g(1개) • 김 2g(1장) • 육수(쇠고기 · 물) 1.2L(6컵) • 국간장 1큰술 • 소금 약간 • 식용유 적량

양념 간장 1작은술 • 다진 마늘 1작은술 • 참기름 · 깨소금 · 후춧가루 약간

만드는 법

1. 쌀은 깨끗이 씻어 하루 정도 물에 불린 후 소금을 넣고 빻아 김 오른 찜통에 찐다.
2. 찐 떡은 절구에 넣고 방망이로 친 다음 가래떡 모양으로 둥글고 길게 빚어 하룻밤 정도 굳힌다.
3. 가래떡을 0.3~0.4cm 두께로 태양과 같은 모양으로 둥글게 썬다.
4. 다진 쇠고기는 양념하여 볶는다.
5. 달걀은 황백지단을 부쳐 곱게 채 썰고(5×0.2×0.2cm), 김은 살짝 구워 부순다.
6. 냄비에 육수를 부어 끓인 후 가래떡을 넣고 국간장으로 간을 하여 한소끔 더 끓인다.
7. 6을 그릇에 담고 볶은 쇠고기와 황백지단, 김을 고명으로 올린다.

출 처
문화공보부 문화재관리국, 한국민속종합조사보고서(향토음식 편), 1984
대구광역시, 대구 전통향토음식, 2005

정보제공자
김윤현, 대구광역시 동구 둔산동

국

대구육개장

재 료

쇠고기(양지머리) 600g • 무 200g(¼개) • 숙주 300g • 토란대 200g • 대파 70g(2뿌리) • 물 3L(15컵) • 굵은 고춧가루 2작은술 • 참기름 1작은술 • 소금 1작은술

양념 국간장 2큰술 • 다진 파 1큰술 • 다진마늘 1큰술 • 깨소금 1작은술 • 후춧가루 약간

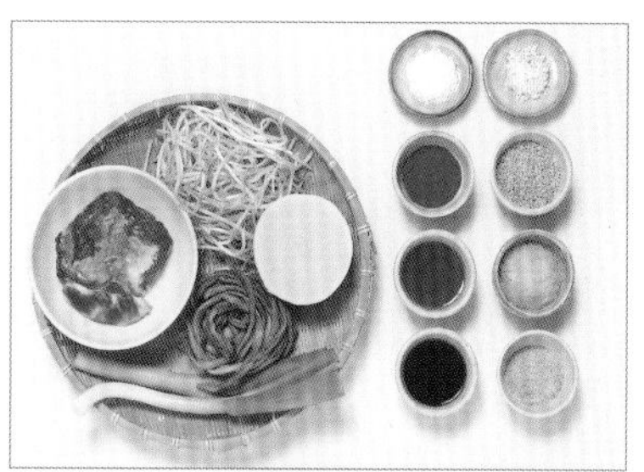

만드는 법

1. 크게 썬 무와 쇠고기는 물을 붓고 약한 불에서 푹 무르도록 삶는다.
2. 숙주는 다듬어 씻은 후 끓는 물에 데쳐 찬물에 헹구어 물기를 꼭 짠다.
3. 토란대는 삶아 물에 담갔다가 10cm 길이로 썬다.
4. 쇠고기와 무가 익으면 건져 낸 다음 쇠고기는 결 반대 방향으로 납작하게 썰고, 무는 나박 썰어서(2×2×0.5cm) 양념하여 무친다.
5. 육수에 삶은 토란대와 큼직하게 썬 파를 넣고 한소끔 끓인 다음 숙주와 양념한 쇠고기, 무를 넣고 끓인다.
6. 참기름에 고춧가루를 갠 후 5의 국물을 조금 넣어 다시 잘 개어 국에 넣어 끓이고 소금으로 간을 맞춘다.

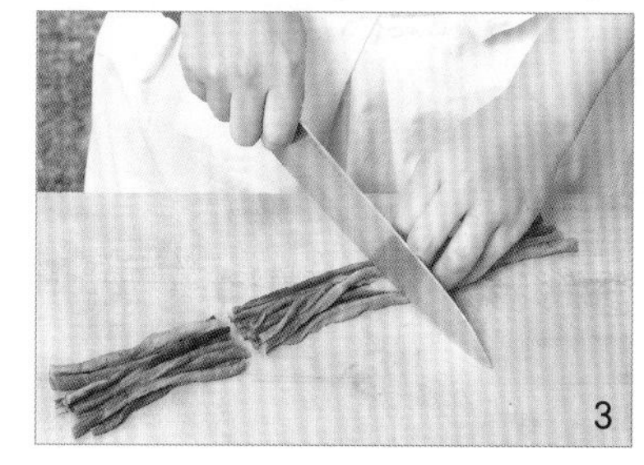

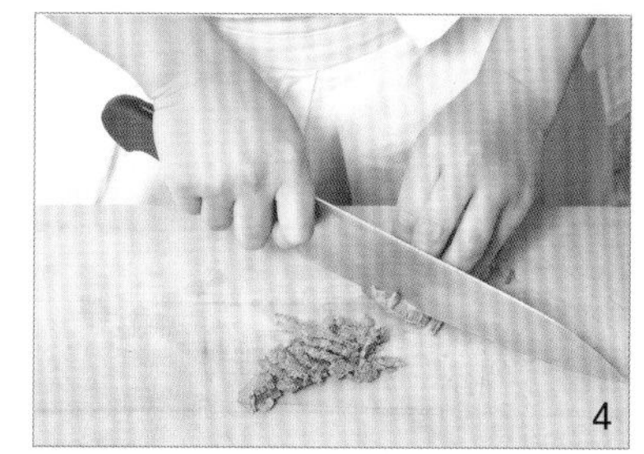

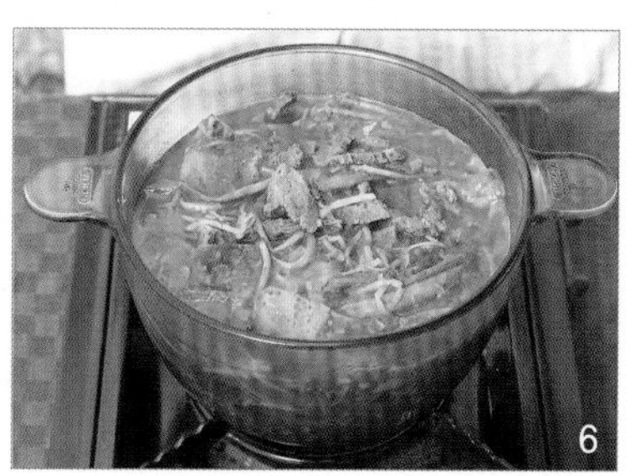

❖ 참고사항

대구육개장은 1950년 한국전쟁 후 피난민에 의해 전국에 알려졌다.

출 처
한국문화재보호재단, 한국음식대관 제2권, 한림출판사, 1999

조리시연자
박미숙, 경상북도 경주시 내남면 이조리

국

들깨미역국

재 료

불린 미역 300g • 들깨 55g(1/2컵) • 불린 쌀 2큰술 • 쌀뜨물 1.2L(6컵) • 물 200mL(1컵) • 국간장 1 1/2큰술

만드는 법

1. 미역은 씻어 물기를 빼고 5~6cm 길이로 썬다.
2. 들깨와 불린 멥쌀은 물을 넣고 갈아 체에 거른다.
3. 냄비에 쌀뜨물을 붓고 미역을 넣어 끓이다가 2를 넣어 끓인다.
4. 국간장으로 간을 한다.

1

2

3

3

출처
문화공보부 문화재관리국, 한국민속종합조사보고서(향토음식 편), 1984

조리시연자
박미숙, 경상북도 경주시 내남면 이조리

국

묵나물콩가루국

재 료

삶은 묵나물 200g • 콩나물 100g • 생콩가루 120g(2컵) • 국간장 1큰술 • 소금 약간

장국국물 무 100g • 멸치 20g(10마리) • 다시마 20g(1장) • 물 2L(10컵)

만드는 법

1. 냄비에 무, 멸치, 다시마를 넣고 물을 부어 끓인 후 면포에 걸러 장국국물을 만든다.
2. 묵나물과 콩나물에 생콩가루를 넣어 버무린다.
3. 찜통에 면포를 깔고 묵나물과 콩나물을 얹은 후 콩나물이 익을 정도로 찐다.
4. 1의 장국국물은 국간장과 소금으로 간을 하여 한소끔 더 끓인다.
5. 4에 묵나물과 콩나물을 넣고 살짝 끓인다.

1

2

3

5

참고사항

- 봄철의 취나물, 산고사리 등의 산야초를 산나물이라 하며, 겨우내 먹을 산나물을 저장 · 보관하기 위하여 말려 둔 것을 묵나물이라 한다.
- 묵나물콩가루찜국, 산나물국 등으로 불리기도 한다.

정보제공자
금순환, 경상북도 영양군 영양읍 서부리
김순옥, 경상북도 영양군

조리시연자
박미숙, 경상북도 경주시 내남면 이조리

고문헌
조선요리제법(산나물국), 조선무쌍신식요리제법(멧나물국)

국

콩가루냉잇국

재 료

냉이 300g • 생콩가루 200g • 실파 2뿌리 • 붉은 고추 10g($\frac{2}{3}$개) • 멸치장국국물(멸치 · 다시마 · 물) 1.2L(6컵) • 된장 2큰술 • 다진 마늘 1큰술

만드는 법

1. 냉이는 다듬어 깨끗이 씻어 물기를 빼고 생콩가루에 버무린다.
2. 실파는 4cm 길이로 썬다.
3. 붉은 고추는 어슷썰어 물에 헹구어 씨를 뺀다.
4. 냄비에 멸치장국국물을 붓고 된장을 풀어 끓이다가 냉이를 넣어 끓인다.
5. 4에 실파, 붉은 고추, 다진 마늘을 넣고 한소끔 더 끓인다.

1

4

4

5

참고사항

된장 대신 소금으로 간을 하기도 한다.

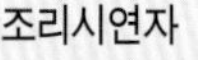

조리시연자
박미숙, 경상북도 경주시 내남면 이조리

국

가자미미역국

재 료

가자미 350g(대 1마리) • 마른 미역 30g • 물 1.4L(7컵) • 국간장 1⅓큰술 • 참기름 1작은술

만드는 법

1. 마른 미역은 따뜻한 물에 불린 후 주물러 씻어 건져 물기를 뺀 다음 4~5cm 길이로 썬다.
2. 가자미는 내장, 비늘을 제거하고 깨끗이 씻어 3~4토막 낸다.
3. 냄비에 참기름을 두르고 불린 미역을 볶는다.
4. 3에 물을 붓고 국간장으로 간을 한 후 가자미를 넣어 끓인다.

❋ 참고사항

가자미 대신 광어나 대구를 쓰기도 하며 국물에 들깻가루를 같이 넣기도 한다.

출 처

영천시농업기술센터, 향토음식 맥잇기 고향의 맛, 2001

정보제공자

김명순, 경상북도 경주시 감손1리

조리시연자

김옥환, 경상북도 영천시 도동

국

고둥국(골뱅이국, 골부리국, 다슬기국)

재 료

고둥(골뱅이) 200g • 배추 100g • 부추 100g • 대파 35g(1뿌리) • 들깻가루 1큰술 • 쌀가루 1큰술 • 물 1.6L(8컵) • 국간장 1⅓큰술

만드는 법

1. 고둥은 삶아 바늘로 살을 꺼내어 국물과 살은 따로 준비한다.
2. 배추는 끓는 물에 소금을 넣고 데친 후 6~7cm 길이로 썬다.
3. 대파는 어슷썰기 하고(0.3cm), 부추는 6~7cm 길이로 썬다.
4. 고둥 삶은 물에 데친 배추를 넣고 끓이다가 들깻가루, 쌀가루를 넣어 저으면서 끓인다.
5. 국간장으로 간을 하고 대파와 부추를 넣어 한소끔 더 끓인다.

참고사항

달걀, 밀가루, 된장, 고춧가루, 토란대를 넣기도 한다.

출 처

문화공보부 문화재관리국, 한국민속종합조사보고서(향토음식 편), 1984
경상북도 농촌진흥원, 우리의 맛 찾기 경북 향토음식, 1997
청도군농업기술센터, 청도 향토음식의 보고 석빙고, 2004

정보제공자

장순당, 경상북도 경산시 남산면 하대리
최용희, 경상북도 구미시 고아읍 원호리

국

메기매운탕

재료

메기(소) 3~4마리 • 무 120g • 미나리 50g • 대파 35g(1뿌리) • 쑥갓 20g • 깻잎 20g • 물 1.4L(7컵) • 소금 적량

양념 고추장 1큰술 • 고춧가루 1큰술 • 다진 파 1큰술 • 다진 마늘 1작은술 • 다진 생강 1작은술

만드는 법

1. 메기는 지느러미와 내장을 제거한 다음 깨끗이 씻는다.
2. 무는 나박썰기 한다(3×3×0.5cm).
3. 미나리는 5cm 길이로 썰고, 깻잎은 굵게 채 썬다.
4. 쑥갓은 다듬어 씻고, 대파는 어슷썰기 한다(0.3cm).
5. 냄비에 물을 부어 끓이다가 메기, 무와 양념을 넣어 충분히 끓인다.
6. 미나리, 깻잎, 쑥갓, 대파를 넣고 소금으로 간을 하여 한소끔 더 끓인다.

참고사항

버섯, 감자, 풋고추, 시래기, 고사리 등을 넣기도 한다.

출처
김천시농업기술센터, 김천 향토음식, 1999
구미시농업기술센터, 구미 향토-로하스요리 질시루, 2005

정보제공자
박미숙, 경상북도 구미시 선산읍 동부리
정인숙, 경상북도 구미시 선산읍 이문리

조리시연자
양경옥, 경상북도 군위군 효령면 거매리

국

물메기탕(물곰국)

재 료

물메기(물곰) 300g • 콩나물 100g • 대파 50g(1⅔뿌리) • 무 50g • 새우 10마리 • 물 1.2L(6컵) • 고춧가루 2큰술 • 다진 마늘 1큰술 • 소금 1작은술

만드는 법

1. 무는 나박썰기 하고(2×2×0.5cm), 콩나물은 씻어 물기를 뺀다.
2. 물메기와 새우는 깨끗하게 씻는다.
3. 대파는 어슷썬다(0.3cm).
4. 냄비에 물을 붓고 무와 콩나물을 넣어 끓인다.
5. 끓어오르면 물메기와 새우, 대파, 다진 마늘, 고춧가루를 넣고 센 불에서 끓여 소금으로 간을 한다.

참고사항

- 물메기는 생김새가 흉하여 잡자마자 바다에 던져 버렸는데, 이때 물메기가 물에 빠지는 소리를 흉내내어 물텀벙이라고 부르기도 하였다. 흐물흐물한 살집과 둔한 생김새 때문에 곰치, 물곰이라고 불린다.
- 물메기탕은 해장국으로 유명한데, 그 이유는 육질이 흐물흐물 풀어져 몇 번 씹을 것도 없고 국물과 함께 후루룩 마셔버릴 수 있어 좋고 무, 대파 등을 넣고 고춧가루로 칼칼하게 맛을 내 국물 맛이 시원하기 때문이다.

출 처

포항시농업기술센터, 포항 전통의 맛, 2004

네이버사전(두산백과), 100.naver.com/, 2006

정보제공자

이경숙, 경상북도 포항시 남구 대도동

조리시연자

조복자, 경상북도 영덕군 영덕읍 대부리

상어탕국(돔배기탕수)

재 료

상어고기 200g • 무 100g • 박 100g • 두부 100g • 소금 1작은술 • 물 1.4L(7컵)

만드는 법

1. 상어고기는 끓는 물에 데쳐 껍질 부분을 깨끗이 씻어 나박썰기 한다(3×2×0.5cm).
2. 무와 두부는 나박썰기 한다(3×2×0.5cm).
3. 박은 껍질을 벗기고 씨를 긁어 낸 다음 적당한 크기로 썬다.
4. 냄비에 물을 붓고 상어 토막을 넣어 끓인다.
5. 끓으면 무와 박을 넣어 끓인 후 두부를 넣고 소금으로 간을 하여 한소끔 더 끓인다.

출 처

영천시농업기술센터, 향토음식 맥잇기 고향의 맛, 2001
청도군농업기술센터, 청도 향토음식의 보고 석빙고, 2004
군위군농업기술센터, 향토음식 맥잇기 군위의 맛을 찾아서, 2005

정보제공자

류태석, 대구광역시 달서구 신당동
박정자, 경상북도 청도군 화양읍 범곡2리
차상희, 경상북도 군위군 산성면 삼산2리

청도추어탕(미꾸라지탕)

재 료

미꾸라지 160g • 배추 400g • 토란대 150g • 대파 35g(1뿌리) • 풋고추 30g(2개) • 붉은 고추 30g(2개) • 물 2L(10컵) • 된장 1큰술 • 마늘 10g(2쪽) • 국간장 · 소금 · 산초가루 적량

만드는 법

1. 미꾸라지에 소금을 넣고 잠시 두었다가 깨끗하게 주물러 씻고 끓는 물에 푹 삶아 체에 내린다.
2. 배추, 토란대는 7~8cm 길이로 썰고, 대파는 어슷썰어 끓는 물에 살짝 데쳐 헹군다.
3. 풋고추와 붉은 고추는 다진다.
4. 1에 된장을 체에 걸러 풀고 배추, 토란대, 대파, 다진 마늘을 넣고 국간장, 소금으로 간을 하여 한소끔 더 끓인다.
5. 추어탕을 대접에 담아 다진 고추와 산초가루를 곁들인다.

1

4

참고사항

청도 이외의 지역에서도 여러 종류의 민물고기를 이용한 추어탕이 많다. 기호에 따라 부추, 시래기, 배추나물, 호박잎, 고사리, 된장, 고추장을 이용하기도 한다.

출 처

문화공보부 문화재관리국, 한국민속종합조사보고서(향토음식 편), 1984
경상북도 농촌진흥원, 우리의 맛 찾기 경북 향토음식, 1997
경주시농업기술센터, 천년고도 경주 내림손맛, 2005
군위군농업기술센터, 향토음식 맥잇기 군위의 맛을 찾아서, 2005
이연정, 향토음식에 대한 인식이 향토음식전문점 방문빈도에 미치는 영향 연구, 한국조리과학회지, 22(6), 2006

정보제공자

구필자, 경상북도 청도군 청도읍 고수1리
문순연, 경상북도 청도군 각북면 덕촌2리
박진화, 경상북도 군위군 군위읍 내량1리

콩가루우거지국(우거지다리미국)

2

3

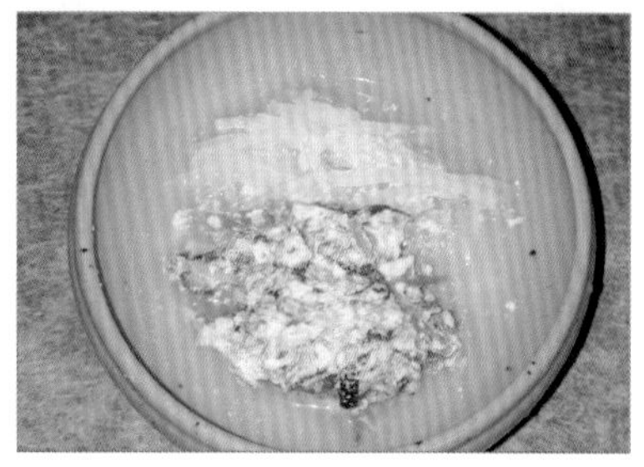

재 료

삶은 무청우거지 300g • 무 150g • 생콩가루 120g(1컵) • 물 4~5큰술 • 멸치장국국물(멸치 · 다시마 · 물) 1.6L(8컵) • 소금 2작은술

만드는 법

1. 무청우거지는 깨끗이 씻어 6~7cm 길이로 썰어 물기를 짜고 생콩가루에 넣어 고루 섞는다.
2. 무는 5cm 길이로 가늘게 채 썬다(5×0.2×0.2cm).
3. 냄비에 멸치장국국물을 붓고 무를 넣고 끓이다가 소금으로 간을 하고 무청우거지와 무채를 넣어 끓인다.
4. 한소끔 끓어오르면 약한 불로 낮춰 뭉근하게 끓인다.
5. 콩가루 옷이 벗겨지지 않게 찬물(4~5큰술)을 고루 뿌려 준다.

참고사항

시래기를 이용하면 시래기국, 우거지를 이용하면 우거지국이라 하며 만드는 방법이나 순서는 같다. 된장으로 간 하기도 한다.

출 처

안동시농업기술센터, 향토음식 맥잇기 안동 음식여행, 2002
이선호 · 박영배, 안동 지역의 향토음식을 활용한 관광체험 프로그램 개발, 한국조리학회지, 8(3), 2002

조리시연자

김경자, 경상북도 영주시 풍기읍

팥잎국(팥잎콩가루국)

재 료

팥잎 200g • 생콩가루 240g(2컵) • 멸치장국국물(멸치 · 다시마 · 물) 1L(5컵) • 고추장 1큰술 • 국간장 1큰술 • 소금 약간

만드는 법

1. 끓는 물에 소금을 넣고 팥잎을 푹 삶아 물기를 빼고 다져서 생콩가루에 넣어 고루 섞는다.
2. 냄비에 멸치장국국물을 붓고 팥잎을 넣어 끓인 후 소금, 국간장으로 간을 한다.
3. 고추장을 곁들인다.

참고사항

팥잎국은 조밥과 함께 먹는다.

정보제공자
권영금, 경상북도 영주시 하망동
도미숙, 경상북도 봉화군 봉성면 금봉리

조리시연자
조문경, 경상북도 성주군

가지가루찜 (가지가루찜국)

재 료

가지 240g(2개) • 조갯살 140g(⅔컵) • 느타리버섯 50g(3개) • 부추 30g • 풋고추 30g(2개) • 방아잎 30g • 밀가루(또는 찹쌀가루) 110g(1컵) • 물 1.2L(6컵) • 국간장 1⅓큰술 • 다진 마늘 1작은술

만드는 법

1. 조갯살은 깨끗하게 씻는다.
2. 가지는 반으로 갈라 큼직하게 썰고, 부추는 5cm 길이로 썬다.
3. 느타리버섯은 길이대로 찢고, 풋고추는 어슷썬다(0.3cm).
4. 냄비에 물(5½컵)을 붓고 조갯살, 가지, 부추, 느타리버섯, 풋고추, 다진 마늘을 넣어 끓인 후 물(½컵)에 밀가루(또는 찹쌀가루)를 풀어서 넣는다.
5. 끓으면 국간장으로 간을 하고 방아잎을 넣는다.

참고사항

방아잎은 주로 해안 지방에서 생선음식의 비린내를 제거하기 위해 이용되는 향신초이다.

출 처

김태정, 쉽게 찾는 우리나물, 현암사, 1998

정보제공자

김경자, 경상북도 고령군 고령읍 지산리

국

감자국

재 료

감자 300g(2개) • 양파 80g(½개) • 멸치장국국물(멸치 · 다시마 · 물) 1.4L(7컵) • 고춧가루 1작은술 • 다진 마늘 1작은술 • 소금 1작은술

만드는 법

1. 감자는 반으로 썬 다음 0.5cm 두께로 반달썰기 한다.
2. 양파는 가로 2cm, 세로 2cm 크기로 썬다.
3. 냄비에 멸치장국국물을 붓고 감자를 넣어 끓이다가 양파, 다진 마늘, 고춧가루, 소금을 넣고 한소끔 더 끓인다.

정보제공자
박남이, 경상북도 영주시 가흥1동

국

냉잇국(냉이콩국)

재 료

냉이 200g • 조갯살 140g(⅔컵) • 생콩가루 1큰술 • 멸치장국국물(멸치 · 다시마 · 물) 1.2L(6컵) • 다진 파 1큰술 • 다진 마늘 1작은술 • 소금 1작은술

만드는 법

1. 조갯살은 깨끗이 씻어 물기를 뺀다.
2. 냉이는 씻어 끓는 물에 소금을 넣고 살짝 데친 후 물기를 빼고 생콩가루로 무친다.
3. 냄비에 멸치장국국물을 붓고 조갯살, 냉이, 다진 파, 다진 마늘을 넣어 끓인 후 소금으로 간을 한다.

출 처
김정순, 경상북도 문경시 신기동

고문헌
조선요리제법(냉이국), 조선무쌍신식요리제법(제탕 : 薺湯)

국

고등어국

재 료

고등어 400g(1마리) • 삶은 배추 200g • 삶은 토란대 100g • 삶은 고사리 100g • 대파 35g(1뿌리) • 밀가루 55g(½컵) • 물 1.6L(8컵) • 다진 마늘 1큰술 • 국간장 2작은술 • 소금 · 후춧가루 약간

만드는 법

1. 고등어는 내장을 꺼내고 깨끗하게 씻은 다음 물(5컵)을 붓고 끓인 후 뼈를 발라 낸다.
2. 삶은 토란대, 고사리, 배추는 6~7cm 길이로 썰어 밀가루를 넣어 버무린다.
3. 대파는 어슷썬다(0.3cm).
4. 1에 물(3컵)을 더 붓고 끓이다가 2를 넣어 끓인다.
5. 국간장과 소금으로 간을 하고 어슷썬 대파, 다진 마늘, 후춧가루를 넣고 한소끔 더 끓인다.

출 처

윤숙경 · 박미남, 경상북도 동해안 지역 식생활문화에 관한 연구(1), 한국식생활문화학회지, 14(2), 1999

정보제공자

조계자, 경상북도 예천군 유천면 화지리

국

꽁치육개장(꽁치국)

재 료

꽁치 370g(5마리) • 배추시래기 200g • 대파 180g(5뿌리) • 삶은 토란대 100g • 삶은 고사리 100g • 부추 100g • 풋고추 15g(1개) • 붉은 고추 15g(1개) • 밀가루 2큰술 • 물 1.4L(7컵) • 고춧가루 3큰술 • 국간장 1큰술 • 다진 파 1큰술 • 다진 마늘 1작은술 • 소금 · 후춧가루 · 초피가루 약간

만드는 법

1. 꽁치는 뼈째 갈아서 소금, 다진 파, 다진 마늘, 후춧가루로 양념하여 지름 1.5cm의 완자를 만든다.
2. 배추시래기는 데쳐 토란대, 고사리, 부추와 같이 6~7cm 길이로 썬다.
3. 대파는 어슷썰고 풋고추, 붉은 고추는 다진다.
4. 냄비에 물(6½컵)을 붓고 고춧가루, 국간장을 넣어 끓이다가 1의 완자와 2의 채소를 넣어 끓인다.
5. 물(½컵)에 밀가루를 풀어 4에 넣고 걸쭉하게 끓인다.
6. 어슷썬 대파, 풋고추, 붉은 고추, 다진 마늘을 넣고 한소끔 더 끓여 먹을 때 초피가루를 넣는다.

참고사항

포항 지역에서 많이 어획되는 꽁치를 이용한 육개장이다.

출 처

포항시농업기술센터, 포항 전통의 맛, 2004

정보제공자

김송희, 경상북도 포항시 북구 죽도동

이옥화, 경상북도 포항시 북구 장성동

국

다담이국

재료

콩나물 200g • 무 70g • 냉이 50g • 팥잎 50g • 생콩가루 1큰술 • 물 1.2L(6컵) • 소금 1작은술

만드는 법

1. 무는 곱게 채 썰고(5×0.2×0.2cm), 콩나물은 뿌리를 다듬어 씻어 물기를 뺀 다음 물을 부어 끓인다.
2. 냉이, 팥잎은 씻어 물기를 빼고 생콩가루로 무친다.
3. 1이 끓으면 콩가루로 무친 냉이와 팥잎을 넣고 소금으로 간을 하여 한소끔 더 끓인다.

정보제공자
강성숙, 경상북도 영주시 상망동

국

닭개장

재료

닭 500g(½마리) • 삶은 배추시래기 500g • 대파 50g(1⅔뿌리) • 물 2L(10컵) • 소금 1작은술

양념 고춧가루 2큰술 • 국간장 1큰술 • 다진 파 1큰술 • 다진 마늘 ½큰술

만드는 법

1. 닭은 내장을 제거하고 깨끗이 씻은 다음 물을 붓고 푹 삶아 건진 후 뼈를 발라 내고 닭살은 찢어 놓는다.
2. 배추시래기는 6~7cm 길이로 썰어 양념으로 무치고, 대파는 어슷썬다(0.3cm).
3. 냄비에 닭살, 배추시래기, 물을 넣고 끓이다가 어슷썬 대파를 넣고 소금으로 간을 하여 한소끔 더 끓인다.

출 처
청송군농업기술센터, 청송의 맛과 멋, 2006
이선호 · 박영배, 안동 지역의 향토음식을 활용한 관광체험 프로그램 개발, 한국조리학회지, 8(3), 2002
이연정, 향토음식에 대한 인식이 향토음식전문점 방문빈도에 미치는 영향 연구, 한국조리과학회지, 22(6), 2006

정보제공자
강순나, 경상북도 의성군 안계면 토매리

국

닭백숙

재 료

닭 1kg(1마리) • 찹쌀 90g(½컵) • 녹두 40g(¼컵) • 인삼 3뿌리 • 마늘 50g(10쪽) • 대추 20개 • 물 3L • 소금 1작은술 • 후춧가루 약간

만드는 법

1. 녹두와 찹쌀은 각각 깨끗이 씻어 물에 불린 후 물기를 뺀다.
2. 닭은 내장을 제거하고 손질한 다음 깨끗이 씻어 놓는다.
3. 냄비에 손질한 닭, 인삼, 대추, 마늘을 넣고 물을 부어 푹 끓인다.
4. 끓으면 녹두를 넣어 푹 퍼지게 끓인 다음 찹쌀을 넣고 중불에서 서서히 끓인다.
5. 쌀알이 퍼지면 소금과 후춧가루로 간을 한다.

참고사항

녹두는 닭 비린내를 제거하는 기능이 있고, 닭백숙에 엄나무, 감초 등의 약재를 넣기도 한다.

출 처

농촌진흥청 농촌영양개선연수원(현 농촌자원개발연구소), 한국의 향토음식, 1994
경상북도 농촌진흥원, 우리의 맛 찾기 경북 향토음식, 1997
농촌진흥청 농촌생활연구소(현 농촌자원개발연구소), 전통지식 모음집(생활문화 편), 1997
이연정, 향토음식에 대한 인식이 향토음식전문점 방문빈도에 미치는 영향 연구, 한국조리과학회지, 22(6), 2006

정보제공자

장순자, 경상북도 청송군 청송읍 부곡리
황현숙, 경상북도 경주시 건천읍 조전2리

국

닭뼈다귀알탕국

재료

닭 500g(½마리) • 무 100g • 대파 35g(1뿌리) • 밀가루 55g(½컵) • 물 2L(10컵) • 소금 1½작은술

만드는 법

1. 닭은 내장을 제거하여 깨끗이 씻은 다음 물을 붓고 푹 삶는다.
2. 닭살이 푹 익으면 건져 살을 발라 내고, 육수는 따로 둔다.
3. 닭살을 곱게 다진 후 밀가루, 소금(½작은술)을 넣고 지름 2cm 크기의 완자를 만든다.
4. 무는 나박썰기 하고(2×2×0.3cm), 대파는 송송 썬다(0.5cm).
5. 냄비에 닭 육수와 무를 넣어 끓인 후 완자를 넣어 더 끓인다.
6. 송송 썬 대파를 넣고 소금(1작은술)으로 간을 하여 한소끔 더 끓인다.

정보제공자
전옥순, 경상북도 성주군 초전면 대장리

국

대게탕

재료

대게 800g(2마리) • 대파 100g(3뿌리) • 당근 50g(⅓개) • 콩나물 50g • 쑥갓 40g • 풋고추 45g(3개) • 물 1.6L(8컵) • 다진 마늘 1작은술 • 소금 1작은술 • 고춧가루 약간

만드는 법

1. 대게는 깨끗이 씻어 6~8토막으로 자른다.
2. 콩나물은 뿌리를 다듬어 씻고, 당근은 직사각형으로 썬다(4×1×0.3cm).
3. 대파, 풋고추는 어슷썬다(0.3cm).
4. 쑥갓은 씻어 물기를 뺀다.
5. 냄비에 대게와 콩나물, 당근을 넣고 물을 부어 끓인다.
6. 5에 어슷썬 대파와 풋고추, 다진 마늘, 고춧가루를 넣어 한소끔 더 끓인 후 소금으로 간을 맞추고 쑥갓을 넣는다.

출처

경상북도 농촌진흥원, 우리의 맛 찾기 경북 향토음식, 1997

윤숙경 · 박미남, 경상북도 동해안 지역 식생활문화에 관한 연구(1), 한국식생활문화학회지, 14(2), 1999

국

더덕냉국

재 료

더덕 100g(소 4뿌리) • 물 1.2L(6컵) • 식초 1큰술 • 소금 1작은술 • 설탕 1작은술 • 통깨 1작은술 • 실고추 약간

만드는 법

1. 더덕은 껍질을 벗겨 소금물에 담가 쓴맛을 제거하고, 방망이로 자근자근 두들겨 납작하게 편 후 손으로 잘게 찢는다.
2. 실고추는 3~4cm 길이로 자른다.
3. 끓인 물에 설탕, 소금, 식초로 간을 하고 차게 식힌다.
4. 3에 더덕을 넣고 통깨와 실고추를 고명으로 얹는다.

출 처
김천시농업기술센터, 김천 향토음식, 1999

국

쑥갓채(깻국)

재 료

쑥갓 100g • 통깨 180g(1½컵) • 전분 ½컵 • 잣 1큰술 • 물 800mL(4컵) • 국간장 1큰술 • 식초 1큰술

만드는 법

1. 쑥갓은 씻어 물기를 빼고 전분을 묻혀 끓는 물에 데친 후 찬물에 넣었다가 건진다.
2. 통깨는 물을 넣어 곱게 갈아 식초, 국간장으로 간을 한다.
3. 잣은 곱게 간다.
4. 2에 1의 쑥갓을 넣고 잣을 올린다.

정보제공자
이영애, 경상북도 칠곡군 왜관읍 매원2리

국

돼지고기국

재 료

흑돼지고기 200g • 삶은 시래기 150g • 무 100g • 대파 35g(1뿌리) • 물 1.2L(6컵) • 고춧가루 1큰술 • 들깻가루 1큰술 • 다진 마늘 1큰술 • 다진 생강 1작은술 • 참기름 ½큰술 • 국간장 1큰술 • 소금 약간

만드는 법

1. 무는 나박썰기 하고(2×2×0.5cm), 대파는 어슷썬다(0.3cm).
2. 삶은 시래기는 6~7cm 길이로 썰고, 돼지고기는 적당한 크기로 썬다.
3. 냄비에 참기름을 두르고 돼지고기를 볶다가 물을 붓고 무, 대파, 시래기를 넣어 끓인다.
4. 고춧가루, 들깻가루, 다진 마늘, 다진 생강을 넣고 국간장과 소금으로 간을 하여 한소끔 더 끓인다.

참고사항

돼지고기에 된장으로 간을 하기도 한다.

정보제공자
오임기, 경상북도 경산시 남산면 사월2리

국

들깨우거지국

재 료

삶은 우거지 400g • 들깨 5큰술 • 대파 20g(½뿌리) • 물 1.4L(7컵) • 된장 1큰술 • 다진 마늘 1큰술 • 국간장 약간

만드는 법

1. 들깨는 깨끗이 씻어 물기를 뺀 후 분쇄기에 간다.
2. 대파는 어슷썰고(0.3cm), 우거지는 7~8cm 길이로 썬다.
3. 냄비에 물을 붓고 된장을 푼 다음 우거지를 넣어 끓인다.
4. 들깻가루, 어슷썬 대파, 다진 마늘을 넣고 한소끔 더 끓여 국간장으로 간을 한다.

참고사항

식성에 따라 매운 고추, 고춧가루 등을 넣는다.

정보제공자

권영금, 경상북도 영주시 하망동

황태희, 경상북도 경산시 자인면 서부2리

국

메밀묵채

재 료

메밀묵 400g • 묵은 김치 100g • 숙주 100g • 다진 쇠고기 80g • 표고버섯 30g(2개) • 대파 20g(⅔뿌리) • 김 2g(1장) • 다진 마늘 1작은술 • 참기름 1작은술 • 깨소금 1작은술 • 설탕 · 식초 약간

멸치장국국물 멸치 20g(10마리) • 다시마 10g • 물 1L(5컵)

만드는 법

1. 메밀묵은 굵게 채 썰고(5×0.5×0.5cm), 묵은 김치는 양념을 털어 내고 꼭 짜서 채 썬다(5×0.2×0.2cm).
2. 표고버섯, 대파는 곱게 채 썰고(5×0.2×0.2cm), 숙주는 씻어 물기를 뺀다.
3. 팬에 참기름을 두르고 다진 쇠고기, 표고버섯, 대파, 숙주를 각각 볶는다.
4. 김은 살짝 구워 부순다.
5. 멸치장국국물에 다진 마늘, 설탕, 식초, 깨소금을 넣어 맛을 낸다.
6. 그릇에 메밀묵과 볶은 쇠고기, 표고버섯, 대파, 숙주를 담고 5의 멸치장국국물을 붓는다.
7. 고명으로 부순 김을 올린다.

❋ 참고사항

묵채는 명절날 깔끔한 맛을 주는 음식으로 대구 지역의 전통반가음식으로 이용되었다. 메밀묵 대신 도토리묵으로 만들기도 하고 돼지고기를 넣기도 한다.

출 처

대구광역시, 대구 전통향토음식, 2005

정보제공자

강미자, 대구광역시 동구 방촌동
김윤현, 대구광역시 동구 둔산동
조경희, 경상북도 영천시 야사동

방어국

재 료

방어 ½마리 • 토란 150g • 부추 100g • 대파 35g(1뿌리) • 밀가루 1큰술 • 물 2L(10컵) • 고춧가루 1큰술 • 국간장 1큰술 • 다진 마늘 1큰술 • 소금 약간

만드는 법

1. 방어는 내장을 빼고 깨끗이 손질하여 푹 삶아 뼈를 발라 낸다.
2. 토란은 껍질을 벗겨 물에 담궈 아린 맛을 뺀 다음 적당한 크기(2~3등분)로 썬다.
3. 부추는 7~8cm 길이로 썰고, 대파는 어슷썬다(0.3cm).
4. 물 3큰술에 밀가루를 풀어 놓는다.
5. 1에 토란을 넣고 푹 끓이다가 부추, 대파, 다진 마늘, 고춧가루를 넣어 끓인다.
6. 국간장과 소금으로 간을 하고 4를 넣어 한소끔 더 끓인다.

정보제공자
박은미, 경상북도 영주시

국

보신탕

재료

개고기 1kg(뼈 포함) • 배추시래기 200g • 토란대 100g • 대파 100g(3뿌리) • 부추 50g • 물 4L(20컵) • 다진 파 2큰술 • 다진 마늘 1큰술 • 다진 생강 1작은술

배추시래기 · 토란대 양념 들깻가루 5큰술 • 쌀가루 2큰술 • 고춧가루 1큰술 • 국간장 1큰술 • 된장 1큰술

만드는 법

1. 끓는 물에 개고기를 살짝 삶아 내고 국물은 버린다.
2. 냄비에 개고기를 넣고 물을 부어 살과 뼈가 분리될 때까지 푹 삶는다.
3. 개고기는 건져 납작하게 썰어 수육으로 준비한다.
4. 뼈는 계속 푹 고아서 육수를 만든다.
5. 배추시래기, 토란대는 데쳐 6~7cm 길이로 썰어 물기를 짠다.
6. 5에 분량의 재료로 양념하여 무친다.
7. 부추는 6~7cm 길이로 썰고, 대파는 어슷썬다(0.3cm).
8. 4의 육수 8컵을 냄비에 붓고 배추시래기, 토란대를 넣고 끓이다가 부추, 대파, 다진 파, 다진 마늘, 다진 생강을 넣어 한소끔 더 끓인다.
9. 보신탕과 수육을 곁들인다.

참고사항

먹을 때 기호에 맞게 깻잎, 고추, 들깻가루를 넣는다.

출 처
영천시농업기술센터, 향토음식 맥잇기 고향의 맛, 2001

정보제공자
최화분, 경상북도 고령군 성산면 어곡리

고문헌
음식디미방(견장), 산림경제(개고기곰), 부인필지(개고기국), 조선무쌍신식요리제법(지양탕 : 地羊湯)

국

북어미역국

재료

마른 미역 30g • 북어 30g • 쌀뜨물 1.4L(7컵) • 국간장 1⅓큰술 • 참기름 ½큰술

만드는 법

1. 북어는 적당한 크기로 찢어 물에 잠시 불렸다가 물기를 뺀다.
2. 마른 미역은 물에 불린 후 주물러 씻어 물기를 뺀 다음 적당한 크기로 썬다.
3. 냄비에 참기름을 두르고 불린 북어를 넣어 볶다가 쌀뜨물을 붓고 푹 끓인다.
4. 뽀얀 국물이 나오면 불린 미역을 넣고 끓이다가 국간장으로 간을 한다.

출처
문화공보부 문화재관리국, 한국민속종합조사보고서(향토음식 편), 1984

국

북어탕

재료

북어 140g(1마리) • 두부 150g(¼모) • 무 100g • 대파 35g(1뿌리) • 쌀뜨물 1.2L(6컵) • 다진 마늘 1큰술 • 참기름 1작은술 • 소금 1작은술

만드는 법

1. 북어는 방망이로 두들겨 물에 잠시 불렸다가 머리는 떼고 반으로 갈라 뼈를 발라 내고 4~5토막을 낸다.
2. 무는 나박썰고(2×2×0.5cm), 두부는 깍둑썰고(사방 1cm), 대파는 어슷썬다(0.3cm).
3. 냄비에 참기름을 두르고 북어, 무, 다진 마늘을 넣어 볶다가 쌀뜨물을 붓고 끓인다.
4. 두부와 대파를 넣고 한소끔 더 끓여 소금으로 간을 한다.

출처
성주군농업기술센터, 성주 향토음식의 맥, 2004

정보제공자
김병수, 경상북도 영천시 야사동
김태술, 경상북도 성주군 선남면 도흥리

국

뼈해장국(해장국)

재 료

소뼈 500g • 쇠고기 200g • 선지 200g • 콩나물 200g • 삶은 우거지 200g • 대파 35g(1뿌리) • 물 4L(20컵) • 국간장 · 후춧가루 약간

양념 고춧가루 1큰술 • 된장 1큰술 • 국간장 1큰술 • 참기름 1작은술 • 깨소금 · 후춧가루 약간

만드는 법

1. 소뼈는 찬물에 담가 핏물을 뺀다.
2. 쇠고기와 소뼈에 물을 붓고 2~3시간 정도 푹 끓여 고기는 건져서 찢어 놓고, 육수는 면포로 맑게 거른다.
3. 삶은 우거지는 7~8cm 길이로 썰고, 콩나물은 다듬어 삶는다.
4. 선지는 끓는 물에 소금을 넣어 데치고, 대파는 어슷썬다(0.3cm).
5. 쇠고기, 우거지, 콩나물에 양념을 넣고 무친다.
6. 냄비에 육수(8컵)를 부어 끓이다가 4, 5를 넣고 국간장, 후춧가루로 간을 하여 한소끔 더 끓인다.

출 처

김천시농업기술센터, 김천 향토음식, 1999

이연정, 경주 지역 향토음식의 성인의 연령별 이용실태 분석, 한국식생활문화학회지, 21(6), 2006

이연정, 향토음식에 대한 인식이 향토음식전문점 방문빈도에 미치는 영향 연구, 한국조리과학회지, 22(6), 2006

정보제공자

이흥용, 경상북도 문경시 모전동

삼계탕(계삼탕)

재 료

닭 1kg(1마리) • 인삼 2뿌리 • 찹쌀 1½컵 • 밤(깐 것) 50g(5개) • 마늘 30g(7쪽) • 대추 10g(5개) • 물 3L(15컵) • 소금 ½큰술 • 후춧가루 약간

만드는 법

1. 닭은 배를 갈라 내장을 제거하고 깨끗이 씻는다.
2. 찹쌀은 깨끗이 씻어 물에 불린다.
3. 마늘은 껍질을 벗기고 인삼, 밤 대추와 같이 씻어 놓는다.
4. 닭의 배 속에 불린 찹쌀과 마늘을 채우고 무명실로 배를 꿰맨 다음 목도 묶는다.
5. 솥에 닭이 충분히 잠길 정도의 물을 붓고 인삼, 밤, 대추를 넣어 푹 끓인다.
6. 거품이 떠오르면 걷어 내고 닭살이 무르도록 푹 삶는다.
7. 소금과 후춧가루를 곁들인다.

참고사항

당귀, 도라지, 생강, 다진 파를 넣기도 한다.

출 처

문화공보부 문화재관리국, 한국민속종합조사보고서(향토음식 편), 1984
농촌진흥청 농촌영양개선연수원(현 농촌자원개발연구소), 한국의 향토음식, 1994
농촌진흥청 농촌생활연구소(현 농촌자원개발연구소), 전통지식 모음집(생활문화 편), 1997

정보제공자

이영자, 경상북도 영주시 하망1동
장숙자, 경상북도 영천시 대창면 대창리

국

송이맑은국

재 료

송이버섯 100g • 애호박(또는 박) 100g(¼개) • 무 100g • 쌀뜨물 1.2L(6컵) • 참기름 1작은술 • 소금 1작은술

만드는 법

1. 송이버섯은 깨끗이 손질하여 잘게 찢는다.
2. 애호박은 0.5cm 두께로 반달썰기 하고, 무는 나박썬다(2×2×0.5cm).
3. 냄비에 참기름을 두르고 애호박과 무를 볶다가 쌀뜨물을 넣어 끓인다.
4. 소금으로 간을 하고 먹기 직전에 송이버섯을 넣는다.

참고사항

애호박 대신에 박고지를 이용하기도 한다.

출 처

봉화군농업기술센터, 봉화의 맛을 찾아서, 2002
포항시농업기술센터, 포항 전통의 맛, 2004

정보제공자

김옥분, 경상북도 봉화군 봉화읍 도촌2리
김진화, 경상북도 포항시 북구 흥해읍 매산리

국

쇠고기탕국(메탕국)

재 료

쇠고기 150g • 두부 120g(1/4모) • 오징어 100g(1/3마리) • 무 100g • 물 1.2L(6컵) • 국간장 1큰술 • 다진 마늘 1큰술 • 참기름 1작은술 • 소금 약간

만드는 법

1. 쇠고기, 무, 두부는 나박썰기 하고(2×2×0.5cm), 오징어는 깨끗하게 씻어 가로 2cm, 세로 3cm 크기로 썬다.
2. 냄비에 참기름을 두르고 쇠고기를 볶다가 무를 넣고 같이 볶는다.
3. 2에 물을 붓고 끓이다가 두부와 오징어를 넣고 더 끓인다.
4. 다진 마늘을 넣고 한소끔 더 끓여 소금, 국간장으로 간을 한다.

참고사항

쇠고기탕국(메탕국)은 제사상에 올리는 국이며, 메(젯메 또는 멧밥)인 밥과 함께 올리므로 메탕국이라 한다. 지방에 따라 재료가 달라지며, 특히 경주 지방에서는 쇠고기와 무만 이용하기도 한다.

출 처

경주시농업기술센터, 천년고도 경주 내림손맛, 2005

정보제공자

류태석, 대구광역시 달서구 신당동

장정숙, 경상북도 경주시 안강읍 노당리

국

엉겅퀴해장국

재 료

엉겅퀴 200g • 들깨즙 4큰술 • 물 1.2L(6컵) • 된장 1큰술 • 소금 약간

만드는 법

1. 엉겅퀴는 잘 다듬어 씻는다.
2. 냄비에 물을 붓고 된장과 들깨즙을 넣어 끓인다.
3. 엉겅퀴를 넣고 소금으로 간을 하여 한소끔 더 끓인다.

출 처
해양수산부, 아름다운 어촌 100선, 2005

국

채탕(무채탕)

재 료

무 150g • 데친 배추 200g • 물 800mL(4컵) • 참기름 1작은술 • 소금 약간

만드는 법

1. 무는 채 썰고(5×0.2×0.2cm), 데친 배추도 무와 같은 크기로 썬다.
2. 냄비에 참기름을 두르고 채 썬 무를 볶다가 물을 자작하게 붓고 끓인다.
3. 소금으로 간을 하고 배추를 넣어 한소끔 더 끓인다.

출 처
성주군농업기술센터, 성주 향토음식의 맥, 2004

염소탕(흑염소탕)

재 료

염소고기 500g(뼈 포함) • 데친 배추 100g • 삶은 고사리 100g • 삶은 토란대 50g • 뽕나무가지 약간 • 대파 35g(1뿌리) • 물 4L(20컵) • 들깻가루 1큰술 • 소금 1작은술

만드는 법

1. 염소고기는 찬물에 담가 핏물을 빼고 씻는다.
2. 냄비에 염소고기와 뽕나무가지를 넣고 물을 부어 푹 삶는다.
3. 염소고기를 건져 썰거나 찢고, 육수는 맑게 거른다.
4. 배추, 토란대, 고사리는 7~8cm 길이로 썰고, 대파는 어슷썬다(0.3cm).
5. 육수에 4를 넣어 끓이다가 들깻가루, 소금을 넣고 한소끔 더 끓인다.

출 처

농촌진흥청 농촌생활연구소(현 농촌자원개발연구소), 전통지식 모음집(생활문화 편), 1997
농촌진흥청, 향토음식, www2.rda.go.kr/food/, 2006

정보제공자

박기영, 경상북도 경산시 자임면 북사리
이옥늠, 경상북도 경산시 남산면 사월2리

국

오징어내장국

재 료

오징어 내장 200g • 호박잎 30g • 풋고추 30g(2개) • 붉은 고추 15g(1개) • 물 1.2L(6컵) • 국간장 1큰술 • 다진 마늘 1큰술 • 소금 약간

만드는 법

1. 오징어 내장은 깨끗이 씻어 물기를 뺀다.
2. 호박잎은 껍질을 벗기고 1cm 너비로 채 썰고, 풋고추와 붉은 고추는 송송 썬다(0.5cm).
3. 냄비에 물을 붓고 끓이다가 오징어 내장과 국간장을 넣어 끓인다.
4. 호박잎, 풋고추, 붉은 고추, 다진 마늘을 넣어 한소끔 끓인 후 소금으로 간을 한다.

참고사항

호박, 감자, 당근을 넣기도 하고, 기호에 따라 고춧가루를 넣는다.

출 처

농촌진흥청, 향토음식, www2.rda.go.kr/food/, 2006

정보제공자

김경옥, 경상북도 울릉군 서면 남양1리

국

은어탕

재 료

은어 400g • 삶은 고사리 100g • 삶은 토란대 100g • 느타리버섯 100g(5개) • 방아잎 20g • 실파(또는 부추) 20g • 물 2L(10컵) • 된장 1큰술 • 고추장 1작은술 • 고춧가루 2큰술 • 다진 마늘 1큰술 • 당귀가루 · 소금 약간

만드는 법

1. 은어는 내장을 제거하고 깨끗이 씻은 후 물을 넉넉하게 붓고 푹 끓인다.
2. 고사리, 토란대는 7~8cm 길이로 썰고, 느타리버섯은 데쳐 찢는다.
3. 실파는 씻어 7~8cm 길이로 썰고, 방아잎은 씻는다.
4. 1에 된장과 고추장을 체에 걸러 풀어 넣고 고사리, 토란대, 느타리버섯을 넣어 끓인다.
5. 실파, 방아잎, 소금, 다진 마늘, 고춧가루, 당귀가루를 넣고 한소끔 더 끓인다.

출 처
봉화군농업기술센터, 봉화의 맛을 찾아서, 2002

정보제공자
김영순, 경상북도 봉화군 명호면 풍호리

국

토란된장국(토란대된장국)

재 료

토란대 150g • 양파 100g(1개) • 멸치장국국물(멸치 · 다시마 · 물) 1.2L(6컵) • 된장 1큰술 • 다진 마늘 1큰술 • 고춧가루 1작은술 • 소금 약간

만드는 법

1. 토란대를 찢어서 삶아 물에 담가 쓴맛을 우려 내고 4~5cm 길이로 썬다.
2. 양파는 1cm 너비로 굵게 채 썬다.
3. 냄비에 멸치장국국물을 붓고 된장을 푼 다음 토란대를 넣고 끓인다.
4. 끓으면 양파, 다진 마늘, 고춧가루를 넣고 한소끔 더 끓여 소금으로 간을 한다.

정보제공자
박남이, 경상북도 영주시 가흥1동

국

호박매집(호박매립)

재 료

호박오가리 40g • 멸치 20g(10마리) • 밀가루 3큰술 • 물 800mL(4컵) • 국간장 1큰술 • 다진 마늘 1큰술 • 참기름 1작은술 • 소금 약간

만드는 법

1. 호박오가리는 물에 불려 잘게 썬다.
2. 냄비에 참기름을 두르고 호박을 볶다가 멸치를 넣고 물을 부어 끓인다.
3. 국간장, 다진 마늘, 소금을 넣고 한소끔 더 끓인 다음 밀가루를 넣어 걸쭉하게 만든다.

정보제공자
구순란, 경상북도 구미시 고아읍 예강1리

국

해물잡탕

재 료

도다리(또는 전어 등) 1마리 • 대게 400g(1마리) • 대하 400g(4마리) • 고둥 4개 • 가리비 4개 • 홍합 4개 • 대파 35g(1뿌리) • 물 1.6L(8컵) • 다진 마늘 1큰술 • 된장 1큰술 • 고추장 1작은술 • 다진 생강 1작은술

만드는 법

1. 고둥, 가리비, 홍합은 해감을 뺀 후 깨끗이 씻어 손질한다.
2. 대게는 씻어 4등분한다. 대하는 깨끗이 씻어 둔다.
3. 도다리는 비늘, 내장을 제거하고 깨끗이 씻는다.
4. 대파는 어슷썬다(0.3cm).
5. 냄비에 물을 붓고 된장, 고추장을 체에 걸러 푼 다음 손질해 둔 해물과 도다리를 넣어 끓으면 어슷썬 대파를 넣어 한소끔 더 끓인다.

정보제공자
서한순, 경상북도 청송군 청송읍 월막리

현풍곰탕

재 료

쇠고기(양지머리) 100g • 소꼬리 200g • 우족 200g • 양 100g • 대파 40g(1⅓뿌리) • 마늘 30g(1통) • 물 6L(30컵) • 소금 · 후춧가루 약간

만드는 법

1. 소꼬리와 우족은 4~5cm 크기로 토막 내어 찬물에 담가 피를 뺀 후 씻고, 양은 끓는 물에 데쳐 검은 부분은 칼로 긁어 내고 깨끗이 씻는다.
2. 대파 1뿌리는 큼직하게 썰고, 나머지 ⅓은 송송 썬다(0.3cm). 마늘은 껍질을 벗겨 씻어 놓는다.
3. 솥에 1의 소꼬리, 우족, 양을 넣고 물을 넉넉히 부어 푹 끓인다.
4. 양지머리를 넣어 끓이다가 위에 뜨는 거품과 기름을 걷어 낸다.
5. 큼직하게 썬 대파와 마늘을 넣어 약한 불에서 서서히 끓인다.
6. 24시간 정도 푹 끓인 후 대파와 마늘을 건져 내고 양지머리도 건져 납작하게 썬 다음 다시 넣는다.
7. 곰탕을 뚝배기에 담고 송송 썬 파, 후춧가루, 소금을 곁들인다.

참고사항

곰탕은 황해도의 해주곰탕, 전라도의 나주곰탕, 경상도의 현풍곰탕이 유명하며 현풍곰탕은 경상북도 달성군 현풍면의 향토음식이다.

출 처
농촌진흥청 농촌영양개선연수원(현 농촌자원개발연구소), 한국의 향토음식, 1994

정보제공자
박소선, 경상북도 달성군 현풍면 하리

고문헌
시의전서(고음(膏飮)국), 조선요리제법(곰국), 조선무쌍신식요리제법(곰국)

강된장찌개

재 료

된장 50g(2큰술) • 멸치장국국물(멸치 · 다시마 · 물) 400mL(2컵) • 양파 50g(1/3개) • 표고버섯 30g(2개) • 대파 35g(1뿌리) • 풋고추 30g(2개) • 붉은 고추 30g(2개) • 다진 마늘 1큰술

만드는 법

1. 멸치장국국물에 된장을 푼다.
2. 양파, 표고버섯은 깍둑썰고(사방 1cm), 대파, 풋고추, 붉은 고추는 송송 썬다(0.5cm).
3. 1을 뚝배기에 담아 끓이다가 2와 다진 마늘을 넣어 한소끔 더 끓인다.

정보제공자
전성찬, 경상북도 영양군 영양읍 무창2리

조리시연자
최계숙, 경상북도 봉화군

태평추(태평초, 묵두루치기)

재 료

메밀묵(또는 도토리묵) 400g • 돼지고기 200g • 묵은 김치 200g • 당근 100g(⅔개) • 대파 35g(1뿌리) • 김 2g(1장) • 육수 800mL(4컵) • 참기름 1작은술 • 국간장(또는 소금) 약간

돼지고기 양념 간장 1작은술 • 고춧가루 1작은술 • 다진 파 1큰술 • 다진 마늘 1작은술 • 참기름 1작은술 • 통깨 1작은술 • 소금 약간

만드는 법

1. 메밀묵은 직사각형으로 썰고(6×1×0.5cm), 돼지고기는 굵게 채 썰어(5×0.5×0.5cm) 양념에 잠시 재워 둔다.
2. 묵은 김치는 양념을 털어 내고 물기를 꼭 짜서 송송 썬다(0.5cm).
3. 대파와 당근은 곱게 채 썬다(5×0.2×0.2cm).
4. 김은 살짝 구워 채 썰고, 달걀은 황백지단을 부쳐 곱게 채 썬다.
5. 냄비에 참기름을 두르고 돼지고기를 볶다가 김치와 대파를 반만 넣고 육수를 부어 끓인다.
6. 5에 메밀묵, 나머지 대파와 당근, 황백지단을 돌려 담고 한소끔 더 끓여 국간장(또는 소금)으로 간을 한 뒤 4의 김을 올린다.

참고사항

- 술안주로 이용한 것이므로 태평주라고도 하였으며, 술상이나 밥상이 준비된 즉시 만들어 먹는 것이 맛이 좋다.
- 태평추는 '돼지묵전골'의 일종으로 경상북도 지방에서는 별식으로 매우 유명한데, 이 지역의 일선에 따르면 궁중음식인 탕평채가 경상북도에 전해지면서 서민들이 먹는 태평추가 되었다고 한다. 태평추는 메밀묵의 부드럽게 씹히는 감촉이 채소와 어우러져 칼칼하고 개운한 맛을 내는 것이 특징이다.

출 처

문화공보부 문화재관리국, 한국민속종합조사보고서(향토음식 편), 1984
안동시농업기술센터, 향토음식 맥잇기 안동 음식여행, 2002
이선호 · 박영배, 안동 지역의 향토음식을 활용한 관광체험 프로그램 개발, 한국조리학회지, 8(3), 2002
네이버사전(두산백과), 100.naver.com/, 2006
농촌진흥청, 향토음식, www2.rda.go.kr/food/, 2006

정보제공자

안남귀, 경상북도 예천군 예천읍 동보리
조계자, 경상북도 예천군 유천면 화지리

조리시연자

조인선, 경상북도 예천군

찌개 · 전골

고등어찌개

재 료

고등어 1마리 • 무청시래기 300g • 물 800mL(4컵) • 된장 2큰술 • 고춧가루 1큰술 • 소금 약간

양념 다진 마늘 1큰술 • 다진 풋고추 1작은술 • 다진 붉은 고추 1작은술 • 다진 생강 1작은술

만드는 법

1. 고등어는 머리와 내장을 제거하고 깨끗이 씻는다.
2. 시래기는 끓는 물에 소금을 넣고 삶아 6~7cm 길이로 썰고 된장, 고춧가루를 넣어 버무린다.
3. 냄비에 시래기를 깔고 고등어와 양념을 얹은 후 물을 부어 끓인다.

정보제공자
구영숙, 경상북도 경주군 안강면 사방리

고문헌
조선무쌍신식요리제법(고등어찌개)

찌개 · 전골

콩비지찌개(비지찌개)

재 료

비지 200g • 배추김치 200g • 돼지고기 100g • 대파 35g(1뿌리) • 물 600mL(3컵) • 다진 마늘 1큰술 • 국간장 약간

만드는 법

1. 소쿠리에 면포를 깔고 비지를 담아 따뜻한 곳에서 1~2일 정도 발효시킨다.
2. 돼지고기는 깍둑썰고(사방 2cm), 김치는 양념을 털어 낸 다음 꼭 짜서 송송 썬다(0.5cm). 대파도 송송 썬다(0.5cm).
3. 뚝배기에 돼지고기와 김치를 넣어 볶다가 발효시킨 비지와 물을 붓고 끓인다.
4. 다진 마늘, 대파를 넣고 국간장으로 간을 하여 한소끔 더 끓인다.

참고사항

배추, 무, 고춧가루, 된장, 멸치장국국물을 이용하기도 한다.

출 처
성주군농업기술센터, 성주 향토음식의 맥, 2004

정보제공자
손영숙, 경상북도 영천군 화남면 신호리

찌개 · 전골

된장찌개

재료

감자 150g(1개) • 두부 120g(¼모) • 쇠고기 100g • 애호박 80g(¼개) • 양파 50g(⅓개) • 표고버섯 20g(2개) • 마른 미역 10g • 풋고추 15g(1개) • 대파 10g(⅓뿌리) • 멸치장국국물(멸치 · 다시마 · 물) 800mL(4컵) • 된장 2큰술 • 고춧가루 ½큰술 • 다진 마늘 1큰술

만드는 법

1. 쇠고기는 깍둑썰기 하여(사방 1cm) 된장으로 무쳐 놓고, 감자도 깍둑썰기 한다(사방 1cm).
2. 양파, 표고버섯, 애호박, 두부는 깍둑썰기 한다(사방 1cm).
3. 마른 미역은 물에 불린 후 씻어 1~2cm 길이로 썰고, 풋고추와 대파는 송송 썬다(0.5cm).
4. 냄비에 멸치장국국물을 붓고 쇠고기, 감자, 다진 마늘을 넣어 중불에서 푹 끓인다.
5. 양파, 표고버섯, 애호박, 두부를 넣고 익으면 미역과 풋고추, 대파, 고춧가루를 넣어 한소끔 더 끓인다.

정보제공자

정복자, 경상북도 영양군 영양읍 서부2리

고문헌

조선요리제법(된장찌개), 조선무쌍신식요리제법(된장찌개)

두루치기국

재 료

쇠고기 150g • 콩나물 150g • 무 100g • 느타리버섯 50g • 표고버섯 30g(2개) • 실파 30g • 박고지 20g • 달걀 50g(1개) • 물 1.6L(8컵) • 다진 마늘 1큰술 • 참기름 ½큰술 • 소금 1½큰술 • 석이버섯 · 실고추 약간

만드는 법

1. 무는 곱게 채 썰어(5×0.2×0.2cm) 소금에 절인 후 물기를 꼭 짜서 준비하고, 박고지는 불려 4~5cm 길이로 썬다.
2. 콩나물은 머리와 뿌리를 다듬어 씻어 놓고, 실파는 4~5cm 길이로 썬다.
3. 쇠고기는 납작하게 썰고, 느타리버섯은 길이대로 찢고, 표고버섯은 0.5cm 너비로 채 썬다.
4. 1, 2, 3에 참기름을 넣고 버무린다.
5. 석이버섯은 깨끗이 씻어 물기를 빼고 곱게 채 썰고, 실고추는 4~5cm 길이로 자른다.
6. 냄비에 물을 붓고 끓이다가 4를 넣어 끓인다.
7. 달걀을 풀어 끼얹고 다진 마늘을 넣고 소금으로 간을 하여 한소끔 더 끓인 후 석이버섯과 실고추를 올린다.

참고사항

달걀은 황백지단을 부쳐 고명으로 올리기도 한다.

출 처

경상북도 농촌진흥원, 우리의 맛 찾기 경북 향토음식, 1997
안동시농업기술센터, 향토음식 맥잇기 안동 음식여행, 2002
이선호 · 박영배, 안동 지역의 향토음식을 활용한 관광체험 프로그램 개발, 한국조리학회지, 8(3), 2002
농촌진흥청, 향토음식, www2.rda.go.kr/food/, 2006

마전골

재 료

마 100g • 두부 250g($\frac{1}{2}$모) • 쇠고기 100g • 당근 100g($\frac{2}{3}$개) • 달걀 100g(2개) • 표고버섯 30g(2개) • 대파 20g($\frac{2}{3}$뿌리) • 미나리 20g • 밀가루 1큰술 • 육수(양지머리) 800mL(4컵) • 국간장 1큰술 • 소금 약간 • 식용유 적량

촛물 식초 2큰술 • 물 400mL(2컵)

쇠고기 양념 간장 $\frac{1}{2}$큰술 • 설탕 1작은술 • 다진 파 $\frac{1}{2}$큰술 • 다진 마늘 1작은술 • 참기름 · 후춧가루 약간

만드는 법

1. 마는 깨끗이 씻어 직사각형으로 썰어(5×1×1cm) 촛물에 담갔다가 끓는 물에 살짝 데친다.
2. 당근은 직사각형으로 썰고(5×1×0.5cm), 대파는 어슷썬다(0.3cm).
3. 표고버섯은 0.5cm 너비로 채 썰고, 미나리는 잎을 떼고 끓는 물에 데친다.
4. 두부는 직사각형으로 썰어(5×2×1cm) 소금 간을 한 후 밀가루를 묻히고, 달걀물(달걀 1개)을 씌워 달군 팬에 식용유를 두르고 앞뒤로 노릇하게 지진 후 미나리 줄기로 중앙을 묶는다.
5. 쇠고기의 반은 채 썰고(5×0.2×0.2cm), 반은 다져 양념한다.
6. 1, 2, 3, 4에서 준비한 재료와 채 썬 쇠고기를 전골냄비에 돌려 담고 중앙에 양념한 쇠고기를 담는다.
7. 육수를 부어 끓이다가 국간장, 소금으로 간을 하고 달걀노른자를 중앙에 넣는다.

출 처

안동시농업기술센터, 향토음식 맥잇기 안동 음식여행, 2002

염소고기전골

재 료

염소고기 300g • 표고버섯 50g(3개) • 느타리버섯 50g(3개) • 당근 50g(⅓개) • 미나리 50g • 육수 800mL(4컵) • 소금 약간

양념 간장 1큰술 • 다진 파 1큰술 • 다진 마늘 1작은술 • 다진 생강 1작은술 • 참기름 1작은술 • 설탕 약간

만드는 법

1. 염소고기는 얇게 썰고 분량의 재료를 섞어 양념(½ 분량)을 만들어 버무린다.
2. 표고버섯은 0.5cm 너비로 채 썰고, 느타리버섯도 다듬어 길이대로 찢는다.
3. 당근은 7cm 길이로 채 썰고, 미나리도 7cm 길이로 썬다.
4. 전골냄비의 중앙에 양념한 염소고기를 담고 가장자리에는 버섯과 당근, 미나리를 색 맞춰 담는다.
5. 육수를 붓고 끓으면 나머지 양념을 넣어 한소끔 더 끓여 소금으로 간을 한다.

출 처
경상북도 농촌진흥원, 우리의 맛 찾기 경북 향토음식, 1997

청국장찌개

재 료

청국장 1컵 • 두부 250g(½모) • 쇠고기 200g • 무 50g • 대파 20g(⅔뿌리) • 풋고추 15g(1개) • 물 400mL(2컵) • 고춧가루 1작은술 • 다진 마늘 1작은술 • 후춧가루 · 소금 약간

만드는 법

1. 무는 나박썰기 하고(2×2×0.5cm), 쇠고기와 두부는 깍둑썬다(사방 1cm).
2. 풋고추와 대파는 송송 썬다(0.5cm).
3. 뚝배기에 물을 붓고 청국장을 풀어 무와 쇠고기를 넣어 푹 끓인다.
4. 두부, 풋고추, 고춧가루를 넣고 한소끔 더 끓여 대파, 다진 마늘, 후춧가루를 넣고 소금으로 간을 한다.

출 처
성주군농업기술센터, 성주 향토음식의 맥, 2004

정보제공자
손영숙, 경상북도 영천군 화남면 신호리

고문헌
조선무쌍신식요리제법(청국장(전국장))

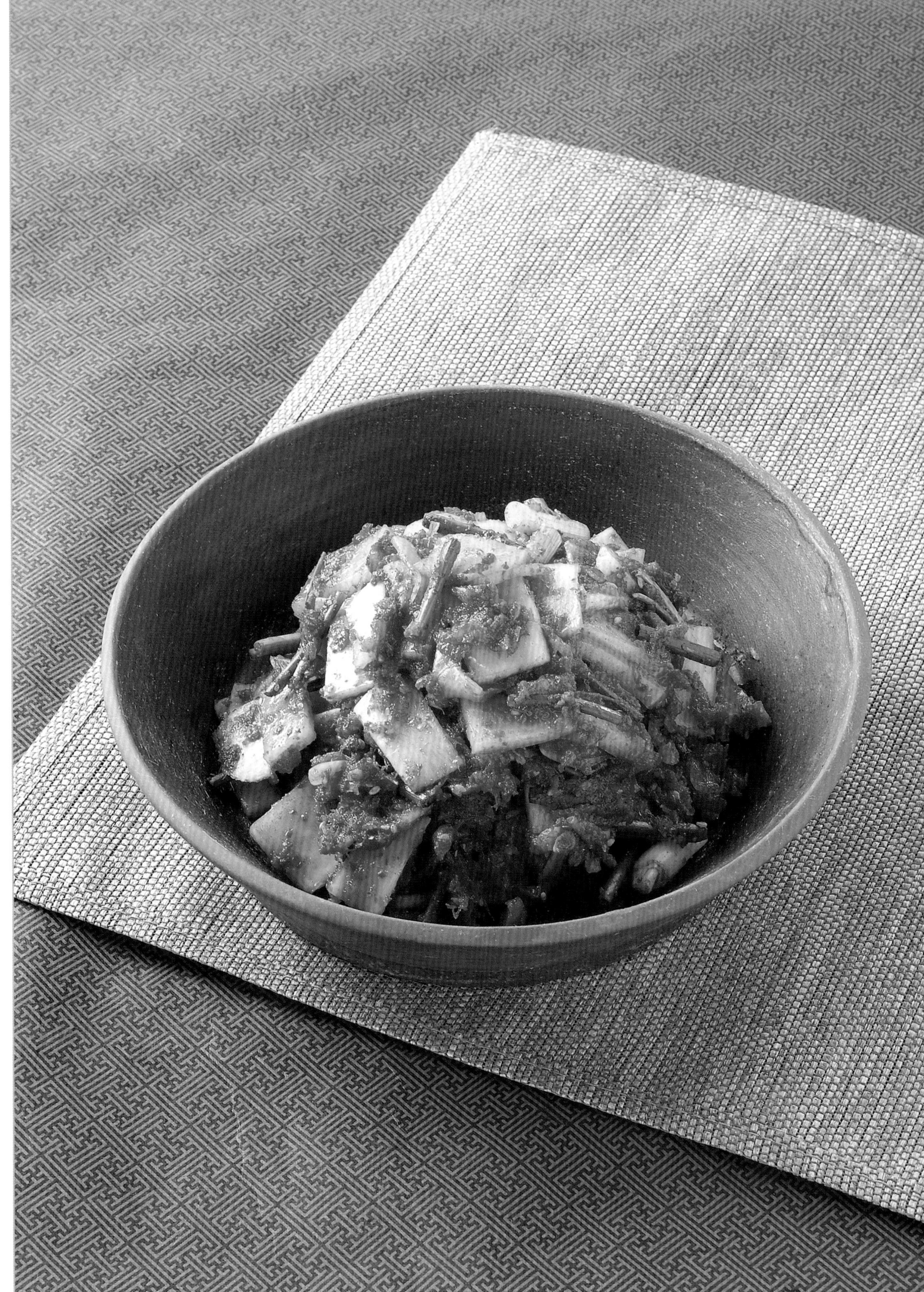

김치

생태나박김치

재료

생태 1kg(1마리) • 무 2kg(2개) • 실파 30g • 멸치액젓 1컵 • 소금 ¼컵 • 통깨 2큰술 • 실고추 약간

양념 고춧가루 1컵 • 다진 마늘 2큰술 • 다진 생강 1큰술

만드는 법

1. 생태는 머리, 내장과 뼈를 제거하고 껍질을 벗겨 살만 발라 내어 다진다.
2. 실파와 실고추는 2cm 길이로 썬다.
3. 무는 나박썰기 한다(2×2×0.3cm).
4. 무를 소금에 절인 후 물기를 꼭 짜서 양념과 잘 섞어 고춧가루색이 배게 한다.
5. 4에 다진 생태, 실파, 통깨, 실고추를 넣고 멸치액젓으로 간을 하여 버무린다.

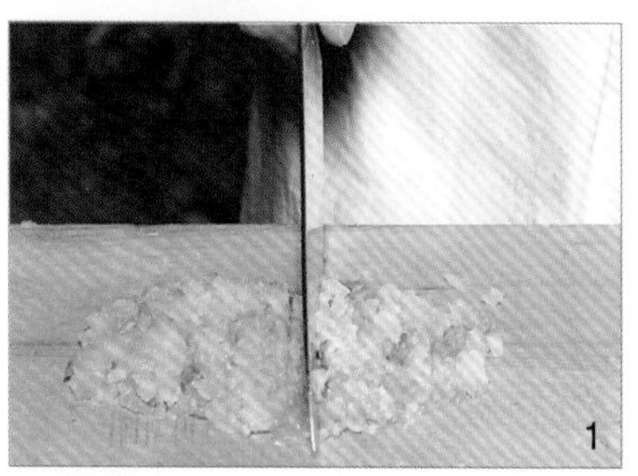
1

4

4

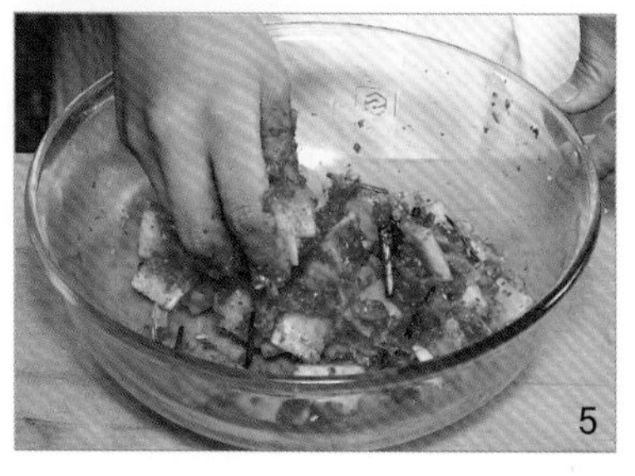
5

정보제공자
이정, 경상북도 달성군 가창면 용계리

조리시연자
박미숙, 경상북도 경주시 내남면 이조리

김치

우엉김치

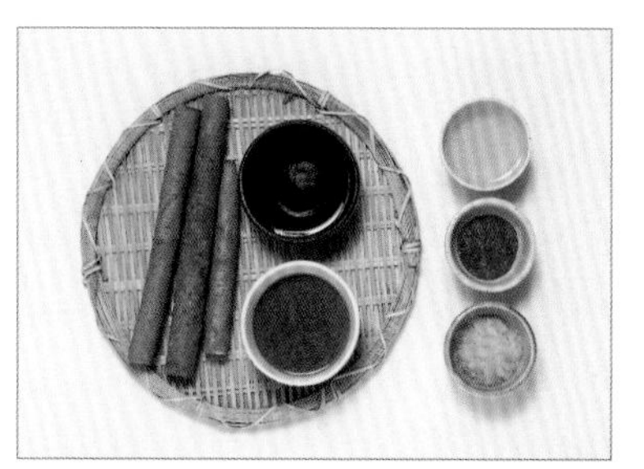

재료

우엉 500g • 식초 1큰술

양념 고춧가루 ½컵 • 멸치액젓 ½컵 • 물엿 ½컵 • 다진 마늘 2큰술

만드는 법

1. 우엉은 칼등으로 껍질을 벗겨 5cm 길이로 썰어 반을 갈라 세 토막을 낸 다음 물에 담가 놓는다.
2. 끓는 물에 식초를 넣고 우엉을 살짝 데쳐 찬물에 헹군 후 물기를 뺀다.
3. 2를 양념으로 버무려 항아리에 담아 숙성시킨다.

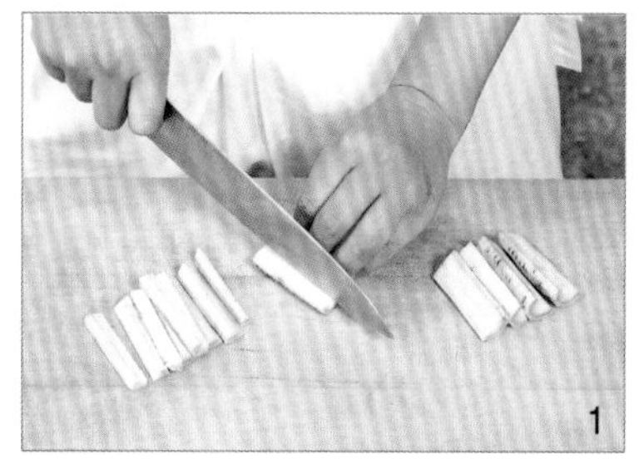

1

1

2

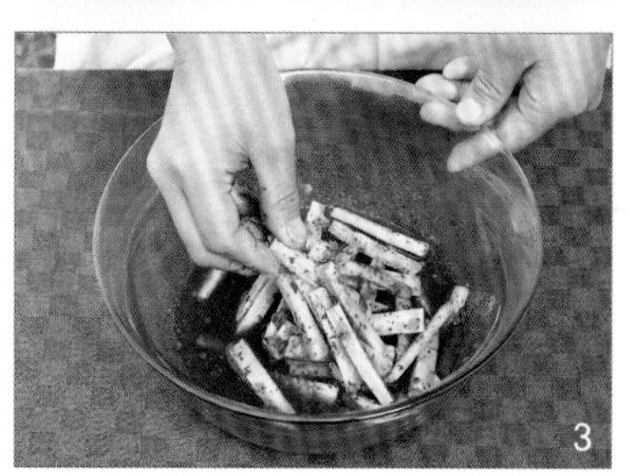

3

참고사항

소금에 절인 우엉을 이용하기도 한다.

출처

문화공보부 문화재관리국, 한국민속종합조사보고서(향토음식 편), 1984

상주시농업기술센터, 상주 향토음식 맥잇기 고운 빛 깊은 맛, 2004

정보제공자

이호심, 경상북도 경산시 자인면 북사리

조리시연자

박미숙, 경상북도 경주시 내남면 이조리

콩잎김치

재 료

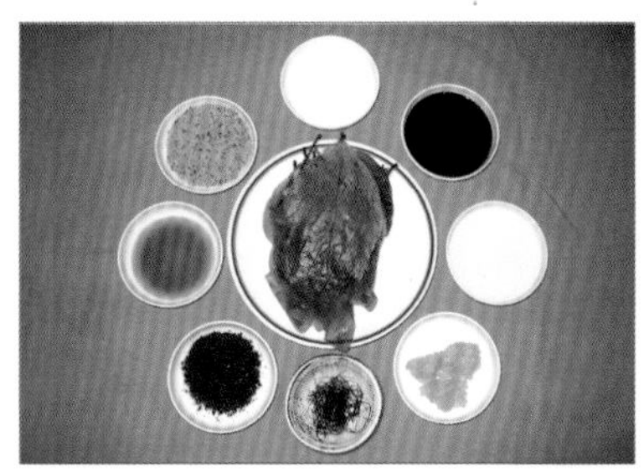

콩잎 100장 • 소금 1컵 • 물 적량

양념 멸치액젓 1컵 • 국간장 2큰술 • 고춧가루 2큰술 • 설탕 ½큰술 • 다진 마늘 1큰술 • 생강 ½큰술 • 통깨 1큰술 • 실고추 약간

만드는 법

1. 노란 콩잎은 항아리에 담고 소금물을 부어서 1달 정도 삭힌다.
2. 삭힌 콩잎을 깨끗이 헹궈 물기를 꼭 짠다.
3. 콩잎 두 장에 양념을 켜켜이 얹는다.

❁ 참고사항

가을철에 누렇게 단풍이 든다고 하여 단풍콩잎이라고 일컫는다. 소금물에 삭히는 것보다 물에 삭히면 콩잎 색깔이 더 선명하다. 누렇게 단풍이 든 콩잎을 따서 깨끗이 씻어 물기를 제거한 후 된장에 박기도 하고, 삭힌 콩잎을 씻어 물기를 제거하고 양념장에 버무리기도 한다.

출 처

문화공보부 문화재관리국, 한국민속종합조사보고서(향토음식 편), 1984
영천시농업기술센터, 향토음식 맥잇기 고향의 맛, 2001
상주시농업기술센터, 상주 향토음식 맥잇기 고운 빛 깊은 맛, 2004

정보제공자

이정숙, 경상북도 경주시
이희자, 대구광역시
임순란, 경상북도 청송군 청송읍 청운리

김치

콩잎물김치

재료

콩잎 300장 • 양파 50g(⅓개) • 풋고추 30g(2개) • 밀가루(또는 찹쌀가루) 3큰술 • 물 3L(15컵) • 마늘 20g(5쪽) • 소금 1큰술 • 된장 적량

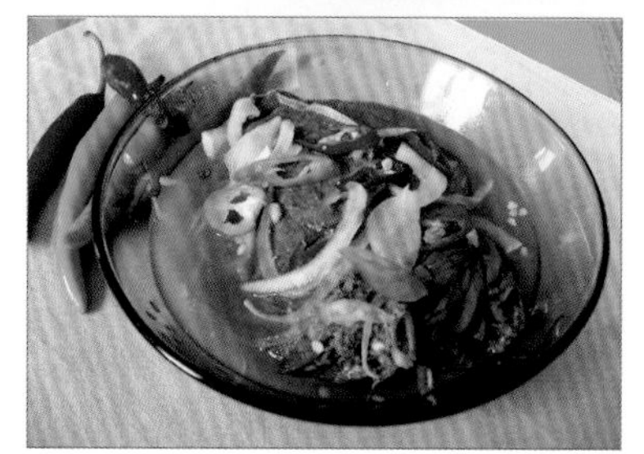

만드는 법

1. 밀가루로 풀을 묽게 쑤어 식혀 놓는다.
2. 콩잎은 깨끗이 씻어서 물기를 뺀 후 20장 정도씩 묶는다.
3. 풋고추는 어슷썰기 하고, 양파는 0.5cm 너비로 채 썬다.
4. 밀가루풀에 된장을 체에 걸러 넣고 풋고추와 양파를 고루 섞어 콩잎 위에 끼얹으면서 부어 시원한 곳에서 익힌다.

출 처

포항시농업기술센터, 포항 전통의 맛, 2004
경주시농업기술센터, 천년고도 경주 내림손맛, 2005

정보제공자

김순옥, 경상북도 포항시 흥해읍 남성리
도미숙, 경상북도 봉화군 봉성면 금봉리

조리시연자

김춘란, 경상북도 경주시

갈치김치

재료

배추 20kg(16포기) • 갈치 1.6kg(5마리) • 굵은 소금 10컵 • 무 4kg(5개) • 미나리 1단 • 갓 1단 • 청각 200g • 찹쌀가루 6큰술 • 물 500mL(2½컵) • 고춧가루 10컵

양념 멸치젓 4컵 • 다진 마늘 5컵 • 다진 생강 2컵 • 고운 소금 1컵

만드는 법

1. 배추는 밑동을 다듬고 칼집을 내어 4등분하여 15%의 굵은 소금물에 5~6시간 동안 절인 후 깨끗이 씻어 건져 물기를 뺀다.
2. 물에 찹쌀가루를 잘 풀어 찹쌀풀을 쑨 후 식으면 고춧가루를 넣어 불린다.
3. 2에 양념을 넣어 잘 섞는다.
4. 청각은 씻어 물기를 꼭 짜고 3~4cm 길이로 썬다.
5. 무는 곱게 채 썰고(5×0.2×0.2cm) 미나리, 갓은 깨끗이 다듬어 5cm 길이로 썬다.
6. 갈치는 머리를 잘라 내고 몸통을 1.5cm 간격으로 썰고 씻어 물기를 뺀다.
7. 갈치, 무, 미나리, 갓, 청각에 3을 넣고 잘 섞어 버무려 김치 속을 만든다.
8. 배춧잎 사이사이에 김치 속을 고르게 채워 넣고 쏟아지지 않도록 겉잎으로 잘 싼다.
9. 항아리에 김치를 한 포기씩 차곡차곡 담아 익힌다.

❊ 참고사항

무와 배추를 함께 이용한 섞박지도 있다.

출처
경주시농업기술센터, 천년고도 경주 내림손맛, 2005

정보제공자
박선녀, 경상북도 포항시 신광면 상읍1리

김치

감김치

재 료

감 5kg(30개) • 무 850g(1개) • 대파 60g(2뿌리) • 미나리 50g • 실파 50g • 굴 50g • 새우 50g • 굵은 소금 1컵 • 고춧가루 1컵 • 물 적량

양념 멸치젓 1컵 • 다진 마늘 3큰술 • 다진 생강 1큰술 • 고운 소금 ⅓컵 • 설탕 약간

만드는 법

1. 잘 익고 단단한 감을 반으로 갈라 0.5cm 두께로 썰어 햇볕에 꼬들꼬들하게 말린 후 소금물에 깨끗이 씻어 건진다.
2. 새우와 굴은 소금물에 깨끗이 씻어 물기를 뺀다.
3. 미나리와 실파는 5cm 길이로 썬다.
4. 무는 곱게 채 썰고(5×0.2×0.2cm), 대파는 어슷썰어 고춧가루를 넣고 버무려서 붉은 색을 들인 후 미나리와 실파를 넣어서 버무린다.
5. 4에 양념, 새우와 굴을 넣고 버무린 다음 감을 넣고 버무려 항아리에 담고 1주일 정도 숙성시킨다.

참고사항

배추를 같이 넣기도 한다.

출 처
상주시농업기술센터, 상주 향토음식 맥잇기 고운 빛 깊은 맛, 2004

김치

늙은호박김치(누렁호박김치)

재료

늙은 호박 1개 • 굵은 소금 3컵

양념 고춧가루 2컵 • 멸치젓 1컵 • 다진 마늘 1컵 • 다진 생강 1/3컵 • 통깨 2큰술

만드는 법

1. 늙은 호박은 반으로 잘라 껍질을 벗기고 씨를 긁어 낸 다음 살을 납작하게 썰어(2×5×1cm) 굵은 소금에 절였다가 물기를 뺀다.
2. 1의 호박에 양념을 넣고 잘 버무려 익힌다.

참고사항

김치를 담글 때 무청, 배추우거지를 넣어 담그기도 하고, 익힌 늙은호박김치는 찌개를 끓일 때 넣는다.

정보제공자
구본혜, 경상북도 의성군 안계면 토매리

김치

무름

재료

말린 채소(애호박고지, 배추시래기, 가지고지 등) 1kg • 밀가루 110g(1컵) • 물 1L(5컵) • 소금 2컵

만드는 법

1. 말린 채소는 삶아서 물에 담갔다가 물기를 꼭 짜고 7~8cm 길이로 썬다.
2. 냄비에 물을 붓고 밀가루를 잘 풀어 풀을 쑨 후 식힌다.
3. 삶은 채소에 밀가루풀을 붓고 소금으로 간을 하여 잘 버무려 익힌다.

정보제공자
이경옥, 경상북도 포항시 남구 해도1동

김치

민들레김치

재료

민들레 250g • 소금 ½컵

양념 간장 3큰술 • 물엿 2큰술 • 다진 마늘 2큰술 • 고춧가루 1½큰술 • 통깨 ½큰술

만드는 법

1. 민들레는 소금물에 3개월 정도 삭힌다.
2. 삭힌 민들레를 끓는 물에 데쳐서 물기를 뺀 후 양념을 넣어 버무린다.

참고사항

간장 대신 멸치액젓을 이용하기도 한다.

출처

청도군농업기술센터, 청도 향토음식의 보고 석빙고, 2004

정보제공자

남경화, 경상북도 경산시 하양읍 환상3리
예정숙, 경상북도 청도군 하양읍 법곡1리

김치

부추김치(정구지김치, 전구지김치)

재료

부추 1kg • 멸치액젓 240g(1컵)

양념 고춧가루 1컵 • 다진 마늘 ⅔컵 • 다진 생강 3큰술 • 설탕 1큰술

만드는 법

1. 부추는 다듬어 씻어 물기를 빼고 길이를 반으로 썰어서 멸치액젓으로 절인다.
2. 절인 부추에 양념을 넣고 버무려 숙성시킨다.

출처

문화공보부 문화재관리국, 한국민속종합조사보고서(향토음식 편), 1984
한국관광공사, 한국전통음식, www.visitkorea.or.kr, 2006

정보제공자

김인숙, 경상북도 예천군 우계리

김치

사연지

재료

배추 2kg(1½포기) • 무 500g(⅔개) • 새우 100g • 밤(깐 것) 80g(5개) • 미나리 30g • 실파 30g • 청각 20g • 석이버섯 10g • 멸치액젓 1컵 • 생강 30g(6쪽) • 마늘 30g(1통) • 실고추 30g • 다진 마늘 5큰술 • 다진 생강 3큰술 • 통깨 2큰술 • 검은깨 1큰술 • 후춧가루 약간 • 소금 적량

만드는 법

1. 배추는 소금에 절인 후 씻어 물기를 뺀다.
2. 무 200g은 곱게 채 썰고(5×0.2×0.2cm), 밤, 석이버섯, 마늘, 생강도 같은 굵기로 채 썰고, 미나리, 실파, 청각은 2cm 길이로 썬다.
3. 새우는 껍질을 벗기고 소금을 뿌려 실고추로 색을 낸 후 다진 마늘, 다진 생강, 통깨, 검은깨를 넣어 버무린다.
4. 새우 껍질은 삶아 체에 걸러 실고추, 멸치액젓, 다진 생강, 다진 마늘, 통깨, 후춧가루를 넣고 고루 섞는다.
5. 2, 3에 실고추를 넣고 섞어 김치 속을 만든다.
6. 배추를 4의 양념으로 버무린 후 배춧잎 사이사이에 김치 속을 고르게 채워 넣는다.
7. 나머지 무 300g은 납작하게 썰어(3×4×0.5cm) 소금에 절인다.
8. 납작 썬 무에 실고추, 통깨, 멸치액젓, 다진 마늘, 다진 생강을 넣어 버무린다.
9. 배추김치와 무를 함께 항아리에 켜켜이 꼭꼭 눌러 담는다.

참고사항

경상북도 안동의 향토음식이며 제사음식으로 쓰인다. 설까지 먹을 수 있는 김치로 실고추와 해산물로 맛을 내고 연분홍의 김칫국물과 시원한 맛이 특징이다. 다양한 김치 속을 배춧잎에 싸서 넣은 것에서 유래되었다고 추측한다. 조기, 낙지, 전복, 굴을 넣기도 한다.

출 처

농촌진흥청 농촌영양개선연수원(현 농촌자원개발연구소), 한국의 향토음식, 1994
농촌진흥청 농촌생활연구소(현 농촌자원개발연구소), 전통지식 모음집(생활문화 편), 1997
경주시농업기술센터, 천년고도 경주 내림손맛, 2005
윤숙경, 안동 지역의 향토음식에 대한 고찰, 한국식생활문화학회지, 9(1), 1994
농촌진흥청, 향토음식, www2.rda.go.kr/food/, 2006

정보제공자

배영신, 경상북도 경주시 교동
서정애, 경상북도 경주시 교동

상추김치

재료

상추 1kg

양념 멸치액젓 ½컵 • 고춧가루 ½컵 • 다진 마늘 2큰술 • 생강즙 1큰술

만드는 법

1. 상추는 깨끗이 씻어 물기를 뺀다.
2. 상추대는 밀대나 칼등으로 두들긴다.
3. 상추에 양념을 넣고 골고루 무친다.

참고사항

상추는 꽃대가 나온 것이 좋고, 상추가 많이 나오는 계절에 담아 저장음식으로 이용할 수 있다.

출처

청도군농업기술센터, 청도 향토음식의 보고 석빙고, 2004

정보제공자

이정렬, 경상북도 청도군 각남면 화리

최목련, 경상북도 청도군 이서면 학산2리

김치

속새김치

재료

속새 500g • 소금 1컵

양념 고춧가루 ½컵 • 멸치젓국 ½컵 • 다진 파 3큰술 • 다진 마늘 3큰술 • 통깨 1큰술

만드는 법

1. 속새는 뿌리까지 깨끗이 다듬고 소금물을 부어 15일 정도 삭힌 후 건져 씻어 물기를 뺀다.
2. 1의 속새에 양념을 넣고 버무려 항아리에 담고 꼭꼭 눌러 익힌다.

출처
문화공보부 문화재관리국, 한국민속종합조사보고서(향토음식 편), 1984

김치

숙김치(술김치)

재료

배추 2kg(대 1통) • 무 1kg(대 1개) • 배 300g(1개) • 굴 ½컵 • 실파 30g • 미나리 30g • 소금 ½컵

양념 고춧가루 5큰술 • 새우젓 ⅓컵 • 다진 파 5큰술 • 다진 마늘 3큰술 • 다진 생강 1큰술 • 실고추 · 소금 약간

만드는 법

1. 배추는 가로 3cm, 세로 4cm 크기로 썰어 소금물에 절인 후 씻어 물기를 뺀다.
2. 무는 나박썰기 하여(2×2×0.5cm) 끓는 물에 소금을 넣고 살짝 삶아 헹구어 물기를 뺀다.
3. 배는 껍질을 벗겨 무와 같은 크기로 썰고 실파와 미나리는 5cm 길이로 썬다.
4. 굴은 소금물에 살살 흔들어 씻어 물기를 뺀다.
5. 1, 2, 3, 4에 양념을 넣어 버무린다.

정보제공자
성옥자, 경상북도 경산시 와촌면 계전1리

김치

열무감자물김치

재료

열무 1단 • 감자 500g(4개) • 양파 100g(1개) • 붉은 고추 75g(5개) • 물 2L(10컵) • 고춧가루 1큰술 • 다진 마늘 1큰술 • 굵은 소금 4큰술 • 소금 2작은술

만드는 법

1. 열무는 5cm 길이로 썰어 굵은 소금물에 2시간 정도 절인 후 살살 흔들어 가며 헹궈 물기를 뺀다.
2. 양파는 1cm 너비로 채 썰고, 붉은 고추(2개)는 3~4등분한다.
3. 감자는 껍질을 벗기고 큼직하게 썰어 냄비에 물(2컵)을 자작하게 부어 푹 삶는다.
4. 3에 붉은 고추(3개)를 넣고 물(8컵)을 부어 곱게 간 다음 다진 마늘을 넣고 소금으로 간을 한다.
5. 절인 열무와 양파, 붉은 고추에 고춧가루를 넣고 버무린 후 4를 부어 익힌다.

정보제공자
김미영, 경상북도 울진군 원남면 매화2리

김치

인삼김치

재료

인삼 20뿌리 • 부추 50g • 미나리 50g • 굵은 소금 1컵

양념 멸치액젓 2컵 • 고운 고춧가루 1컵 • 다진 마늘 1큰술 • 통깨 1큰술 • 실고추 약간

만드는 법

1. 인삼을 깨끗이 씻어 몸통 부분에 열십자(+)로 칼집을 넣은 후 굵은 소금에 30분 정도 절인 후 씻어 물기를 뺀다.
2. 부추, 미나리는 씻어 물기를 빼고 2~3cm 길이로 썬 다음 양념을 넣고 섞어 김치 속을 만든다.
3. 절인 인삼의 칼집 사이에 김치 속을 채우고, 남은 김치 속으로 버무린다.

출처
성주군농업기술센터, 성주 향토음식의 맥, 2004

정보제공자
곽문부, 경상북도 성주군 대가면 옥화리
이홍용, 경상북도 문경시 모전동

나물 – 생채

두부생채

재 료

무 500g(½개) • 두부 120g(¼모) • 소금 1작은술

양념 고운 고춧가루 2작은술 • 소금 1작은술 • 참기름 1큰술 • 깨소금 1큰술

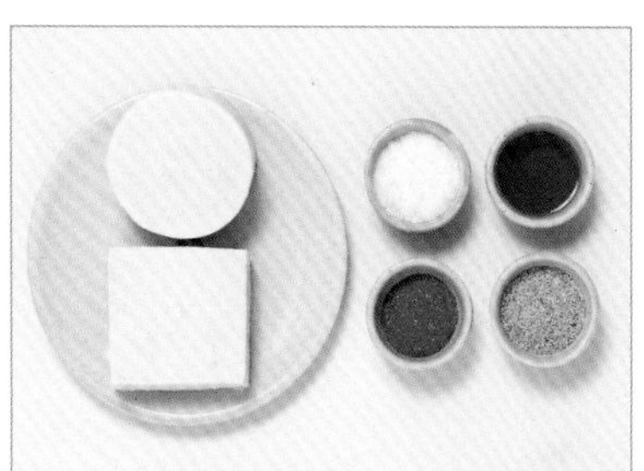

만드는 법

1. 무는 곱게 채 썰어(5×0.2×0.2cm) 소금으로 절인 후 물기를 꼭 짠다.
2. 두부는 칼등으로 으깨어 면포에 싸서 꼭 짜 물기를 제거한다.
3. 무채와 두부에 고춧가루를 넣어 곱게 물들이고 소금, 깨소금, 참기름을 넣어 무친다.

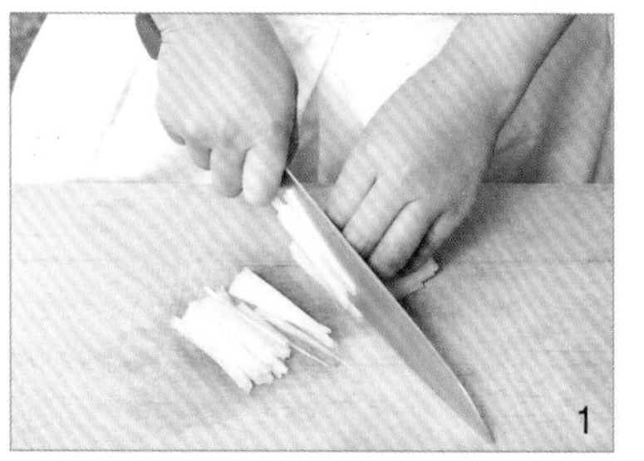
1

2

2

3

출 처
문화공보부 문화재관리국, 한국민속종합조사보고서(향토음식 편), 1984

조리시연자
박미숙, 경상북도 경주시 내남면 이조리

나물 – 숙채

쑥부쟁이나물(부지깽이나물)

재 료

쑥부쟁이(부지깽이) 200g • 소금 약간

양념 다진 마늘 1작은술 • 참기름 ½큰술 • 깨소금 1큰술 • 소금 약간

만드는 법

1. 쑥부쟁이는 다듬어 끓는 물에 소금을 넣고 데친 후 찬물에 헹궈 물기를 꼭 짠다.
2. 데친 쑥부쟁이에 양념을 넣어 무친다.

1

1

2

2

출 처
영천시농업기술센터, 향토음식 맥잇기 고향의 맛, 2001
네이버사전(두산백과), 100.naver.com/, 2006

조리시연자
박미숙, 경상북도 경주시 내남면 이조리

시래기나물(시래기된장무침)

재 료

배추시래기 150g • 무청시래기 150g • 무 150g • 소금 약간

양념 된장 2큰술 • 국간장 1큰술 • 다진 파 2작은술 • 다진 마늘 1작은술 • 고춧가루 1작은술 • 참기름 2작은술 • 깨소금 2작은술

만드는 법

1. 배추시래기는 푹 삶아 물기를 짠 후 6cm 길이로 썬다.
2. 무청시래기는 삶아 물기를 짠 후 연한 시래기는 그대로 쓰고 질긴 시래기는 껍질을 벗겨 6cm 길이로 썬다.
3. 무는 곱게 채 썰어(4×0.2×0.2cm) 소금에 살짝 절여 찬물에 헹군 후 물기를 꼭 짠다.
4. 배추시래기, 무청시래기, 무채에 양념을 넣어 무친다.

1

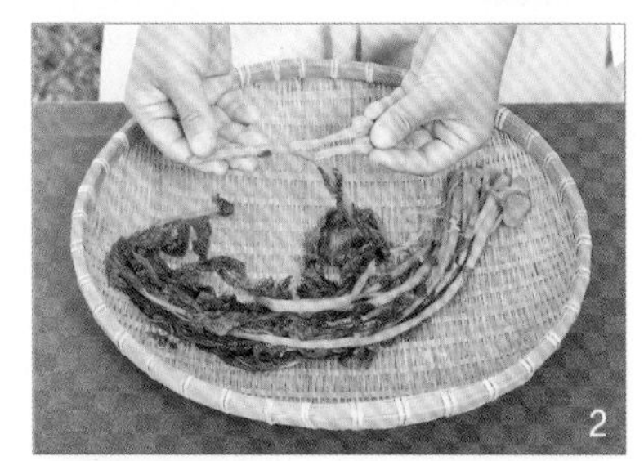
2

4

4

참고사항

된장에 풋고추를 넣어 끓인 된장을 넣어 무치기도 한다.

출 처

문화공보부 문화재관리국, 한국민속종합조사보고서(향토음식 편), 1984
영천시농업기술센터, 향토음식 맥잇기 고향의 맛, 2001
청도군농업기술센터, 청도 향토음식의 보고 석빙고, 2004
윤숙경, 안동 지역의 향토음식에 대한 고찰, 한국식생활문화학회지, 9(1), 1994
이선호 · 박영배, 안동 지역의 향토음식을 활용한 관광체험 프로그램 개발, 한국조리학회지, 8(3), 2002

정보제공자

남무주, 경상북도 경주시 양남면 하서2리
이혜선, 경상북도 성주군 선남면 유서1리

조리시연자

박미숙, 경상북도 경주시 내남면 이조리

나물 – 숙채

콩나물횟집나물

재 료

콩나물 300g • 삶은 무청시래기 200g • 마른 콩잎 50g • 소금 약간

양념 된장 3큰술 • 콩가루 2큰술 • 참기름 1큰술 • 고춧가루 ½큰술 • 소금 약간

만드는 법

1. 콩나물은 끓는 물에 소금을 넣고 뚜껑을 덮어 살짝 삶은 후 건진다.
2. 삶은 무청시래기는 껍질을 벗겨 5~6cm 길이로 썬다.
3. 마른 콩잎은 끓는 물에 넣어 데친 후 찬물에 헹궈 물기를 빼고 잘게 썬다.
4. 분량의 양념을 섞는다.
5. 삶아 놓은 콩나물, 무청시래기, 콩잎에 양념을 넣어 무친다.

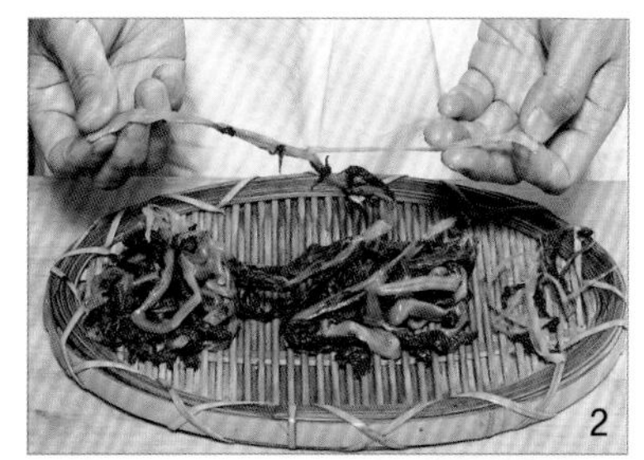

2

3

4

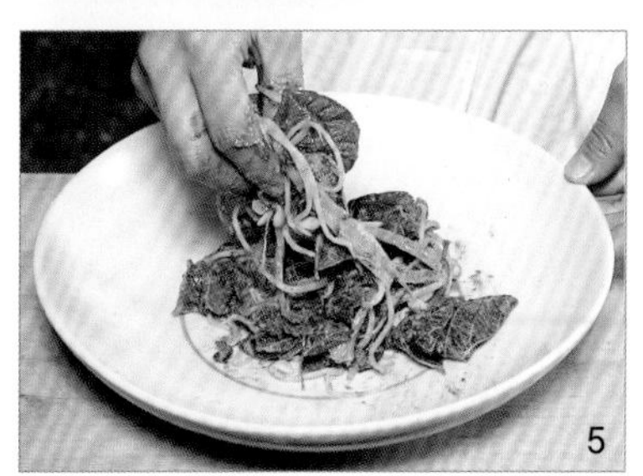

5

참고사항

콩잎 대신 팥잎 말린 것을 삶아 이용하기도 한다. 가난했던 시절에 부족하기 쉬운 단백질을 콩가루와 된장으로 보충하게 한 나물이었으며, 특히 겨울철 음식으로 이용되었다.

출 처

경상북도 농촌진흥원, 우리의 맛 찾기 경북 향토음식, 1997
청도군농업기술센터, 청도 향토음식의 보고 석빙고, 2004
이연정, 향토음식에 대한 인식이 향토음식전문점 방문빈도에 미치는 영향 연구, 한국조리과학회지, 22(6), 2006

정보제공자

여향연, 경상북도 김천시 거령면 광천2리
이재숙, 경상북도 청도군 이서면 금촌리

조리시연자

박미숙 , 경상북도 경주시 내남면 이조리

나물 – 생채

말나물(말무침, 말무침생저러기)

재 료

말 300g • 무 30g

양념 고춧가루 ½큰술 • 식초 1큰술 • 설탕 1작은술 • 소금 1작은술 • 참기름 · 통깨 약간

만드는 법

1. 말은 깨끗이 씻어 물기를 빼고 3~4cm 길이로 썬다.
2. 무는 곱게 채 썬다(7×0.2×0.2cm).
3. 말과 무채에 양념을 넣어 무친다.

❁ 참고사항

• 쓴맛이 나는 말이 있으나 매년 잘라 먹는 말은 부드럽고 쓰지 않아 맛이 좋다. 콩나물을 넣기도 한다.

• 말은 말즘이라고도 부르며 흐르는 물이나 연못에서 자라는 수생식물로 길이가 약 70cm 정도 된다.

출 처

영천시농업기술센터, 향토음식 맥잇기 고향의 맛, 2001

네이버사전(두산백과), 100.naver.com/, 2006

정보제공자

박분선, 경상북도 경주시 강동면 모서2리

조리시연자

김귀조, 경상북도 경산시 진량읍 다문2리

나물 – 숙채

팥잎나물

재 료

팥잎 300g

양념 국간장 1½큰술 • 다진 마늘 1작은술 • 참기름 1작은술 • 깨소금 1작은술

만드는 법

1. 팥잎을 깨끗이 씻어 물기를 빼고 잘게 썰어 김이 오른 찜통에서 찐다.
2. 쪄 낸 팥잎에 양념을 넣어 무친다.

참고사항

- 팥잎을 콩가루로 버무려 찌기도 한다.
- 팥잎을 그늘에 말린 뒤 삶아 된장, 고춧가루, 깨소금, 다진 마늘, 참기름으로 무치기도 한다.

출 처
성주군농업기술센터, 성주 향토음식의 맥, 2004

정보제공자
조계자, 경상북도 예천군
조문경, 경상북도 영주시 하망동

나물 – 생채

다시마채무침

재 료

생다시마 200g

양념 젓국 2큰술 • 고운 고춧가루 1큰술 • 다진 파 1큰술 • 다진 마늘 1작은술 • 참기름 1작은술 • 깨소금 1작은술

만드는 법

1. 다시마는 깨끗이 씻어 물기를 빼고 채 썬(5×0.2×0.2cm) 다음 양념을 넣어 무친다.

참고사항

양파, 풋고추, 붉은 고추를 채 썰어 넣기도 한다.

출 처

포항시농업기술센터, 포항 전통의 맛, 2004

정보제공자

이연자, 경상북도 포항시 남구 송도동

나물 – 생채

더덕무침(더덕생채)

재 료

더덕 50g(2뿌리) • 미나리 50g • 상추 10g(2장) • 소금 1큰술 • 물 적량

양념 고추장 ½큰술 • 다진 파 2작은술 • 다진 마늘 1작은술 • 식초 1작은술 • 설탕 1작은술 • 깨소금 1작은술 • 참기름 약간

만드는 법

1. 더덕은 껍질을 벗기고 방망이로 두들겨 납작하게 편 후 소금물에 주물러 씻어 물기를 빼고 가늘게 찢는다.
2. 미나리는 5cm 길이로 썰고, 상추는 씻어 둔다. 더덕과 미나리에 양념을 넣어 버무린 후 접시에 상추를 깔고 담는다.

참고사항

간장무침, 소금무침, 고추장무침이 있다.

출 처

울릉군농업기술센터, 신비로운 맛과 향 울릉도 향토음식, 1998

김천시농업기술센터, 김천 향토음식, 1999

정보제공자

김월분, 경상북도 문경시 조전동

나물 – 생채

미역무침(미역귀무침)

재 료

물미역 300g • 오이 50g(1/3개) • 당근 40g • 미나리 20g • 북어 15g

양념 고추장 2큰술 • 식초 1/2큰술 • 다진 마늘 1작은술 • 통깨 1작은술 • 설탕 약간

만드는 법

1. 물미역은 주물러 씻어 물기를 뺀 후 4cm 길이로 썰고, 미나리도 4cm 길이로 썬다.
2. 북어는 물에 불려 물기를 뺀다.
3. 오이와 당근은 길이대로 반을 갈라 어슷하게 썬다(0.3cm).
4. 준비한 재료에 양념을 넣어 무친다.

❋ 참고사항

마른 미역을 물에 불려 이용하기도 하고, 미역귀에 실파를 넣고 간장 양념으로 무치기도 한다.

출 처

상주시농업기술센터, 상주 향토음식 맥잇기 고운 빛 깊은 맛, 2004
포항시농업기술센터, 포항 전통의 맛, 2004

정보제공자

최경희, 경상북도 경주군 강동면 왕신1리

나물 – 생채

미역젓갈무침

재 료

미역줄기 200g • 붉은 고추 30g(2개)

양념 꽁치젓갈 40g • 고춧가루 1큰술 • 다진 마늘 1큰술

만드는 법

1. 미역줄기는 깨끗이 주물러 씻어 물기를 빼고 15~20cm 길이로 썰어 길이대로 찢는다.
2. 붉은 고추는 송송 썬다(0.3cm).
3. 미역줄기와 붉은 고추에 양념을 넣어 무친다.

출 처
농촌진흥청, 향토음식, www2.rda.go.kr/food/, 2006

정보제공자
유영숙, 경상북도 포항시 북구 상도동

나물 – 생채

수박나물

재 료

수박 껍질 300g • 소금 약간

양념 고춧가루 1작은술 • 다진 파 2작은술 • 다진 마늘 1작은술 • 식초 1작은술 • 설탕 ½작은술 • 깨소금 1작은술 • 소금 약간

만드는 법

1. 수박은 겉껍질을 제거하고 흰 부분만 채 썰어(5×0.2×0.2cm) 소금에 절였다가 물기를 뺀다.
2. 1에 양념을 넣어 무친다.

정보제공자
박동규, 경상북도 청도군 청도읍 원정2리

나물 – 생채

톳나물젓갈무침

재 료

톳 200g • 양파 100g(⅔개) • 붉은 고추 30g(2개)

양념 꽁치젓갈 40g • 고춧가루 1큰술 • 다진 마늘 1큰술 • 깨소금 약간

만드는 법

1. 톳은 깨끗이 씻어 물기를 뺀다.
2. 양파는 채 썰고(5×0.2×0.2cm), 붉은 고추는 씨를 뺀 다음 3cm 길이로 채 썬다.
3. 톳과 양파, 붉은 고추에 양념을 넣어 무친다.

참고사항

실파, 무를 넣기도 한다.

출 처
포항시농업기술센터, 포항 전통의 맛, 2004
농촌진흥청, 향토음식, www2.rda.go.kr/food/, 2006

정보제공자
유영숙, 경상북도 포항시 북구 상도동

나물 – 생채

풋마늘대겉절이

재 료

풋마늘대 200g

양념 간장 1큰술 • 고춧가루 1큰술 • 참기름 1작은술 • 깨소금 1작은술 • 설탕 약간

만드는 법

1. 풋마늘대는 깨끗이 씻어 물기를 빼고 4~5cm 길이로 썬다.
2. 풋마늘대에 양념을 넣고 버무린다.

출 처
문화공보부 문화재관리국, 한국민속종합조사보고서(향토음식 편), 1984

나물 – 기타

감자잡채

재 료

감자 250g(2개) • 콩나물 150g • 풋고추 45g(3개) • 물 50mL(¼컵) • 간장 1작은술 • 다진 마늘 1작은술 • 통깨 ½큰술 • 소금 약간

만드는 법

1. 콩나물은 머리, 뿌리를 떼고 깨끗이 씻어 끓는 물에 살짝 삶아 물기를 뺀다.
2. 감자는 굵게 채 썰고(5×0.3×0.3cm), 풋고추는 0.3cm 너비로 채 썬다.
3. 팬에 채 썬 감자와 풋고추를 넣고 물을 부어 볶는다.
4. 감자가 익으면 콩나물을 넣고 볶으면서 간장, 다진 마늘, 소금을 넣어 간을 하고 통깨를 뿌린다.

출 처
김천시농업기술센터, 김천 향토음식, 1999

나물 – 숙채

고사리무침

재 료

삶은 고사리 300g • 들깻가루 2큰술 • 식용유 1작은술 • 물 2큰술

양념 국간장 ½큰술 • 다진 파 2작은술 • 다진 마늘 1작은술 • 참기름 1작은술 • 깨소금 1작은술

만드는 법

1. 삶은 고사리는 깨끗하게 씻어 물기를 빼고 7~8cm 길이로 썰어 양념으로 무친다.
2. 가열한 팬에 식용유를 두르고 양념한 고사리를 볶다가 들깻가루와 물을 넣어 살짝 더 볶는다.

정보제공자
박말심, 경상북도 영천시 화북면 자천리

나물 – 숙채

고추무침

재료

풋고추 200g(14개) • 콩가루 30g(3큰술)

양념 간장 1큰술 • 고춧가루 1큰술 • 다진 마늘 ½큰술 • 참기름 1작은술 • 소금 약간

만드는 법

1. 풋고추는 씻어 물기를 빼고 콩가루로 버무린다.
2. 김이 오른 찜통에 풋고추를 올려 찐다.
3. 찐 풋고추에 양념을 넣어 버무린다.

정보제공자
남순희, 경상북도 영주시 문수면 월호3리

나물 – 숙채

곰피무침(곤포무침, 곤피무침)

재료

말린 곰피 40g

양념 멸치젓갈 3큰술 • 고춧가루 2작은술 • 다진 매운 고추 1큰술 • 다진 마늘 1작은술 • 깨소금 1작은술

만드는 법

1. 말린 곰피는 물에 불려 무르게 삶고 물에 헹구어 물기를 빼고 가늘게 채 썬다(5×0.2×0.2cm).
2. 채 썬 곰피에 양념을 넣어 무친다.

참고사항

삶은 곰피는 멸치젓갈 양념이나 강된장을 곁들여 쌈으로도 이용한다.

정보제공자
구영숙, 경상북도 경주군 안강면 사방리

나물 – 숙채

머윗대볶음(머윗대들깨볶음)

재료

머윗대 300g • 양파 80g(½개) • 들깻가루 2큰술 • 식용유 1작은술 • 소금 1½작은술

만드는 법

1. 머윗대는 끓는 물에 소금(½작은술)을 넣어 삶아 껍질을 벗겨 내고 7~8cm 길이로 썬다.
2. 양파는 0.5cm 너비로 채 썬다.
3. 가열한 팬에 식용유를 두르고 삶은 머윗대와 양파를 볶다가 들깻가루와 소금(1작은술)을 넣어 살짝 더 볶는다.

참고사항

다진 고기를 넣기도 하고, 국간장으로 간을 하기도 한다.

정보제공자
구필자, 경상북도 청도군 청도읍 고수리
이호심, 경상북도 경산시 자인면 북사리

나물 – 숙채

무숙초고추장무침(찐무무침)

재료

무 300g(⅓개)

양념 고추장 1½큰술 • 식초 1큰술 • 설탕 1작은술 • 다진 마늘 1작은술

만드는 법

1. 무는 굵게 채 썰어(5×1×1cm) 끓는 물에 살짝 데친 후 찬물에 헹구어 물기를 빼고 양념을 넣어 무친다.

참고사항

나박썬 무를 쪄서 간장 양념에 버무리기도 한다.

정보제공자
김영희, 경상북도 영주시 풍기읍 성내4리

나물 – 숙채

비름나물

재 료

참비름 300g • 소금 약간

간장 양념 국간장 1½큰술 • 다진 마늘 ½큰술 • 참기름 ½큰술 • 깨소금 ½큰술

된장 양념 된장 1½큰술 • 고춧가루 ½큰술 • 다진 마늘 ½큰술 • 참기름 ½큰술

고추장 양념 고추장 1½큰술 • 식초 ½큰술 • 설탕 ½큰술 • 다진 마늘 ½큰술 • 참기름 ½큰술 • 깨소금 ½큰술

만드는 법

1. 참비름은 끓는 물에 소금을 넣고 살짝 삶아서 찬물에 헹궈 물기를 꼭 짠다.
2. 기호에 따라 간장 양념, 된장 양념, 고추장 양념으로 무친다.

출 처
청도군농업기술센터, 청도 향토음식의 보고 석빙고, 2004

정보제공자
남순여, 경상북도 구미시 고아읍 오로리
문순연, 경상북도 청도군 각북면 덕촌2리

산나물(묵나물)

재 료

삶은 묵나물 300g • 물 5큰술 • 식용유 1작은술 • 참기름 1작은술 • 깨소금 1작은술

양념 국간장 1½큰술 • 다진 파 1큰술 • 다진 마늘 ½큰술

만드는 법

1. 삶은 묵나물은 물에 불렸다가 물기를 뺀 후 억센 줄기를 벗겨 내고 6~7cm 길이로 썬다.
2. 가열한 팬에 식용유를 두르고 묵나물을 넣고 볶다가 양념을 넣고 다시 볶는다.
3. 물을 붓고 뚜껑을 덮어 푹 무를 때까지 익힌 후 깨소금, 참기름을 넣고 무친다.

❃ 참고사항

봄에 채취한 산나물을 데쳐 말려서 저장한 나물을 묵나물이라 한다. 여러 종류의 산나물을 함께 먹으면 향과 맛이 좋다. 정월대보름에는 묵나물과 오곡밥을 함께 먹는다.

출 처

영천시농업기술센터, 향토음식 맥잇기 고향의 맛, 2001

경주시농업기술센터, 천년고도 경주 내림손맛, 2005

정보제공자

김귀분, 경상북도 문경시 점촌2동

아주까리잎무침(아주까리나물)

재 료

말린 아주까리잎 70g • 물 3큰술 • 식용유 1작은술

양념 국간장 1½큰술 • 다진 마늘 1작은술 • 참기름 1작은술 • 깨소금 1작은술

만드는 법

1. 말린 아주까리잎은 끓는 물에 푹 삶고 물에 담가 쓴맛을 우려 낸 후 물기를 뺀다.
2. 삶은 아주까리잎에 양념을 넣어 무친다.
3. 가열한 팬에 식용유를 두르고 2를 볶다가 물을 넣고 뚜껑을 덮어 부드럽게 될 때까지 익힌다.

출 처
성주군농업기술센터, 성주 향토음식의 맥, 2004

정보제공자
정태봉, 경상북도 경산시 압량면 강서리

인삼취나물

재 료

인삼(또는 미삼) 30g • 말린 취 70g • 물 100mL(½컵) • 통깨 ½큰술

양념 국간장1 ⅓큰술 • 다진 파 1큰술 • 다진 마늘 ½큰술 • 참기름 1작은술

만드는 법

1. 작은 인삼이나 미삼을 깨끗이 씻어 끓는 물에 데치고 물은 버리지 않고 따로 둔다.
2. 말린 취는 삶아서 물에 하룻밤 정도 담가 쓴맛을 제거하고 물기를 뺀다.
3. 1, 2에 양념을 넣어 무친다.
4. 3을 볶다가 인삼 데친 물(4큰술)을 넣고 센 불에서 국물이 없어질 때까지 볶아 통깨를 뿌린다.

출 처
농촌진흥청 농촌영양개선연수원(현 농촌자원개발연구소), 한국의 향토음식, 1994

정보제공자
이길자, 경상북도 금릉군 대항면 덕전3리

나물 – 숙채

제사나물

재 료

콩나물 200g • 시금치 200g • 무 200g(¼개) • 삶은 고사리 150g • 도라지 150g(8뿌리) • 육수 2큰술 • 국간장 2큰술 • 참기름 1큰술 • 깨소금 1큰술 • 소금 1작은술 • 물 적량

만드는 법

1. 콩나물은 뿌리를 다듬어 씻어 물을 자작하게 붓고 소금으로 간을 하여 삶는다.
2. 무는 채 썰어(5×0.2×0.2cm) 물을 자작하게 붓고 소금으로 간을 하여 삶는다.
3. 시금치는 끓는 물에 소금을 넣고 데쳐 찬물에 헹군 후 물기를 짜고 국간장, 참기름, 깨소금을 넣어 무친다.
4. 고사리는 육수와 참기름, 국간장을 넣어 팬에서 볶는다.
5. 도라지는 소금물로 주물러 씻어 쓴맛을 빼고 팬에 참기름을 두른 후 소금으로 간을 하여 볶는다.
6. 위에서 준비한 나물을 한 그릇에 담아 낸다.

참고사항

고사리나물은 탕국물을 넣어 볶으면 부드럽고 구수하다.

출 처
성주군농업기술센터, 성주 향토음식의 맥, 2004

정보제공자
류정화, 경상북도 성주군 초전면 월곡리

도토리묵무침

재 료

도토리묵 300g • 오이 70g(½개) • 미나리 50g • 김 2g(1장) • 풋고추 15g(1개) • 붉은 고추 15g(1개) • 실고추 · 소금 약간

양념 간장 3큰술 • 고춧가루 1큰술 • 다진 파 1큰술 • 다진 마늘 1작은술 • 설탕 1작은술 • 참기름 1작은술 • 깨소금 1작은술

만드는 법

1. 도토리묵은 직사각형으로 썰어(2×5×1cm) 소금을 살짝 뿌린다.
2. 김은 구워 잘게 부수고, 풋고추와 붉은 고추는 어슷썬다(0.3cm).
3. 미나리는 5cm 길이로 썰고, 오이는 길이대로 반을 갈라 어슷썬다.
4. 양념에 1, 2, 3을 넣어 무친 다음 실고추를 얹는다.

참고사항

도토리묵 대신 청포묵을 이용하기도 하고 당근과 쑥갓을 넣기도 한다.

출 처

김천시농업기술센터, 김천 향토음식, 1999

나물 – 기타

산채잡채

재 료

산채 400g • 당면 100g • 쇠고기 100g • 양파 100g(⅔개) • 당근 50g(⅓개) • 도라지 50g(3뿌리) • 달걀 50g(1개) • 간장 ½큰술 • 참기름 1작은술 • 깨소금 1큰술 • 식용유 ½큰술 • 소금 ½큰술 • 설탕 약간 • 물 적량

쇠고기 양념 간장 1작은술 • 다진 파 1작은술 • 다진 마늘 ½작은술 • 설탕 ½작은술 • 참기름 · 깨소금 · 후춧가루 약간

만드는 법

1. 당면은 삶아 간장, 설탕으로 무친다.
2. 쇠고기는 채 썰어(6×0.2×0.2cm) 양념하고 가열한 팬에 볶는다.
3. 당근은 가늘게 채 썰고(5×0.2×0.2cm), 양파는 0.3cm 너비로 채 썬다.
4. 도라지는 소금물로 주물러 씻어 쓴맛을 제거하고 8cm 길이로 가늘게 채 썬다.
5. 산채는 끓는 물에 소금을 넣고 데쳐 찬물에 헹궈 물기를 뺀 후 깨소금, 참기름, 소금으로 양념한다.
6. 가열한 팬에 식용유를 두르고 당근, 양파, 도라지에 소금으로 간을 하여 각각 볶는다.
7. 달걀은 황백지단을 부쳐 곱게 채 썬다(5×0.2×0.2cm).
8. 당면, 쇠고기, 당근, 양파, 도라지, 산채에 간장, 참기름, 깨소금, 설탕을 넣어 버무린 후 황백지단을 고명으로 올린다.

출 처
봉화군농업기술센터, 봉화의 맛을 찾아서, 2002

상어구이(돔배기구이)

재 료

상어고기(돔배기) 300g • 식용유 1작은술

양념장 간장 1½큰술 • 설탕 1½큰술 • 참기름 ½큰술 • 다진 마늘 1½작은술

만드는 법

1. 상어고기는 납작하게 썰어(4×4×1cm) 놓는다.
2. 1의 상어고기 토막에 양념장을 만들어 1시간 정도 재워 둔다.
3. 가열한 팬에 식용유를 두르고 상어고기를 노릇하게 굽는다.

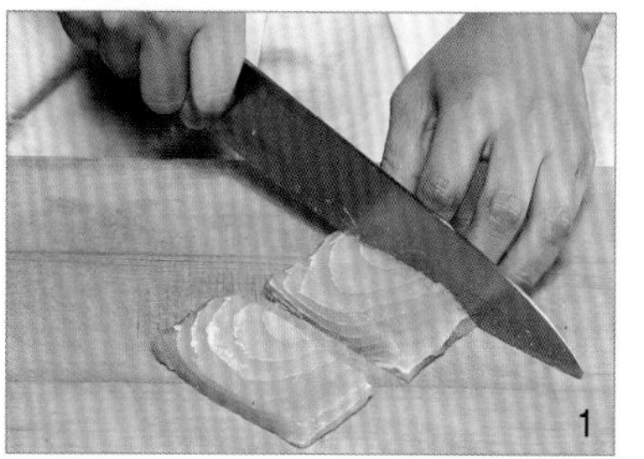
1

2

2

3

참고사항

- 돔배기는 경상도 방언이며, 제수로 제사상에는 필수음식이다. 구이 외에도 조림, 찌개, 전, 적, 회 등 다양하게 조리된다.
- 상어 토막에 소금 간만 해서 굽기도 한다.

출 처

문화공보부 문화재관리국, 한국민속종합조사보고서(향토음식 편), 1984
경주시농업기술센터, 천년고도 경주 내림손맛, 2005
군위군농업기술센터, 향토음식 맥잇기 군위의 맛을 찾아서, 2005

정보제공자

김춘란, 경상북도 경주시 안강읍 옥산리
성옥자, 경상북도 경산시 와촌면 계전1리
장정숙, 경상북도 경주시 안강읍 노당리
정경이, 경상북도 군위군 내량2리

조리시연자

박미숙, 경상북도 경주시 내남면 이조리

구이

북어껍질불고기

재 료

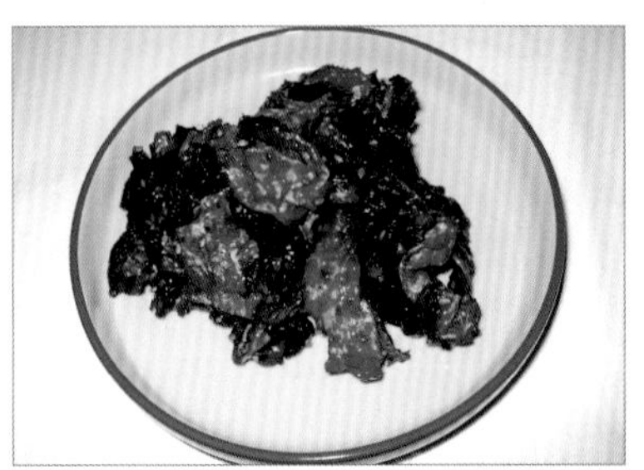

북어 껍질 200g

양념 고춧가루 1큰술 • 간장 1큰술 • 물엿 1큰술 • 고추장 ½큰술 • 다진 마늘 ½큰술 • 참기름 1작은술 • 통깨 1작은술

만드는 법

1. 북어 껍질은 깨끗이 다듬어 뜨거운 물에 살짝 데친 후 씻어 물기를 뺀다.
2. 1에 양념을 넣어 무친 다음 팬 또는 석쇠에 살짝 굽는다.

참고사항

청주, 초피가루를 넣기도 한다.

정보제공자

이은하, 대구광역시 북구 침산2동

조리시연자

이옥희, 대구광역시

구이

안동간고등어구이

재 료

고등어 1마리 • 굵은 소금 2큰술

만드는 법

1. 고등어는 배를 갈라 내장을 빼내고, 찬물에 담가 핏물을 뺀다.
2. 고등어의 물기를 제거하고 굵은 소금을 골고루 뿌려 두었다가 소금물에 담가 3~4시간 후 건져서 물기를 뺀다.
3. 고등어를 저온에서 숙성시켜 염분이 골고루 배도록 한다.
4. 3의 간고등어는 찬물이나 쌀뜨물에 씻어서 물기를 뺀다.
5. 달군 석쇠에 간고등어를 올려 약한 불에서 굽는다.

출 처
안동시농업기술센터, 향토음식 맥잇기 안동 음식여행, 2002

정보제공자
홍신애, 경상북도 영덕군 영덕읍 구미리

구이

염소불고기

재 료

염소고기(등심) 600g

양념장 간장 3큰술 • 설탕 2큰술 • 다진 파 2큰술 • 다진 마늘 1큰술 • 참기름 1큰술 • 깨소금 1큰술

만드는 법

1. 염소고기는 얇게 썰어 양념장에 1~2시간 정도 재워 둔다.
2. 양념한 염소고기를 달군 석쇠에 올려 타지 않게 굽는다.

참고사항

경산은 불고기, 육개장, 수육, 곰탕 등의 다양한 염소요리가 있으며, 특히 숯불고기가 유명하다.

출 처

김상애, 흑염소불고기의 조리법의 표준화에 관한 연구, 한국식생활문화학회지, 16(4), 2001

정보제공자

이진숙, 경상북도 경산시 자인면 북사2리

조리시연자

최봉구, 경상북도 경산시 자인면 동부2리

구이

닭불고기

재료

닭 1kg(1마리) • 풋고추 75g(5개) • 마늘 30g(1통) • 상추 30g • 깻잎 20g • 청주 2큰술 • 생강즙 1작은술 • 통깨 ½큰술 • 쌈장 적량

양념 고추장 2큰술 • 간장 2큰술 • 다진 파 2큰술 • 다진 마늘 1큰술 • 간 양파 1큰술 • 생강즙 1작은술 • 참기름 1작은술 • 후춧가루 약간

만드는 법

1. 닭은 살을 발라 힘줄을 끊어 납작하게 썬다(4×5×0.3cm).
2. 1의 닭고기에 생강즙과 청주로 밑간을 한 후 양념을 넣어 20분 정도 재운다.
3. 마늘은 편으로 썰고(0.2~0.3cm), 풋고추는 어슷썰고(0.3cm), 상추와 깻잎은 씻어 물기를 뺀다.
4. 팬이나 석쇠에서 양념한 닭고기를 구운 후 통깨를 뿌리고 상추, 깻잎, 마늘, 풋고추, 쌈장을 곁들인다.

참고사항

닭고기를 다져서 이용하기도 한다.

출처
경상북도 농촌진흥원, 우리의 맛 찾기 경북 향토음식, 1997
청송군농업기술센터, 청송의 맛과 멋, 2006

정보제공자
강미자, 대구광역시 동구 방촌동

구 이

더덕구이

재 료

더덕 100g(8뿌리) • 소금 약간 • 물 적량

유장 참기름 2큰술 • 간장 ⅔큰술

양념 고추장 2큰술 • 설탕 1작은술 • 다진 파 1큰술 • 다진 마늘 1작은술 • 참기름 1작은술 • 깨소금 1작은술

만드는 법

1. 더덕은 껍질을 벗겨 소금물에 담가 쓴맛을 우려 낸 후 길이대로 반 갈라 방망이로 두들겨 납작하게 편다.
2. 더덕에 유장을 골고루 발라 애벌구이한다.
3. 애벌구이한 더덕에 양념을 발라 석쇠에서 굽는다.

❋ 참고사항

도라지구이도 같은 조리법으로 만든다.

출 처

농촌진흥청 농촌생활연구소(현 농촌자원개발연구소), 전통지식 모음집(생활문화 편), 1997
김천시농업기술센터, 김천 향토음식, 1999

정보제공자

김정순, 경상북도 문경시 신기동 88리

고문헌

시의전서(사삼구 : 沙蔘炙)

구이

명태구이(북어구이, 황태구이)

재료

명태(또는 북어) 1마리

유장 참기름 1큰술 • 간장 ⅓큰술

양념 간장 1큰술 • 고추장 2작은술 • 다진 파 1큰술 • 다진 마늘 1작은술 • 참기름 1작은술 • 깨소금 · 후춧가루 약간

만드는 법

1. 명태는 꾸덕꾸덕하게 말려 반으로 갈라 방망이로 두들겨 납작하게 펴서 5~6cm 크기로 토막 낸다.
2. 명태에 유장을 골고루 발라 애벌구이한 다음 양념을 발라 석쇠에 굽는다.

정보제공자
조영자, 경상북도 문경시 점촌4동

구이

오징어불고기

재료

오징어 300g(1마리) • 양파 100g(⅔개) • 당근 50g(⅓개) • 대파 35g(1뿌리) • 풋고추 30g(2개) • 붉은 고추 15g(1개)

양념 간장 1½큰술 • 고추장 1큰술 • 다진 파 1큰술 • 다진 마늘 ½큰술 • 물엿 1큰술 • 설탕 1작은술 • 참기름 1작은술 • 깨소금 1작은술 • 후춧가루 약간

만드는 법

1. 오징어는 칼집을 잘게 넣어 가로 2cm, 세로 3cm 크기로 썬다.
2. 양파는 1cm 너비로 채 썰고, 당근은 반달썰기 하고(0.3cm), 풋고추, 붉은 고추, 대파는 어슷썬다(0.3cm).
3. 위에서 준비한 재료에 양념을 넣어 무친 다음 달군 석쇠에 올려 굽는다.

출 처
문화공보부 문화재관리국, 한국민속종합조사보고서(향토음식 편), 1984

정보제공자
홍분옥, 경상북도 울릉군 서면 남양3리

구이

북어간납구이(북어갈납구이)

재 료

북어머리 5개 • 다진 쇠고기 150g • 밀가루 3큰술 • 잣 1큰술 • 참기름 ½큰술

양념 간장 1큰술 • 다진 파 1큰술 • 다진 마늘 1작은술 • 참기름 1작은술 • 후춧가루 약간

만드는 법

1. 북어머리를 방망이로 두들겨 뼈는 발라 내고 껍질과 살은 잘게 찢어 팬에 참기름을 두르고 볶는다.
2. 1과 다진 쇠고기에 양념을 넣고 섞어 지름 3cm 정도의 완자를 빚는다.
3. 완자에 밀가루를 묻혀 팬에 살짝 둥글려 애벌구이 한다.
4. 팬에 참기름을 두르고 애벌구이 한 완자를 다시 지져 잣을 고명으로 올린다.

출 처
성주군농업기술센터, 성주 향토음식의 맥, 2004

구이

청어구이

재 료

청어 2마리

양념 고추장 1큰술 • 된장 ½큰술 • 다진 파 1큰술 • 다진 마늘 1작은술 • 고춧가루 1작은술 • 참기름 1작은술

만드는 법

1. 청어는 내장을 제거하고 씻어 물기를 뺀다.
2. 청어를 달군 석쇠에서 애벌구이한 후 양념을 발라 다시 굽는다.

참고사항
청어구이는 겨울철의 별미이며, 소금구이로 이용하기도 한다.

정보제공자
오임기, 경상북도 경산시 남산면 사월2리

고문헌
조선무쌍신식요리제법(청어구 : 靑魚炙)

은어간장구이(은어구이)

재료

은어(소 12마리)

유장 참기름 2큰술 • 간장 1큰술

양념 간장 1큰술 • 설탕 2큰술 • 다진 파 1큰술 • 다진 마늘 ½큰술 • 물 약간

만드는 법

1. 은어는 내장을 빼고 깨끗하게 씻어 물기를 빼고 양쪽에 칼집을 어슷하게 두 번 넣는다.
2. 은어에 유장을 발라 30분 정도 재운다.
3. 석쇠를 뜨겁게 달궈 은어를 올려 반쯤 익힌 후 양념을 2~3번 바르면서 굽는다.

참고사항

수박 향과 담백한 맛을 가진 은어는 진상품목이었으며, 진상시기가 산란 전인 7월 초라서 은어를 보관하기 위하여 석빙고를 만들었다고 한다. 은어는 간장구이 외에도 소금구이로도 이용하며, 솔잎 또는 약쑥구이를 하여 초간장이나 겨자 양념장을 곁들인다. 또한 양념장을 고추장으로 만들기도 한다.

출처

경상북도 농촌진흥원, 우리의 맛 찾기 경북 향토음식, 1997
봉화군농업기술센터, 봉화의 맛을 찾아서, 2002
안동시농업기술센터, 향토음식 맥잇기 안동 음식여행, 2002
이선호 · 박영배, 안동 지역의 향토음식을 활용한 관광체험 프로그램 개발, 한국조리학회지, 8(3), 2002

정보제공자

김명자, 경상북도 구미시 선산읍 죽장1리

가자미조림(미주구리조림)

재료

마른 가자미 200g • 통깨 약간

양념장 마른 고추 2개 • 간장 4큰술 • 고추장 1큰술 • 고춧가루 2큰술 • 물엿 ½컵 • 설탕 1큰술 • 물 200mL(1컵) • 다진 마늘 1작은술 • 식용유 적량

만드는 법

1. 마른 고추는 1cm 간격으로 자른다.
2. 분량의 재료로 양념장을 만들어 끓여서 식힌다.
3. 마른 가자미는 적당한 크기로 썬 다음 식용유에 바삭하게 튀겨 식힌다.
4. 양념장에 튀긴 가자미를 넣고 골고루 버무리고 통깨를 뿌린다.

2

3

3

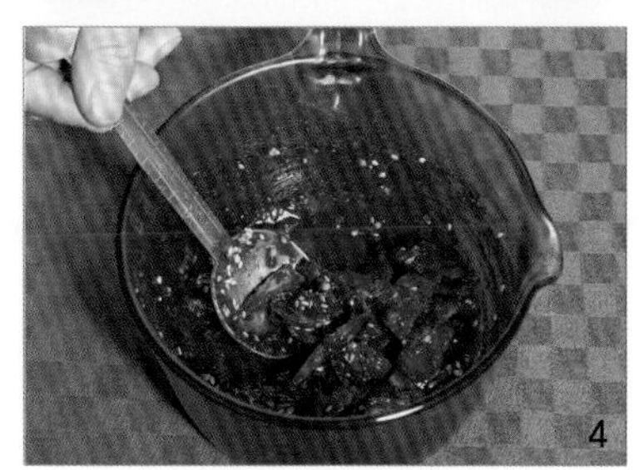
4

출처
포항시농업기술센터, 포항 전통의 맛, 2004
경주시농업기술센터, 천년고도 경주 내림손맛, 2005

정보제공자
배금자, 경상북도 영덕군 영덕읍 남석2리
최태순, 경상북도 포항시 남구 대송면 송동리

조리시연자
박미숙, 경상북도 경주시 내남면 이조리

장어조림

재 료

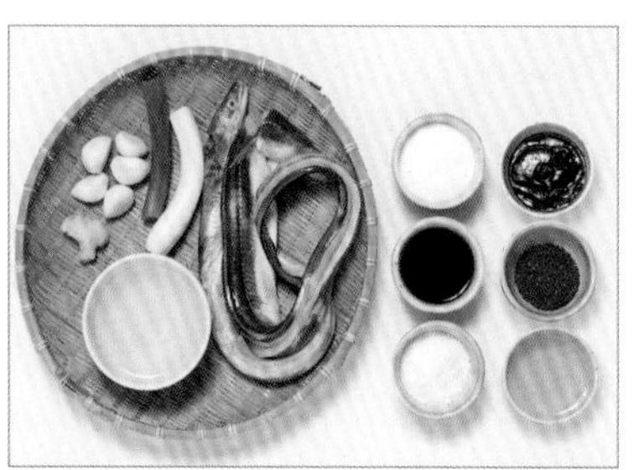

장어(바다장어) 2마리 • 대파 35g(1뿌리) • 마늘 20g(5쪽) • 생강 10g(2쪽) • 고추장 1큰술 • 고춧가루 1큰술 • 소금 ½큰술 • 통깨 약간

양념장 간장 5큰술 • 설탕 1½큰술 • 물엿 1큰술 • 술 4큰술 • 물 200mL(1컵)

만드는 법

1. 장어는 배를 갈라 내장과 뼈를 제거하고 껍질 쪽을 문질러 점액을 씻는다.
2. 장어를 10cm 길이로 썰어 소금을 뿌린 다음 석쇠에 올려 애벌구이 한다.
3. 대파는 10cm 길이로 썰어 달군 석쇠에 생강, 마늘과 함께 굽는다.
4. 냄비에 양념장과 구운 생강, 마늘, 대파를 넣어 끓이다가 건더기는 건져 내고 고추장과 고춧가루를 넣고 끓인다.
5. 팬에 장어를 넣고 4를 끼얹으며 조린 다음 통깨를 뿌린다.

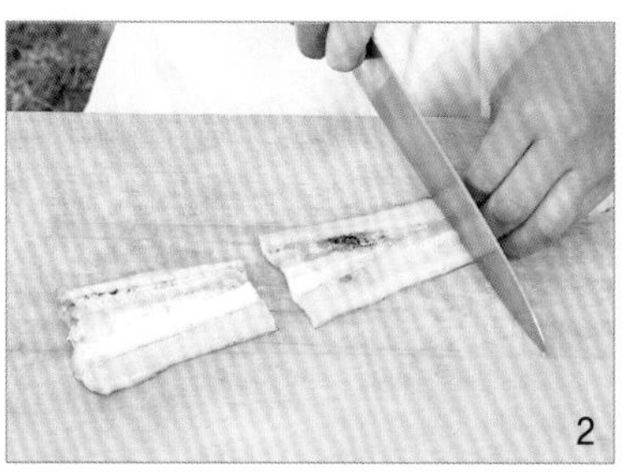
2

3

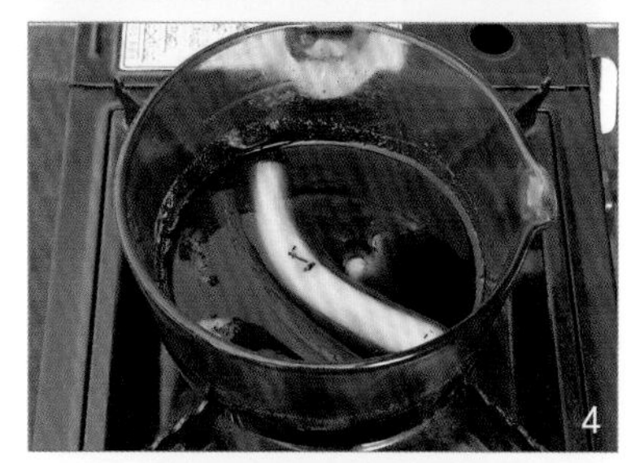
4

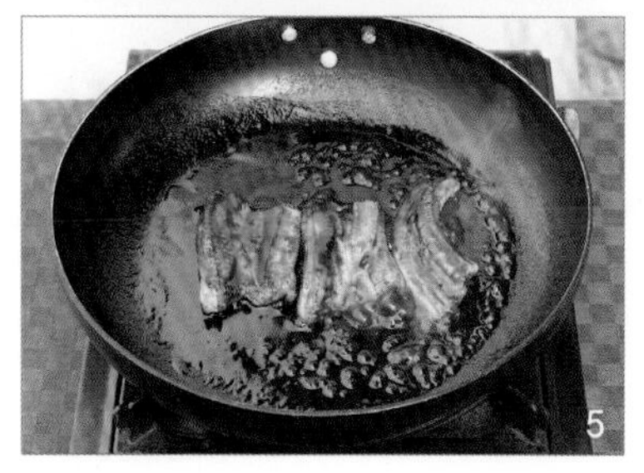
5

조리시연자
박미숙, 경상북도 경주시 내남면 이조리

조림 · 지짐이

건어물조림

재 료

북어 1마리 • 말린 대구 50g • 말린 가오리 50g • 피문어 50g • 식용유 ½큰술 • 통깨 약간

양념장 간장 2큰술 • 청주 1큰술 • 물엿 1큰술 • 참기름 1작은술 • 멸치장국국물(멸치 · 다시마 · 물) 300mL(1½컵)

만드는 법

1. 건어물(북어, 말린 대구, 말린 가오리, 피문어)을 1시간 정도 물에 불려 물기를 제거하고 적당한 크기로 썬다.
2. 가열한 팬에 식용유를 두르고 불린 건어물을 넣어 앞뒤로 살짝 구워 살이 부서지지 않도록 한다.
3. 냄비에 양념장을 넣어 끓으면 2를 넣고 양념장을 끼얹어 가면서 조려 통깨를 뿌린다.

정보제공자
금순환, 경상북도 영양군 영양읍 서부리

조림 · 지짐이

송이장조림

재 료

송이버섯 200g • 쇠고기 200g • 마늘 30g(1통)

양념장 간장 1컵 • 설탕 2큰술 • 물엿 1큰술 • 육수 600mL(3컵)

만드는 법

1. 송이버섯과 쇠고기는 깍둑썬다(사방 2cm).
2. 냄비에 양념장과 깍둑썬 쇠고기, 마늘을 넣어 조린 다음 송이버섯을 넣어 살짝 더 조린다.

출 처
봉화군농업기술센터, 봉화의 맛을 찾아서, 2002

정보제공자
조문경, 경상북도 영주시 하망동

조림 · 지짐이

민물고기조림

재 료

민물고기(붕어, 피라미 등) 20마리 • 무 200g(¼개)

양념장 국간장 2큰술 • 간장 2큰술 • 설탕 1큰술 • 식초 1큰술 • 다진 마늘 3큰술 • 물 400mL(2컵)

만드는 법

1. 민물고기는 내장과 지느러미, 비늘을 제거하여 깨끗이 씻고, 무는 납작하게 썬다(3×3×1cm).
2. 냄비에 무를 깔고, 손질한 민물고기를 올린 후 양념장을 끼얹어 가면서 조린다.

참고사항

고추장, 된장으로 양념하기도 하고 감자, 무말랭이를 넣기도 한다.

출 처

상주시농업기술센터, 상주 향토음식 맥잇기 고운 빛 깊은 맛, 2004
청도군농업기술센터, 청도 향토음식의 보고 석빙고, 2004

정보제공자

이정임, 경상북도 청도군 청도읍 고수리
최용희, 경상북도 구미시 고아읍 원호리

조림 · 지짐이

상어조림(돔배기조림)

재 료

상어고기 300g • 소금 1작은술

양념장 간장 1큰술 • 고추장 1큰술 • 물엿 1큰술 • 다진 마늘 ½큰술 • 다진 생강 1작은술 • 물 200mL(1컵)

만드는 법

1. 상어고기는 소금으로 간을 하여 물기를 뺀 후 찜통에 올려 찐 다음 깍둑썰어 둔다(사방 2cm).
2. 냄비에 양념장을 넣어 끓이다가 상어고기를 넣고 조린다.

출 처

경주시농업기술센터, 천년고도 경주 내림손맛, 2005

정보제공자

남경화, 경상북도 경산시 하양읍 환상3리

민물고기튀김조림

재 료

민물고기(붕어, 피라미, 빙어 등) 20마리 • 식용유 적량

양념장 고추장 2큰술 • 물엿 1⅓큰술 • 설탕 1작은술 • 다진 마늘 1큰술 • 다진 생강 1작은술 • 통깨 약간 • 물 100mL(½컵)

만드는 법

1. 민물고기는 내장을 제거하고 깨끗이 씻은 후 물기를 제거한다.
2. 냄비에 식용유를 넣고 170~180℃에서 민물고기를 바삭하게 튀긴다.
3. 냄비에 튀긴 민물고기를 넣고 양념장을 조금씩 끼얹으며 5분 정도 약한 불에서 조린다.

참고사항

- 여러 종류의 민물고기가 이용되고, 민물고기튀김조림은 상추나 깻잎 등으로 싸먹기도 한다.
- 경북 지역은 생강을, 경남 지역은 초피가루를 이용한다.
- 대부분의 민물고기조림은 양념조림을 하지만 경북 지역에서는 튀김조림이 특징이다.
- 빙어는 산란기인 겨울철이 제 맛이며, 회, 튀김, 조림 등 다양하게 이용한다.

출 처

안동시농업기술센터, 향도음식 맥잇기 인등 음식여행, 2002
청도군농업기술센터, 청도 향토음식의 보고 석빙고, 2004
청송군농업기술센터, 청송의 맛과 멋, 2006
이선호 · 박영배, 안동 지역의 향토음식을 활용한 관광체험 프로그램 개발, 한국조리학회지, 8(3), 2002

정보제공자

민영중, 경상북도 문경시 농암면 연천리
이은하, 대구광역시 북구 침산2동
이정임, 경상북도 청도군 청도읍 고수리

은어튀김양념조림

재료

은어 10마리 • 밀가루 5큰술 • 물 100mL(½컵) • 청주 1큰술 • 소금 1작은술 • 후춧가루 약간 • 식용유 적량

양념장 고추장 1½큰술 • 고춧가루 ½큰술 • 다진 마늘 ½큰술 • 물 100mL(½컵)

만드는 법

1. 은어는 내장을 제거하고 깨끗이 씻어 청주, 후춧가루, 소금에 절였다가 물기를 뺀다.
2. 밀가루에 물을 붓고 잘 풀어 튀김옷을 만든다.
3. 튀김냄비에 식용유를 넣고 170~180℃에서 은어에 튀김옷을 입혀 바삭하게 두 번 튀긴다.
4. 냄비에 양념장을 넣어 끓이다가 튀긴 은어를 넣고 조린다.

출처
농촌진흥청, 향토음식, www2.rda.go.kr/food/, 2006

정보제공자
김영순, 경상북도 봉화군 명호면 풍호리

고추장떡

재 료

밀가루 110g(1컵) • 대파 35g(1뿌리) • 풋고추 15g(1개) • 붉은 고추 15g(1개) • 물 200mL(1컵) • 된장 1큰술 • 식용유 1큰술 • 소금 약간

만드는 법

1. 밀가루에 물과 소금을 넣어 반죽한다.
2. 풋고추, 붉은 고추, 대파는 0.3cm 길이로 송송 썬다.
3. 밀가루 반죽에 된장을 넣어 풀고 고추와 대파를 넣고 잘 섞어 반죽한다.
4. 가열한 팬에 식용유를 두르고 반죽을 한 국자씩 떠 넣어 동글납작하게 지진다.

3

3

4

참고사항

반죽을 김이 오른 찜통에 찌기도 하는데, 기름에 지져 내지 않고 쪄 낸 것은 담백한 맛을 가진 향토음식에서 유래된 것으로서 주로 밥반찬으로 이용되었다. 장떡은 고추장과 된장을 섞어 찌기도 하고, 장(고추장, 된장)을 넣지 않고 쪄서 양념장에 버무려 내기도 한다.

출 처

상주시농업기술센터, 상주 향토음식 맥잇기 고운 빛 깊은 맛, 2004
경주시농업기술센터, 천년고도 경주 내림손맛, 2005
윤숙경, 안동 지역의 향토음식에 대한 고찰, 한국식생활문화학회지, 9(1), 1994

정보제공자

김윤희, 경상북도 의성군 의성읍 상리

조리시연자

박미숙, 경상북도 경주시 내남면 이조리

배추전

재 료

배춧잎 6장 • 밀가루 1큰술 • 소금 1작은술 • 식용유 1큰술

반죽 밀가루 170g(1½컵) • 소금 1작은술 • 참기름 약간 • 물 300mL(1½컵)

초간장 간장 1큰술 • 식초 ½큰술

만드는 법

1. 배춧잎은 칼등으로 끊어지지 않을 정도로 두드려서 소금으로 간을 한다.
2. 밀가루에 물, 소금과 참기름을 넣어 반죽을 한다.
3. 배추에 밀가루를 뿌리고 반죽을 골고루 묻힌다.
4. 가열한 팬에 식용유를 두르고 앞뒤로 노릇노릇하게 지진다.
5. 배추전을 먹기 좋은 크기로 썰어서 그릇에 담고 초간장을 곁들인다.

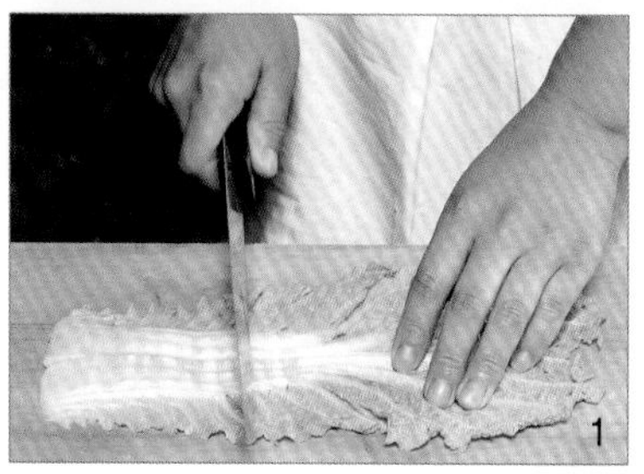

1

2

3

4

참고사항

배추전은 제사음식은 물론 각종 길흉사, 집안 행사에서부터 즉석에서 만들어 먹는 간식에 이르기까지 그 쓰임새가 다양하다. 여러 종류의 채소를 이용하고 메밀가루를 이용하기도 한다.

출 처

문화공보부 문화재관리국, 한국민속종합조사보고서(향토음식 편), 1984
봉화군농업기술센터, 봉화의 맛을 찾아서, 2002
성주군농업기술센터, 성주 향토음식의 맥, 2004
구미시농업기술센터, 구미 향토-로하스요리 질시루, 2005
이선호 · 박영배, 안동 지역의 향토음식을 활용한 관광체험 프로그램 개발, 한국조리학회지, 8(3), 2002

정보제공자

권영금, 경상북도 영주시 하망동
김태술, 경상북도 성주군 선남면 도흥리
이정필, 경상북도 영주시

조리시연자

박미숙, 경상북도 경주시 내남면 이조리

전 · 적

호박전(호박선)

재 료

애호박 200g(½개) • 소금 2작은술 • 들기름 2작은술

초고추장 고추장 1큰술 • 식초 1큰술 • 설탕 ½큰술

만드는 법

1. 애호박을 0.5cm 두께로 원형썰기 한다.
2. 애호박에 소금으로 간을 해두었다가 물기를 닦아 낸다.
3. 분량의 재료를 섞어 초고추장을 만든다.
4. 팬에 들기름을 두르고 애호박을 앞뒤로 노릇노릇하게 지진다.
5. 호박전에 초고추장을 곁들인다.

1

2

3

4

참고사항

호박전에 초고추장을 무쳐 내기도 한다.

출 처

문화공보부 문화재관리국, 한국민속종합조사보고서(향토음식 편), 1984

대구광역시, 대구 전통향토음식, 2005

조리시연자

박미숙, 경상북도 경주시 내남면 이조리

가지적

1

3

4

재 료

가지 360g(3개) • 풋고추 100g(6개) • 밀가루 110g(1컵) • 물 100mL(½컵) • 고추장 1큰술 • 식용유 1큰술

만드는 법

1. 밀가루에 고추장과 물을 넣어서 잘 풀어 준다.
2. 가지는 반으로 갈라 0.5cm 두께로 납작하게 썰고, 풋고추는 길이대로 반으로 가른다.
3. 가지와 고추를 번갈아가며 꼬치에 끼운다.
4. 가지꼬치에 밀가루 반죽을 묻히고, 가열한 팬에 식용유를 둘러 앞뒤로 노릇하게 지진다.

참고사항

별도의 소금 간을 하지 않고 고추장의 간을 이용한다.

정보제공자
최윤자, 경상북도 성주군

군소산적(군수산적)

재 료

군소(군수) 10마리 • 식용유 적량

양념장 국간장 2큰술 • 설탕 1큰술 • 다진 마늘 ½큰술 • 참기름 1큰술 • 후춧가루 약간

만드는 법

1. 군소는 손질하여 끓는 물에 데친다.
2. 데친 군소를 양념장에 버무려 30분간 재운다.
3. 군소를 꼬치에 끼워 식용유를 두른 팬에서 지진다.

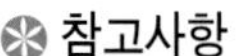

참고사항

군소과의 연체동물이며 금은갈색 바탕에 잿빛의 흰색 얼룩무늬가 있다. 등에는 외투막에 쌓인 얇은 껍데기가 있다.

출 처

포항시농업기술센터, 포항 전통의 맛, 2004

네이버사전(두산백과), 100.naver.com/, 2006

정보제공자

김필화, 경상북도 포항시 북구 동빈동

조리시연자

이정숙, 경상북도 포항시

된장떡

3

4

재 료

된장 3큰술 • 밀가루 220g(2컵) • 양파 100g(½개) • 부추 30g • 초피잎 30g • 풋고추 30g(2개) • 붉은 고추 30g(2개) • 물 200mL(1컵) • 식용유 1큰술

만드는 법

1. 풋고추, 붉은 고추는 씨를 뺀 후 어슷썰고, 부추는 5cm 길이로 썬다.
2. 양파, 초피잎은 가늘게 채 썬다(5×0.2×0.2cm).
3. 밀가루에 된장과 물을 넣어 잘 풀어 준 후 1과 2를 넣어 반죽한다.
4. 김이 오른 찜통에 면포를 깔고 3의 반죽을 얇게 펴 찐 다음 식혀 적당한 크기로 썬다.

참고사항

- 물 대신 달걀을 넣으면 장떡의 모양과 맛이 좋다.
- 부추를 이용한 부추장떡이 있으며 여러 종류의 채소류를 이용한 장떡이 있다.
- 붉은 고추 대신 고춧가루를 넣기도 한다.

출 처

청도군농업기술센터, 청도 향토음식의 보고 석빙고, 2004
윤숙경, 안동 지역의 향토음식에 대한 고찰, 한국식생활문화학회지, 9(1), 1994

정보제공자

장영란, 경상북도 청도군 금천면 동곡1리

마늘산적

재 료

마늘 90g(3통) • 표고버섯 40g(3개) • 대추 35g(15개) • 은행 30g(15개) • 풋고추 75g(5개) • 달걀 50g (1개) • 식용유 1큰술

만드는 법

1. 마늘은 껍질을 벗겨 깨끗하게 씻어 반으로 가른다. 표고버섯은 마늘과 같은 크기로 썬다.
2. 대추는 돌려 깎기 하여 씨를 빼고 반을 가른다.
3. 은행은 팬에 볶아 껍질을 제거한다.
4. 풋고추는 어슷하게 썰어(1.5cm) 씨를 제거하고 속에 은행을 하나씩 끼운다.
5. 꼬치에 마늘, 대추, 풋고추, 표고버섯을 끼운 후 달걀흰자를 입혀 가열한 팬에 식용유를 두르고 지진다.

1~4

5

5

출 처
경상북도 농촌진흥원, 경상북도 향토음식, 1997
최규식 · 이윤호, 경상북도 북부 지역 향토음식 호텔 메뉴화 전략, 관광정보연구, 16, 2004

정보제공자
이순옥, 경상북도 의성군 의성읍 상리

조리시연자
백방자, 경상북도 의성군 단밀면 주선1리

무전

재 료

무 200g(1/4개) • 풋고추 30g(2개) • 밀가루 30g(1/4컵) • 물 100mL(1/2컵) • 소금 2작은술 • 식용유 1큰술

만드는 법

1. 무는 깨끗이 씻어 껍질을 벗기고 곱게 채 썰고(5×0.2×0.2cm), 풋고추는 굵게 썬다.
2. 밀가루에 소금과 물을 넣고 반죽하여 무와 풋고추를 넣어 버무린다.
3. 가열한 팬에 식용유를 두르고 반죽을 한 숟가락씩 떠 넣어 동글납작하게 모양을 만들어 지진다.

1

2

3

참고사항

무를 찌거나 데쳐서 이용하기도 한다.

출 처
상주시농업기술센터, 상주 향토음식 맥잇기 고운 빛 깊은 맛, 2004
청도군농업기술센터, 청도 향토음식의 보고 석빙고, 2004

정보제공자
장영숙, 경상북도 봉화군 봉성면 금봉리

조리시연자
김경자, 경상북도 영주시
백방자, 경상북도 의성군 단밀면 주선1리

전 · 적

감자장전(감자장떡)

재료

감자 300g(2개) • 부추 40g • 풋고추 70g(4개) • 밀가루 170g(1½컵) • 고추장 4큰술 • 된장 4큰술 • 식용유 1큰술 • 물 약간

만드는 법

1. 감자는 껍질을 벗겨 강판에 갈아 물을 약간 넣어 밀가루와 섞는다.
2. 1에 된장, 고추장을 넣어 간을 하고, 풋고추와 부추를 잘게 썰어서 섞는다.
3. 가열한 팬에 식용유를 두르고 2를 한 국자씩 떠넣어 얇게 펴서 지진다.

참고사항

되직하게 반죽하여 쪄먹기도 하는데, 이것을 감자장떡찜이라고 한다.

출처
봉화군농업기술센터, 봉화의 맛을 찾아서, 2002

전 · 적

닭갈납

재료

닭살 300g • 밀가루 3큰술 • 달걀 50g(1개) • 식용유 1큰술 • 소금 1작은술 • 후춧가루 약간

만드는 법

1. 닭살을 곱게 다진 다음 소금, 후춧가루를 넣고 치대어 둥글납작하게 모양을 빚는다.
2. 1에 밀가루를 묻히고 달걀물을 입혀서 가열한 팬에 식용유를 두르고 지진다.

정보제공자
이영애, 경상북도 칠곡군 왜관읍 매원2리

감자전(장바우감자전)

재료

감자 450g(3개) • 붉은 고추 15g(1개) • 식용유 1큰술 • 소금 약간

초간장 간장 1큰술 • 식초 1큰술 • 설탕 1작은술

만드는 법

1. 감자는 껍질을 벗기고 강판에 갈아 물에 충분히 담갔다가 체에 걸러 건더기를 모은다.
2. 체에 거른 물은 가만히 두어 앙금이 가라앉으면 윗물을 따라 낸다.
3. 앙금과 감자 건더기를 섞어 소금으로 간을 한다.
4. 붉은 고추는 송송 썰어(0.3cm) 씨를 털어 낸다.
5. 가열한 팬에 식용유를 두르고 3을 한 국자씩 떠 넣고 붉은 고추를 얹어 앞뒤로 노릇노릇하게 지진다.
6. 초간장을 곁들인다.

참고사항

감자를 채 썰거나 납작하게 썰어 전을 부치기도 하고, 최근에는 색을 내기 위하여 당근가루, 쑥가루를 넣기도 한다.

출 처

김천시농업기술센터, 김천 향토음식, 1999

정보제공자

윤옥현, 경상북도 김천시 부곡동

늙은호박전

재 료

늙은 호박 200g • 달걀 100g(2개) • 쑥갓 30g • 붉은 고추 15g(1개) • 밀가루 55g(½컵) • 물 100mL(½컵) • 소금 1작은술 • 식용유 1큰술

만드는 법

1. 늙은 호박은 씨를 제거하고 껍질을 벗긴 다음 잘게 썰어 물을 넣고 분쇄기에 간다.
2. 1에 달걀, 밀가루를 넣고 소금으로 간을 하여 고루 섞는다.
3. 붉은 고추는 송송 썰고(0.3cm), 쑥갓은 잎을 뜯어 놓는다.
4. 가열한 팬에 식용유를 두르고 2의 반죽을 한 국자씩 떠 넣고 붉은 고추와 쑥갓을 얹어 지진다.

참고사항

경상북도의 호박전에는 달걀이 이용되고 밀가루 대신 찹쌀가루를 쓰기도 하며 실파, 잣을 넣기도 한다.

출 처

울릉군농업기술센터, 신비로운 맛과 향 울릉도 향토음식, 1998
김천시농업기술센터, 김천 향토음식, 1999

정보제공자

권연남, 경상북도 경주시
황현숙, 경상북도 경주시 건천읍 조전2리

도토리묵전

재 료

도토리묵 200g • 풋고추 15g(1개) • 붉은 고추 15g(1개) • 달걀 50g(1개) • 식용유 1큰술

초고추장 고추장 1큰술 • 식초 1큰술 • 설탕 1작은술 • 깨소금 1작은술 • 참기름 약간

만드는 법

1. 도토리묵은 납작하게 썬다(3×4×1cm).
2. 풋고추, 붉은 고추는 씨를 빼고 곱게 다진다.
3. 달걀흰자로 백색지단을 부쳐 곱게 다진다.
4. 가열한 팬에 식용유를 두르고 도토리묵을 지진다.
5. 다진 풋고추, 붉은 고추, 백색지단을 고명으로 얹고 초고추장을 곁들인다.

✽ 참고사항

달걀흰자 대신 무를 곱게 다져 고명으로 쓰기도 한다.

출 처
청도군농업기술센터, 청도 향토음식의 보고 석빙고, 2004

정보제공자
이재숙, 경상북도 청주군 이서면 금촌리

도토리전

재 료

도토리가루 100g • 감자 300g(2개) • 참나물 50g • 실파 30g • 밀가루 50g • 물 200mL(1컵) • 식용유 1큰술 • 소금 1작은술

양념장 간장 1큰술 • 고춧가루 1작은술 • 참기름 1작은술 • 설탕 · 깨소금 약간

만드는 법

1. 감자는 껍질을 벗겨 강판에 갈아 둔다.
2. 실파와 참나물은 씻어 물기를 빼고 5cm 길이로 썬다.
3. 밀가루와 도토리가루에 소금과 물을 넣고 반죽한 다음 갈아 놓은 감자와 실파, 참나물을 넣어 고루 섞는다.
4. 가열한 팬에 식용유를 두르고 2를 한 국자씩 떠 넣어 노릇하게 지진다.
5. 양념장을 만들어 곁들인다.

출 처
봉화군농업기술센터, 봉화의 맛을 찾아서, 2002

정보제공자
김옥분, 경상북도 봉화군 봉화읍 도촌2리

메밀전병(총떡, 메밀전)

재료

메밀가루 100g • 무 300g(1/3개) • 표고버섯 50g(4장) • 실파 30g • 물 100mL(1/2컵) • 다진 파 1큰술 • 다진 마늘 1작은술 • 참기름 1작은술 • 깨소금 1작은술 • 소금 2작은술 • 식용유 1큰술

만드는 법

1. 메밀가루에 소금과 물을 넣어 반죽한다.
2. 무는 채 썰어(5×0.2×0.2cm) 팬에 다진 파, 다진 마늘, 소금, 깨소금, 참기름을 넣고 볶는다.
3. 표고버섯은 채 썰어(5×0.2×0.2cm) 소금과 참기름으로 양념하고, 실파는 4cm 길이로 썬다.
4. 가열한 팬에 표고버섯을 볶다가 실파를 넣어 볶은 뒤 볶은 무를 섞어 소를 만든다.
5. 가열한 팬에 식용유를 두르고 메밀 반죽을 한 국자씩 떠 넣어 넓게 전병을 부친다.
6. 전병에 소를 넣고 반으로 접어 양면을 노릇하게 지진다.

참고사항

소에 돼지고기를 넣기도 한다.

출 처

봉화군농업기술센터, 봉화의 맛을 찾아서, 2002

정보제공자

김강옥, 경상북도 포항시 북구 우현동

비지전

재 료

콩비지 1컵 • 찹쌀가루 150g(1½컵) • 석이버섯 · 잣 약간 • 물 200mL(1컵) • 소금 1작은술 • 식용유 1큰술

만드는 법

1. 콩비지와 찹쌀가루에 소금과 물을 넣어 되직하게 반죽을 하여 지름 3~4cm 크기로 완자를 만든다.
2. 석이버섯은 깨끗이 씻어 물기를 빼고 곱게 다진다.
3. 가열한 팬에 식용유를 두르고 완자를 노릇하게 지진다.
4. 다진 석이버섯과 잣을 고명으로 올린다.

출 처
청도군농업기술센터, 청도 향토음식의 보고 석빙고, 2004

정보제공자
민영중, 경상북도 문경시 농암면 연천리

연근전 (연뿌리전)

재 료

연근 200g(1개) • 밀가루 2큰술 • 식초 1작은술 • 식용유 ½큰술

촛물 식초 2큰술 • 물 400mL(2컵)

반죽 쌀가루 75g(½컵) • 밀가루 55g(½컵) • 달걀50g(1개) • 소금 약간 • 물 100mL(½컵)

양념장 간장 1큰술 • 통깨 약간

만드는 법

1. 연근은 껍질을 벗긴 후 0.5cm 두께로 썰어 촛물에 담근다.
2. 냄비에 물을 부어 끓으면 식초와 연근을 넣고 삶아서 물기를 뺀다.
3. 쌀가루, 밀가루, 달걀흰자, 소금에 물을 넣어 반죽한다.
4. 삶은 연근에 밀가루를 묻힌 후 반죽을 묻힌다.
5. 가열한 팬에 식용유를 두르고 앞뒤로 노릇하게 지져 낸다.
6. 양념장을 곁들인다.

출 처
달성군농업기술센터, 연이야기, 2004

정보제공자
오임기, 경상북도 경산시 남산면 사월2리

고문헌
음식디미방(연근적)

전 · 적

인삼전(인삼찹쌀전)

재 료

인삼 60g • 찹쌀가루 50g(½컵) • 풋고추 15g(1개) • 붉은 고추 15g(1개) • 달걀 50g(1개) • 물 2큰술 • 소금 1작은술 • 식용유 ½큰술

만드는 법

1. 인삼은 물을 넣어 분쇄기에 간다.
2. 달걀흰자는 거품이 나지 않게 저어 인삼 갈은 것, 찹쌀가루, 소금을 넣어 반죽한다.
3. 붉은 고추와 풋고추는 송송 썬다(0.3cm).
4. 가열한 팬에 식용유를 두르고 반죽을 한 숟가락씩 떠 놓고 풋고추와 붉은 고추를 얹어 지진다.

정보제공자
이신옥, 경상북도 영주시 안정면 생현리

전 · 적

참나물전

재 료

참나물 300g • 메밀가루 200g • 물 300mL(1½컵) • 소금 1작은술 • 식용유 적량

양념장 간장 1큰술 • 식초 ½큰술 • 설탕 약간

만드는 법

1. 메밀가루에 소금을 넣고 물을 조금씩 넣으면서 오래 저어 끈기 있게 반죽한다.
2. 참나물은 씻어 물기를 빼고 반죽에 넣어 섞는다.
3. 가열한 팬에 식용유를 두르고 노릇하게 지져 양념장을 곁들인다.

출 처
봉화군농업기술센터, 봉화의 맛을 찾아서, 2002

정보제공자
김옥분, 경상북도 봉화군 봉화읍 도촌2리

참죽장떡(가죽장떡)

재 료

참죽(가죽) 100g • 감자 150g(1개) • 풋고추 15g(1개) • 붉은 고추 15g(1개) • 밀가루 110g(1컵) • 물 100mL(½컵) • 고추장 1큰술 • 된장 1큰술 • 식용유 1큰술

만드는 법

1. 참죽(가죽)은 씻어 물기를 빼고 3~4cm 길이로 썬다.
2. 풋고추, 붉은 고추는 다진다.
3. 감자는 껍질을 벗기고 강판에 갈아서 된장, 고추장, 밀가루, 물을 넣어 반죽한다.
4. 3의 반죽에 참죽(가죽), 풋고추, 붉은 고추를 넣고 섞는다.
5. 가열한 팬에 식용유를 두르고 4의 반죽을 한 국자씩 떠서 지진다.

출 처

청도군농업기술센터, 청도 향토음식의 보고 석빙고, 2004

정보제공자

김옥희, 경상북도 칠곡군 북삼읍 인평리

콩부침(콩전, 콩죽지짐)

재 료

콩 160g(1컵) • 쌀 90g(½컵) • 돼지고기 200g • 오징어 100g(⅓마리) • 실파 20g • 붉은 고추 30g(2개) • 밀가루 110g(1컵) • 물 150mL(¾컵) • 소금 1작은술 • 식용유 1큰술

만드는 법

1. 콩은 5~6시간 정도 물에 불려 껍질을 제거한 다음 물(¼컵)을 넣고 곱게 간다.
2. 쌀은 씻어 30분 정도 물에 불린 후 물(¼컵)을 넣어 곱게 간다.
3. 1과 2의 갈아 놓은 콩과 쌀에 밀가루를 넣고 되직하게 반죽한다.
4. 돼지고기와 오징어는 굵게 채 썰어(5×0.3×0.3cm) 소금으로 밑간을 해둔다.
5. 실파와 붉은 고추는 송송 썬다(0.3cm).
6. 가열한 팬에 식용유를 두르고 3의 반죽을 한 국자씩 떠 놓고 그 위에 돼지고기, 오징어, 실파, 붉은 고추를 얹어 노릇하게 지진다.

출 처
경상북도 농촌진흥원, 경상북도 향토음식, 1997

김치적

재 료

김치 200g • 돼지고기 150g • 건표고버섯 10g(4개) • 대파 70g(2뿌리) • 밀가루 5큰술 • 달걀 100g(2개) • 식용유 1큰술 • 소금 · 참기름 약간

양념 간장 1큰술 • 설탕 1작은술 • 다진 파 1큰술 • 다진 마늘 1작은술 • 참기름 1작은술 • 깨소금 1작은술 • 후춧가루 약간

만드는 법

1. 달걀은 잘 풀어 놓는다.
2. 돼지고기는 넓게 포를 뜬 후 칼집을 넣어 양념으로 무친다.
3. 가열한 팬에 식용유를 두르고 돼지고기를 구운 후 가로 1cm, 세로 7cm 크기로 썬다.
4. 김치는 흰 부분만 가로 1cm, 세로 6cm 크기로 썬다.
5. 건표고버섯은 물에 불려 김치와 같은 크기로 썬 후 양념하여 팬에 식용유를 두르고 볶는다.
6. 대파는 김치 길이와 같게 썰어 소금, 참기름으로 간을 한다.
7. 꼬치에 돼지고기, 김치, 표고버섯, 대파를 가지런히 꽂아 밀가루를 묻히고 달걀물을 입힌다.
8. 가열한 팬에 식용유를 두르고 지진 후 꼬치를 빼고 썬다.

출 처
구미시농업기술센터, 구미 향토-로하스요리 질시루, 2005

당귀산적

재료

당귀 30g • 쇠고기 100g • 당근 50g(⅓개) • 대파 35g(1뿌리) • 느타리버섯 30g(2개) • 달걀 50g(1개) • 밀가루 3큰술 • 식용유 1큰술 • 소금 1작은술 • 참기름 1작은술

양념 간장 2작은술 • 설탕 1작은술 • 다진 파 1작은술 • 다진 마늘 ½작은술 • 참기름 · 깨소금 약간

만드는 법

1. 당귀, 당근, 대파, 느타리버섯은 직사각형으로 썬다(5×1×1cm).
2. 끓는 물에 소금을 넣고 당귀, 당근, 느타리버섯은 각각 살짝 데쳐 소금, 참기름으로 양념한다.
3. 쇠고기는 직사각형으로 썰어(6×1×1cm) 양념한 후 팬에 볶는다.
4. 달걀은 잘 풀어 놓는다.
5. 꼬치에 준비된 재료를 색 맞춰 끼운 뒤 밀가루를 묻히고 달걀물을 입혀 가열한 팬에 식용유를 두르고 지진다.

❋ 참고사항

당귀잎을 이용하기도 한다.

출처

봉화군농업기술센터, 봉화의 맛을 찾아서, 2002

두릅전

재료

두릅 150g(10개) • 쇠고기 100g • 달걀 50g(1개) • 밀가루 3큰술 • 식용유 1큰술 • 잣가루 · 소금 약간

양념 간장 2작은술 • 다진 파 1작은술 • 다진 마늘 ½작은술 • 설탕 · 참기름 · 깨소금 약간

만드는 법

1. 두릅은 끓는 물에 소금을 넣고 데친 뒤 찬물에 헹구어 물기를 뺀다.
2. 쇠고기는 1cm 두께로 두릅과 같은 길이로 썰어 양념하여 팬에서 지진다.
3. 달걀은 잘 풀어 놓는다.
4. 두릅과 쇠고기를 꼬치에 번갈아가며 끼워 밀가루를 묻히고 달걀물을 입힌다.
5. 가열한 팬에 식용유를 두르고 지져 잣가루를 뿌린다.

❁ 참고사항

두릅만으로 두릅전을 지지기도 하고, 초간장을 곁들이기도 한다.

출 처

경상북도 농촌진흥원, 경상북도 향토음식, 1997
구미시농업기술센터, 구미 향토-로하스요리 질시루, 2005

정보제공자

박정실, 경상북도 고령군 덕곡면 예리
황현숙, 경상북도 경주시 건천읍 조전2리

부적(가지고추부적)

재 료

가지 240g(2개) • 풋고추 140g(10개) • 밀가루 55g(½컵) • 물 50mL(¼컵) • 국간장 1큰술

만드는 법

1. 풋고추는 작은 것으로 골라 씻어 물기를 닦는다.
2. 가지는 고추와 같은 크기로 썬다.
3. 밀가루에 국간장과 물을 섞어 반죽한다.
4. 꼬치에 풋고추와 가지를 번갈아 끼운 후 반죽을 묻혀 찜통에서 살짝 찐다.
5. 쪄낸 꼬치를 석쇠에 굽는다.

참고사항

예전에는 기름이 귀하여 기름을 쓰지 않는 채소전이 많았다. 부적은 기름을 사용하지 않고 쪄서 구운 채소전으로 맛이 담백하고, 물기가 생기지 않는 것이 특징이다. 반죽에 소금, 고추장으로 간하기도 한다.

출 처

성주군농업기술센터, 성주 향토음식의 맥, 2004

정보제공자

이기식, 경상북도 성주군 벽진면 봉계리
최윤자, 경상북도 성주군

전 · 적

상어산적(돔배기산적)

재 료

상어고기 200g • 실파 30g • 국간장 ½큰술

양념 청주 1작은술 • 소금 1작은술 • 참기름 1작은술

만드는 법

1. 상어고기는 껍질을 벗겨 납작하게 썰고(8×5×1cm), 실파는 5cm 길이로 썬다.
2. 상어고기와 실파를 양념에 버무려 꼬치에 번갈아 끼운 후 김이 오른 찜통에 찐다. 국간장을 곁들인다.

출 처

군위군농업기술센터, 향토음식 맥잇기 군위의 맛을 찾아서, 2005
청송군농업기술센터, 청송의 맛과 멋, 2006

정보제공자

이미애, 경상북도 청송군 청송읍 송생리

전 · 적

소라산적

재 료

소라 10개 • 식용유 1작은술

양념 국간장 2큰술 • 설탕 1큰술 • 다진 파 1큰술 • 다진 마늘 1작은술 • 참기름 1큰술 • 후춧가루 약간

만드는 법

1. 소라는 삶아서 살을 꺼내 내장을 제거한다.
2. 소라살에 양념을 넣고 버무려 30분간 재운다.
3. 큰 소라는 반으로 썰어 크기를 정리하여 한쪽 방향으로 꼬치에 끼워 팬에 식용유를 두르고 지진다.

출 처

포항시농업기술센터, 포항 전통의 맛, 2004

정보제공자

김필화, 경상북도 포항시 북구 동빈동

엄나물전

재 료

엄나물 200g • 감자 150g(1개) • 느타리버섯 50g • 풋고추 45g(3개) • 붉은 고추 45g(3개) • 밀가루 110g(1컵) • 물 100mL(½컵) • 소금 1작은술 • 식용유 1큰술

초고추장 고추장 2큰술 • 식초 1큰술 • 설탕 1큰술

만드는 법

1. 엄나물은 가시를 잘 손질하여 씻는다.
2. 느타리버섯은 씻어 길이대로 반을 가른다.
3. 풋고추, 붉은 고추는 반으로 갈라서 씨를 뺀다.
4. 감자는 강판에 갈아서 밀가루, 소금, 물을 넣어 반죽한다.
5. 꼬치에 엄나물, 느타리버섯, 풋고추, 붉은 고추순으로 끼운다.
6. 5에 반죽을 묻힌 후 가열한 팬에 식용유를 두르고 지진다.
7. 초고추장을 곁들인다.

정보제공자
김순주, 경상북도 청도군 풍각면 봉기2리

전 · 적

집산적

재 료

쇠고기 300g • 당근 100g • 대파 70g(2뿌리) • 배추 100g • 박고지 50g • 밀가루 25g(3큰술) • 물 50mL(¼컵) • 국간장 1큰술 • 식용유 ½큰술 • 소금 약간

만드는 법

1. 쇠고기는 칼등으로 자근자근 두드린 후 결 방향으로 직사각형으로 썬다(11×1×1cm).
2. 당근은 직사각형으로 썰고(10×1×1cm), 대파는 10cm 길이로 썰어 굵은 것은 길이대로 반을 가른다.
3. 박고지는 물에 불려서 10cm 길이로 썬다.
4. 배추는 끓는 물에 소금을 넣고 살짝 데쳐서 가로 10cm, 세로 1cm 크기로 썬다.
5. 밀가루에 국간장과 물을 넣고 반죽한다.
6. 쇠고기, 당근, 대파, 박고지, 배추를 차례대로 꼬치에 끼워 반죽을 앞뒤로 묻힌다.
7. 가열한 팬에 식용유를 두르고 노릇하게 지진다.

❁ 참고사항

집산적은 모듬적이라고도 한다.

출 처

안동시농업기술센터, 향토음식 맥잇기 안동 음식여행, 2002
이선호 · 박영배, 안동 지역의 향토음식을 활용한 관광체험 프로그램 개발, 한국조리학회지, 8(3), 2002

고문헌

조선요리제법(집산적), 조선무쌍신식요리제법(변산적 : 卞散炙)

파산적

재 료

실파 100g • 쇠고기 200g • 밀가루 25g(3큰술) • 식용유 1큰술 • 소금 1작은술 • 설탕 약간

양념장 간장 1작은술 • 밀가루 약간 • 다진 마늘 ½작은술 • 설탕 약간 • 물 70mL(⅓컵)

만드는 법

1. 실파는 소금에 약간 절인 후 씻어 물기를 빼고 6cm 길이로 접고 끝을 돌돌 만다.
2. 쇠고기는 결대로 직사각형으로 썰어(7×1×1cm) 칼등으로 두들겨 소금 간을 한다.
3. 꼬치에 실파와 쇠고기를 번갈아 끼운 후 실파로 마무리한다.
4. 앞뒤로 밀가루를 묻힌 후 양념장을 골고루 묻힌다.
5. 가열한 팬에 식용유를 두르고 지진다.

출 처

경상북도 농촌진흥원, 경상북도 향토음식, 1997

안동시농업기술센터, 향토음식 맥잇기 안동 음식여행, 2002

이선호 · 박영배, 안동 지역의 향토음식을 활용한 관광체험 프로그램 개발, 한국조리학회지, 8(3), 2002

정보제공자

권금화, 경상북도 안동시 당북동

고문헌

시의전서(파산적), 조선요리제법(파산적), 조선무쌍신식요리제법(총산적 : 蔥散炙)

머윗대찜(머위나물찜, 머위들깨찜)

재 료

머윗대 200g • 들깻가루 4큰술 • 쌀가루 3큰술 • 멸치장국국물(멸치 · 다시마 · 물) 400mL(2컵) • 들기름 ½큰술 • 소금 1작은술

만드는 법

1. 머윗대는 삶아 물에 하루 정도 담가 쓴맛을 우려 내어 껍질을 벗긴 후 깨끗이 씻어 물기를 빼고 4~5cm 길이로 썬다.
2. 냄비에 들기름을 두르고 머윗대를 볶다가 멸치장국국물을 붓고 들깻가루와 쌀가루를 넣어 잘 풀어 끓인다.
3. 끓으면 소금으로 간을 하여 한소끔 더 끓인다.

❁ 참고사항

소금 대신 국간장으로 간하기도 한다. 이와 같은 방법으로 호박오가리찜을 하기도 한다.

1

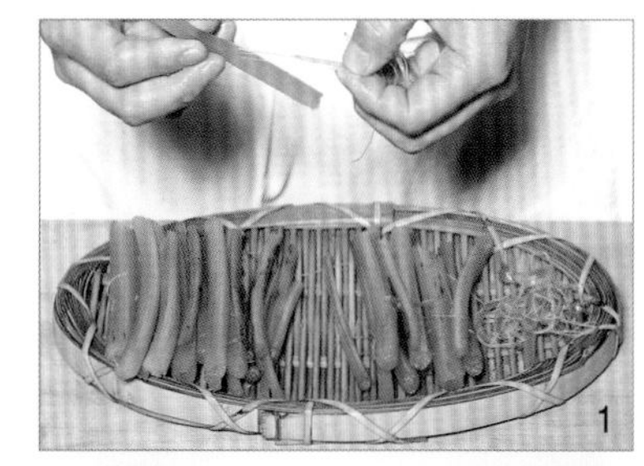

1

2

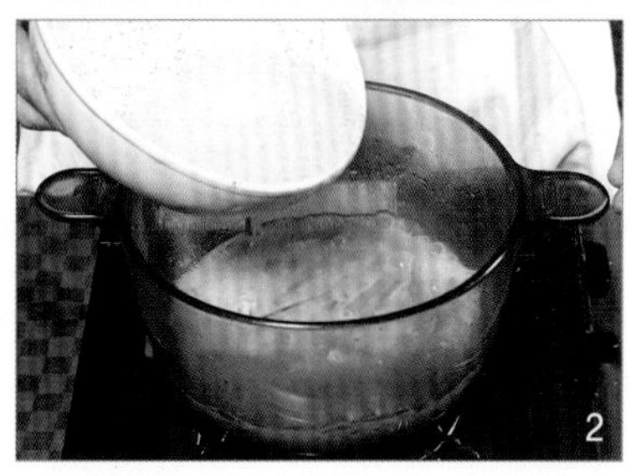

2

출 처
청도군농업기술센터, 청도 향토음식의 보고 석빙고, 2004

정보제공자
구필자, 경상북도 청도군 청도읍 고수리
이영애, 경상북도 칠곡군 왜관읍 매원2리
이은희, 경상북도 청도군 금천면 동곡리
이재숙, 경상북도 청도군 이서면 금촌리

조리시연자
박미숙, 경상북도 경주시 내남면 이조리

찜 · 선

자반고등어찜(간고등어찜)

재 료

간고등어 400g(1마리) • 풋고추 30g(2개) • 대파 35g(1뿌리) • 검은깨 · 실고추 약간 • 쌀뜨물 1L(5컵)

만드는 법

1. 풋고추는 반을 갈라 씨를 빼고 곱게 채 썬다(3×0.1×0.1cm).
2. 대파는 흰 부분의 겉부분만 곱게 채 썬다(3×0.1×0.1cm).
3. 실고추는 2~3cm 길이로 썬다.
4. 간고등어는 꼬리와 뼈를 제거하고 쌀뜨물에 담가 짠맛을 뺀다.
5. 찜통에 면포를 깔고 간고등어를 넣은 다음 풋고추, 대파, 실고추와 검은깨를 고명으로 얹어서 10분 정도 찐다.

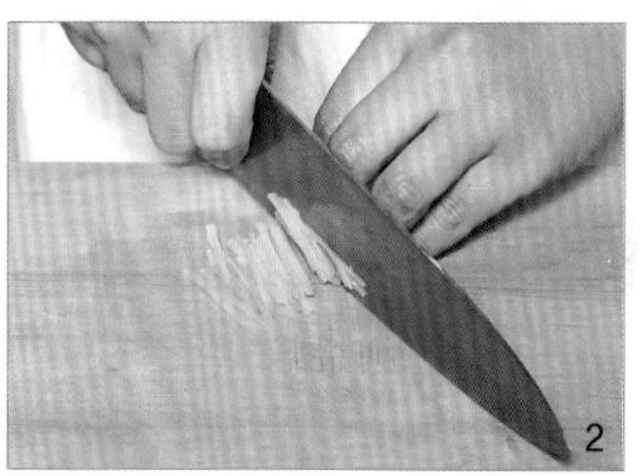
2

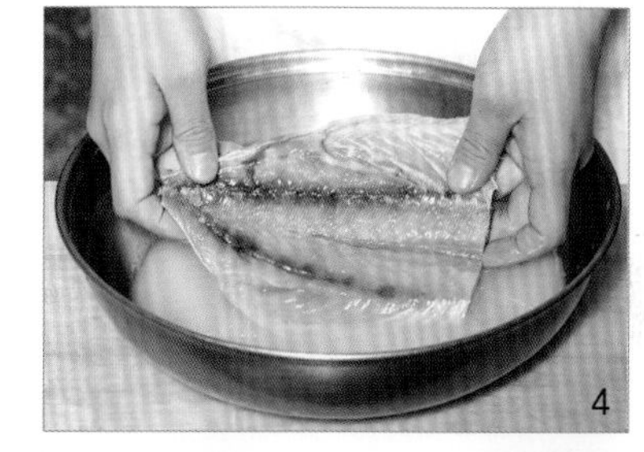
4

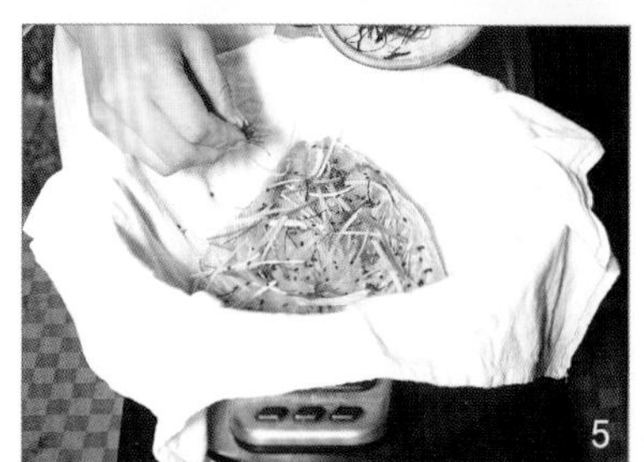
5

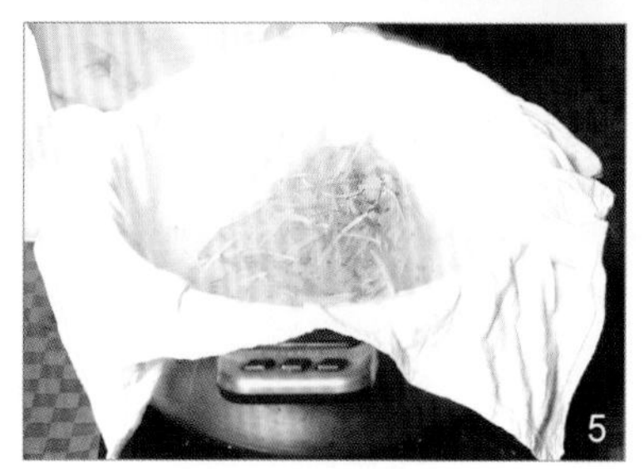
5

참고사항

• 옛날 교통이 발달되지 않았던 시절 안동 지방에서 생선의 부패방지를 위하여 왕소금으로 절여서 이용한 것이 전통 간고등어이며 그 맛이 일품이어서 안동 지방의 특산물이 되었다.
• 간고등어찜과 상추, 머위잎, 다시마, 쌈장을 곁들인다.

출 처

안동시농업기술센터, 향토음식 맥잇기 안동 음식여행, 2002
청송군농업기술센터, 청송의 맛과 멋, 2006
이선호 · 박영배, 안동 지역의 향토음식을 활용한 관광체험 프로그램 개발, 한국조리학회지, 8(3), 2002

정보제공자

이성미, 경상북도 경주시

조리시연자

박미숙, 경상북도 경주시 내남면 이조리

가오리찜

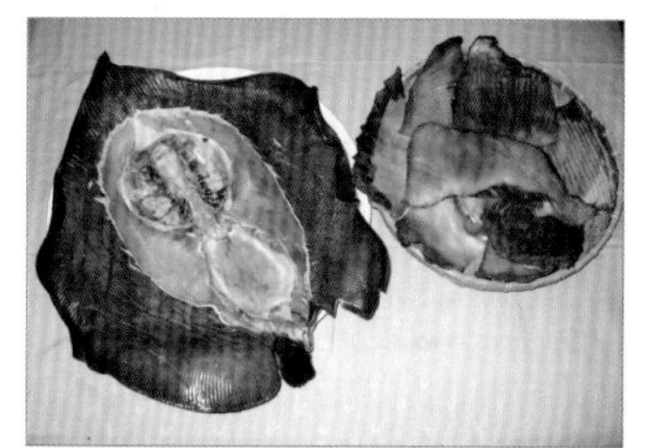

2

3

재 료

가오리 2kg(1마리) • 참기름 1큰술 • 통깨 1큰술 • 실고추 약간

양념장 간장 5~6컵 • 다진 마늘 2큰술 • 다진 생강 1큰술 • 설탕 ½컵 • 식용유 ½컵 • 참기름 2큰술 • 후춧가루 약간

만드는 법

1. 가오리는 깨끗이 손질하여 4등분하고 2~3일 정도 꾸덕꾸덕하게 말린다.
2. 말린 가오리에 양념장을 발라 4~6시간 정도 재운다.
3. 김이 오른 찜통에 면포에 깔고 재워 둔 가오리를 넣어 30분 정도 찐 후 완전히 식으면 참기름을 살짝 바르고 통깨, 실고추를 뿌린다.

❁ 참고사항

말린 가오리를 찜기에 쪄서 초고추장을 곁들이기도 한다.

출 처

구미시농업기술센터, 구미 향토-로하스요리 질시루, 2005

정보제공자

임숙자, 경상북도 영양군 영양읍 서부리

조리시연자

신영자, 경상북도 영양군

논메기찜

재 료

논메기 800g(2마리) • 무 300g(⅓개) • 콩나물 300g • 감자 450g(3개) • 달걀 50g(1개) • 표고버섯 30g(2개) • 당근 30g • 미나리 30g • 쑥갓 10g • 깻잎 10g • 멸치장국국물(멸치 · 다시마 · 물) 400mL(2컵) • 소금 1작은술 • 참기름 1작은술 • 식용유 적량

튀김옷 밀가루 70g(⅔컵) • 소금 약간 • 물 200mL(1컵)

양념장 간장 2큰술 • 고춧가루 2큰술 • 청주 2큰술 • 식초 ½큰술 • 물엿 1큰술 • 다진 마늘 1큰술 • 다진 생강 ½큰술 • 초피가루 1작은술 • 후춧가루 1작은술

2

만드는 법

1. 논메기는 통째로 손질하여 튀김옷을 입혀 튀긴다.
2. 감자, 무는 큼직하게 썰어(3×4×2cm) 살짝 삶는다.
3. 콩나물은 삶아 소금, 참기름으로 무치고, 당근은 채 썬다(5×0.2×0.2cm). 표고버섯은 0.5cm 너비로 채 썬다.
4. 미나리, 깻잎은 4~5cm 길이로 썰고 쑥갓은 길이대로 가른다.
5. 달걀은 황백지단을 부쳐 곱게 채 썬다.
6. 전골냄비에 감자와 무를 깔고 논메기 튀김을 올린 후 양념장을 얹고 멸치장국국물을 부어 끓인다.
7. 국물이 끓으면 3의 콩나물, 당근, 표고버섯을 넣어 끓이다가 미나리, 깻잎, 쑥갓을 넣고 한소끔 더 끓여 황백지단을 올린다.

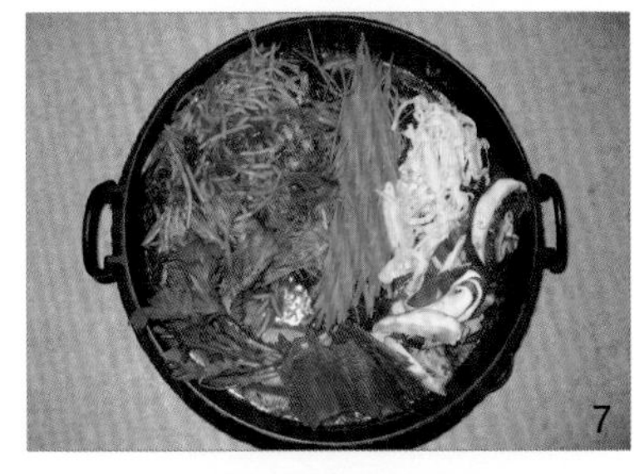

7

참고사항

논메기를 튀기지 않고 쪄서 이용하기도 하고, 양념장은 냉장온도(5°C)에서 15일 정도 숙성시킨 후 이용하는 것이 좋다.

출 처
성주군농업기술센터, 성주 향토음식의 맥, 2004

조리시연자
김덕수, 경상북도 고령군 성산면 사부리

대게찜(울진대게찜)

재 료

대게 2마리

만드는 법

1. 대게는 깨끗이 씻어 배가 위쪽으로 오도록 찜통에 담아 찐다.
2. 찜통에서 김이 나면 불을 약하게 하여 20분 정도 더 찐다.
3. 불을 끄고 10분 정도 뜸을 들인다.

출 처
울진군농업기술센터, 울진의 LOHAS 친환경음식, 2005

정보제공자
김명순, 경상북도 경주시 감포1리

조리시연자
조복자, 경상북도 영덕군 영덕읍 대부리

찜 · 선

묵나물찜

재 료

삶은 묵나물 400g • 콩가루 240g(2컵)

양념장 국간장 1큰술 • 소금 1작은술 • 참기름 1큰술 • 깨소금 1큰술

만드는 법

1. 삶은 묵나물은 깨끗이 씻어 물기를 뺀다.
2. 1에 콩가루를 버무려 김 오른 찜통에 올려 10~15분 정도 찐다.
3. 양념장을 넣어 무친다.

참고사항

고추, 부추, 무시래기, 고사리 등도 같은 방법으로 찐다.

정보제공자
김순옥, 경상북도 영양군

찜 · 선

잉어찜

재료

잉어 1마리 • 콩나물 200g • 미나리 50g • 달걀 50g(1개) • 붉은 고추 30g(2개) • 식용유 적량

양념장 고추장 3큰술 • 고춧가루 3큰술 • 된장 1½큰술 • 물엿 1½큰술 • 다진 마늘 1½큰술 • 생강즙 1작은술 • 참기름 · 후춧가루 약간

만드는 법

1. 잉어는 비늘과 내장을 제거하고 깨끗이 씻어 면포로 물기를 닦아 어슷하게 칼집을 넣는다.
2. 식용유에 잉어를 살짝 튀긴 후 찜통에 넣고 중불에서 30~40분 정도 찐다.
3. 콩나물은 머리와 뿌리를 떼고 살짝 삶은 후 씻어 물기를 뺀다.
4. 미나리는 6~7cm 길이로 썰고, 붉은 고추도 씨를 빼고 곱게 채 썬다(6×0.2×0.2cm).
5. 달걀은 황백지단을 부쳐 곱게 채 썬다(6×0.2×0.2cm).
6. 잉어에 양념장을 발라 10분 정도 찐 후 접시에 담고 접시 가장자리에 콩나물을 돌려 담는다.
7. 미나리, 붉은 고추채, 황백지단채를 고명으로 얹는다.

참고사항

안동 지방의 잉어찜은 콩나물과 매운 양념장을 함께 쪄서 먹는 것이 특징이다. 잉어를 기름에 살짝 튀긴 후 쪄서 이용하기도 하고, 살만 발라 내어 석쇠에 구웠다가 찌기도 한다.

출 처

안동시농업기술센터, 향토음식 맥잇기 안동 음식여행, 2002
이선호 · 박영배, 안동 지역의 향토음식을 활용한 관광체험 프로그램 개발, 한국조리학회지, 8(3), 2002
농촌진흥청, 향토음식, www2.rda.go.kr/food/, 2006

정보제공자

전인수, 경상북도 구미시 송정동

조리시연자

이원희, 경상북도 안동시

호박오가리찜

재 료

호박오가리 200g • 들깻가루 100g • 물 300mL(1½컵) • 소금 1작은술 • 설탕 약간

만드는 법

1. 호박오가리는 씻어 물기를 빼고 7~8cm 길이로 썬다.
2. 냄비에 호박오가리를 담고 물을 부어 끓인다.
3. 끓으면 들깻가루, 설탕, 소금을 넣고 한소끔 더 끓인다.

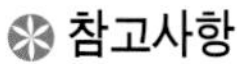

참고사항

호박의 향과 맛이 들깨와 어우러져 맛이 있으며 겨울의 별미음식이다. 들깨가 들어가 보양식으로도 손색이 없다.

출 처
청도군농업기술센터, 청도 향토음식의 보고 석빙고, 2004

조리시연자
오임기, 경상북도 경산시 남산면 사월2리

찜 · 선

고등어찜

재 료

고등어 1마리

양념장 간장 3큰술 • 설탕 1큰술 • 다진 마늘 1큰술

만드는 법

1. 고등어는 반을 갈라 뼈를 발라 내고 깨끗이 씻어 그늘에서 하루쯤 말린다.
2. 양념장을 골고루 발라 30분 정도 재운다.
3. 김이 오른 찜통에 짚을 깔고 고등어를 올려서 찐다.

정보제공자
지양순, 경상북도 포항시 연일읍 동문3리

찜 · 선

고추버무림(고추물금, 밀장)

재 료

풋고추 300g(15개) • 밀가루 30g(5큰술) • 물 5큰술 • 다진 마늘 1큰술 • 소금 1작은술 • 참기름 1작은술

만드는 법

1. 밀가루에 물을 넣고 묽게 반죽을 한다.
2. 풋고추는 잘게 다진다.
3. 밀가루 반죽에 다진 풋고추, 참기름, 다진 마늘을 넣고 소금으로 간을 한다.
4. 3을 그릇에 담아 밥 지을 때 밥 위에 얹어 찌거나 찜통에서 찐다.

정보제공자
김명옥, 경상북도 경주시 내남면 망성2리

찜 · 선

늙은호박콩가루찜

재 료

늙은 호박 400g • 콩가루 ½컵

만드는 법

1. 늙은 호박은 껍질과 씨를 제거하고 3cm 두께로 썬다.
2. 김이 오른 찜통에 늙은 호박을 올려 찐 다음 콩가루를 넣어 버무린다.

참고사항

늙은 호박을 소금물에 삶아 이용하기도 한다.

출 처

청송군농업기술센터, 청송의 맛과 멋, 2006

정보제공자

김옥분, 경상북도 영주시 가흥동

다시마찜

방법 1

재료

다시마 50g • 밀가루 110g(1컵)

양념장 멸치액젓 2큰술 • 고춧가루 1작은술 • 다진 파 1큰술 • 다진 마늘 1작은술

만드는 법

1. 다시마는 하루 정도 물에 불린 후 무르게 삶아 물기를 빼고 밀가루를 묻힌다.
2. 찜통에 면포를 깔고 1의 다시마를 올려 찐 후 가로 4cm, 세로 5cm 크기로 썬다.
3. 양념장을 곁들인다.

출 처
영천시농업기술센터, 향토음식 맥잇기 고향의 맛, 2001

정보제공자
백규옥, 경상북도 경주시 남산리

방법 2

재료

다시마 50g • 쌀가루 2큰술 • 들깻가루 1큰술 • 멸치장국국물(멸치 · 다시마 · 물) 200mL(1컵) • 소금 1작은술

양념장 멸치액젓 2큰술 • 고춧가루 1작은술 • 다진 파 1큰술 • 다진 마늘 1작은술

만드는 법

1. 다시마는 20분 정도 삶아서 찬물에 1시간 정도 담가 두었다가 물기를 제거하고 가로 1cm, 세로 6cm 크기로 썬다.
2. 냄비에 멸치장국국물을 넣고 끓이다가 다시마를 넣어 끓인다.
3. 들깻가루와 쌀가루를 넣고 소금으로 간을 하여 한소끔 더 끓여 양념장을 곁들인다.

참고사항
다시마찜은 겨울철에 먹는 음식이다.

출 처
청도군농업기술센터, 청도 향토음식의 보고 석빙고, 2004

정보제공자
이재숙, 경상북도 청도군 이서면 금촌리

닭찜

재료

닭 1.3kg(1마리) • 전분 2큰술 • 멸치장국국물(멸치 · 다시마 · 물) 600mL(3컵)

양념장 간장 ½컵 • 설탕 3큰술 • 청주 1큰술 • 참기름 1큰술

만드는 법

1. 닭은 내장을 제거하고 깨끗이 손질하여 김이 오른 찜통에 넣어 찐다.
2. 냄비에 양념장, 멸치장국국물을 넣어 끓이다가 닭을 넣고 국물을 끼얹어 가며 조린다.
3. 닭이 익으면 건져 낸다.
4. 2의 국물에 전분을 풀어 한소끔 끓인 다음 닭에 바른다.

참고사항

닭을 통째로 조리하여 제사상에 올렸던 음식이다.

출 처

성주군농업기술센터, 성주 향토음식의 맥, 2004

정보제공자

이경순, 경상북도 영천시 야사동

고문헌

식료찬요(수탉찜), 음식디미방(연계찜), 주방문(영계찜), 산림경제(칠향계 : 七香鷄), 증보산림경제(연계증법 : 軟鷄蒸法), 규합총서(칠향계(닭찜)), 시의전서(연계찜), 조선요리제법(닭찜), 조선무쌍신식요리제법(연계증 : 軟鷄蒸)

된장찜(찜된장)

재 료

된장 3큰술 • 멸치 30g(15마리) • 풋고추 110g(8개) • 물 150mL(3/4컵) • 고춧가루 1 1/2작은술 • 다진 마늘 1큰술

만드는 법

1. 멸치는 내장을 제거하고, 풋고추와 함께 잘게 다진다.
2. 그릇에 물과 된장을 넣어 풀고 다진멸치와 풋고추, 다진 마늘, 고춧가루를 넣어 섞는다.
3. 밥이 한소끔 끓고 난 후 밥 위에 얹어 찌거나 찜통에 찐다.

참고사항

대파, 감자, 호박을 넣기도 한다.

출 처

영천시농업기술센터, 향토음식 맥잇기 고향의 맛, 2001

정보제공자

강명숙, 경상북도 경주시 외동읍 입실3리
박영숙, 경상북도 영주시 풍기읍 전구리

찜 · 선

명태껍질찜

재 료

명태 껍질 4마리분 • 명태 머리 4개 • 콩가루 60g(½컵)

만드는 법

1. 명태 껍질과 머리는 물에 살짝 불렸다가 물기를 빼고 방망이로 두들겨 부드럽게 한다.
2. 1의 명태 껍질과 머리에 콩가루를 묻혀 김이 오른 찜통에 찐다.

정보제공자
박은미, 경상북도 영주시

찜 · 선

무찜

재 료

무 400g(½개) • 멸치장국국물(멸치 · 다시마 · 물) 400mL(2컵)

양념장 간장 4큰술 • 고춧가루 ½큰술 • 설탕 1작은술 • 다진 마늘 1큰술 • 식용유 적량

만드는 법

1. 무는 깨끗이 씻어 3cm 두께로 큼직하게 썬다.
2. 냄비에 멸치장국국물을 붓고 무와 양념장을 넣어 센 불에서 끓인다.
3. 끓기 시작하면 중불로 줄여서 무의 색이 맑아질 때까지 끓인다.

정보제공자
이흥용, 경상북도 문경시 모전동

미더덕찜(미더덕들깨찜)

재 료

미더덕 100g • 콩나물 200g • 쇠고기 100g • 조갯살 100g • 미나리 100g • 양파 160g(1개) • 풋고추 75g(5개) • 방아잎 50g • 대파 35g(1뿌리) • 쌀 3큰술 • 들깻가루 3큰술 • 물 100mL(½컵) • 고춧가루 3큰술 • 다진 파 1큰술 • 다진 마늘 1큰술 • 소금 1½큰술

만드는 법

1. 쌀은 깨끗이 씻어 30분 정도 물에 불린 후 고춧가루, 물을 넣고 갈아서 체에 밭친 다음 들깻가루, 다진 파, 다진 마늘을 섞어 소금으로 간을 한다.
2. 미더덕은 터뜨려 해감을 빼고 깨끗이 씻는다.
3. 미나리는 잎을 뜯어 내고 줄기를 4cm 길이로 썬다.
4. 양파는 0.5cm 너비로 채 썰고, 대파와 풋고추는 어슷썬다(0.3cm).
5. 콩나물은 머리와 뿌리를 떼고 소금을 넣어 삶는다.
6. 조갯살과 쇠고기는 잘게 썬다.
7. 냄비에 조갯살과 쇠고기를 넣어 볶다가 물을 붓고 미더덕을 얹어 뚜껑을 덮어 익힌다.
8. 미더덕이 익으면 미나리, 양파, 대파, 풋고추, 콩나물을 넣어 끓이다가 1을 넣고 걸쭉하게 끓인다.
9. 끓으면 방아잎을 얹고 소금으로 간을 한다.

출 처

한국관광공사, 한국전통음식, www.visitkorea.or.kr, 2006

정보제공자

구영숙, 경상북도 경주군 안강면 사방리

미더덕찜별법

재 료

미더덕 150g • 콩나물 300g • 미나리 100g

양념장 고운 고춧가루 3큰술 • 쌀가루 2큰술 • 들깻가루 2큰술 • 다진 마늘 1큰술 • 소금 ½큰술 • 설탕 약간 • 물 100mL(½컵)

만드는 법

1. 콩나물은 머리와 뿌리를 떼고 씻는다.
2. 미더덕은 터뜨려 해감을 뺀 후 깨끗이 씻는다.
3. 미나리는 잎을 뜯어 내고 4cm 길이로 썬다.
4. 냄비에 미더덕을 깔고 콩나물을 얹은 후 양념장을 넣고 끓인다.
5. 끓으면 미나리를 넣고 한소끔 더 끓여 골고루 섞는다.

출 처
문화공보부 문화재관리국, 한국민속종합조사보고서(향토음식 편), 1984

찜 · 선

부추콩가루찜(부추찜, 부추버무리)

재 료

부추 400g • 생콩가루 120g(1컵) • 소금 ½큰술

만드는 법

1. 부추는 깨끗이 씻어 물기를 빼고 5cm 길이로 썬다.
2. 생콩가루에 소금 간을 하여 부추에 고루 묻힌 후 김이 오른 찜통에 올려 찐다.

참고사항

부추 대신 산채를 이용한 것은 산채콩가루찜 또는 부침이라고 한다. 콩가루 대신 밀가루를 묻혀 찌기도 한다.

정보제공자
김정순, 경상북도 문경시 신기동

찜 · 선

상어찜(돔배기찜)

재 료

상어고기(돔배기) 400g • 물 600mL(3컵) • 소금 1큰술

만드는 법

1. 상어고기는 손질하여 씻어 토막을 내고 결 방향으로 1.5cm 두께로 포를 떠서 소금물에 간이 배도록 하루 정도 재운다.
2. 꼬치에 가지런히 끼워 김이 오른 찜통에 올려 찐다.

참고사항

상어찜(돔배기찜)이나 산적은 제사 때는 넓게 썰어 중간에 꼬치를 끼우고, 묘제 때는 세로로 길게 꼬치를 끼워 각각 형태를 다르게 하여 이용하였다.

출 처
영천시농업기술센터, 향토음식 맥잇기 고향의 맛, 2001
경주시농업기술센터, 천년고도 경주 내림손맛, 2005

정보제공자
김정자, 경상북도 경주시 동방동
장정숙, 경상북도 경주시 안강읍 노당리

북어찜(마른명태찜)

방법 1

재 료

북어 280g(2마리) • 쇠고기 100g • 다시마 20g • 통깨 · 실고추 약간

양념장 간장 ½컵 • 물엿 5큰술 • 다진 마늘 1큰술 • 참기름 1큰술 • 물 100mL(½컵)

만드는 법

1. 다시마는 불려서 끓는 물에 살짝 데친 후 4~5cm 길이로 썬다.
2. 북어는 물에 살짝 적셔 물기를 빼고 4~5cm 길이로 썬다.
3. 쇠고기는 납작하게 썬다(4×5×1cm).
4. 다시마, 북어, 쇠고기를 각각 양념장에 5~6시간 재운다.
5. 찜통에 4를 가지런히 넣고 중불에서 찐 후 통깨, 실고추를 고명으로 올린다.

출 처
영천시농업기술센터, 향토음식 맥잇기 고향의 맛, 2001

방법 2

재 료

북어 140g(1마리) • 달걀 50g(1개) • 대파 10g(⅓뿌리) • 석이버섯 약간 • 밀가루 1큰술 • 물 1큰술 • 국간장 1큰술 • 식용유 적량

만드는 법

1. 북어는 물에 적셔 뼈와 껍질을 발라 내고 4~5cm 길이로 썬다.
2. 밀가루에 국간장, 물을 넣어 섞어 두고, 달걀은 황백지단을 부쳐 곱게 채 썬다(5×0.2×0.2cm).
3. 석이버섯은 깨끗이 씻어 물기를 뺀 다음 채 썰고, 대파도 곱게 채 썬다.
4. 2의 밀가루 반죽에 북어를 적셔 황백지단채, 석이버섯채, 대파채를 고명으로 얹은 후 김이 오른 찜통에 찐다.

참고사항
잔치상의 필수음식이었고, 혼례 후 큰상으로 받은 음식을 사돈집에 보내는 퇴상에도 쓰인 행사음식이다.

출 처
안동시농업기술센터, 향토음식 맥잇기 안동 음식여행, 2002
이선호 · 박영배, 안동 지역의 향토음식을 활용한 관광체험 프로그램 개발, 한국조리학회지, 8(3), 2002

정보제공자
김영숙, 경상북도 김천시 개령면 서부리

안동찜닭

재 료

닭 1kg(1마리) • 감자 450g(3개) • 당면 300g • 양배추 100g • 양파 320g(2개) • 당근 70g(½개) • 대파 70g(2뿌리) • 마른 고추 60g(6개) • 건표고버섯 10g(3개) • 밀가루 1큰술 • 통깨 약간 • 물 2.5L(12½컵)

양념장 간장 1컵 • 물엿 ½컵 • 설탕 1큰술 • 다진 마늘 2작은술 • 생강 1작은술 • 후춧가루 약간

만드는 법

1. 닭은 깨끗이 손질하여 적당한 크기로 토막 낸다.
2. 표고버섯은 미지근한 물에 불려서 4등분하고, 감자와 당근은 깍둑썰어(사방 2cm) 가장자리를 둥글게 만든다.
3. 양파, 대파, 양배추는 5~6cm 길이로 굵게 채 썰어 밀가루와 골고루 섞는다.
4. 마른 고추는 어슷썰고(0.3cm), 당면은 찬물에 30분 정도 불린 후 삶는다.
5. 두꺼운 냄비에 닭, 표고버섯, 감자, 마른 고추, 양념장, 물을 넣고 10분 정도 센 불에서 끓인다.
6. 물이 반 정도 줄고 감자가 익으면 3을 넣고 뚜껑을 덮어 5분 정도 더 익힌다.
7. 당면을 넣고 더 끓이다가 당면이 다 익으면 고루 섞어 통깨를 뿌린다.

❁ 참고사항

안동 지역의 찜닭은 채소와 고기, 당면이 어우러져 매콤한 맛과 달콤하면서도 담백한 맛이 조화된 음식이다. 처음부터 끝까지 센 불에서 조리해야 닭 냄새가 나지 않는다.

출 처

안동시농업기술센터, 향토음식 맥잇기 안동 음식여행, 2002
이선호 · 박영배, 안동 지역의 향토음식을 활용한 관광체험 프로그램 개발, 한국조리학회지, 8(3), 2002
최규식 · 이윤호, 경상북도 북부 지역 향토음식 호텔 메뉴화 전략, 관광정보연구, 16, 2004

정보제공자

정경희, 경상북도 안동시 옥동

은어찜

재 료

은어 10마리 • 무 60g • 삶은 무청시래기 40g • 생콩가루 2큰술 • 미나리 20g • 대파 20g • 깻잎 20g • 쑥갓 20g • 당귀가루 10g • 물 200mL(1컵)

양념 고춧가루 2큰술 • 고추장 2큰술 • 다진 마늘 1큰술 • 생강즙 1작은술 • 소금 약간

만드는 법

1. 은어는 내장을 제거하고 깨끗이 씻어 앞뒤로 어슷하게 칼집을 넣는다.
2. 무는 납작하게 썰고(3×3×1cm), 무청시래기는 6cm 길이로 썬다.
3. 미나리는 5cm 길이로 썰고, 대파는 어슷썬다(0.3cm).
4. 깻잎은 굵게 채 썰고, 쑥갓은 다듬어 씻는다.
5. 냄비에 무와 무청시래기를 깔고 1의 은어를 올린 후 양념장을 끼얹고 물을 부어 끓인다.
6. 끓으면 콩가루와 당귀가루를 뿌리고 미나리, 대파, 깻잎, 쑥갓을 넣어 한소끔 더 끓인다.

출 처
봉화군농업기술센터, 봉화의 맛을 찾아서, 2002

정보제공자
김옥분, 경상북도 봉화군 봉화읍 도촌2리

채소무름

재 료

가지 240g(2개) • 감자 300g(2개) • 풋고추 150g(10개) • 밀가루 110g(1컵)

양념장 간장 1큰술 • 다진 파 ½큰술 • 다진 마늘 1작은술 • 참기름 · 깨소금 약간

만드는 법

1. 가지와 감자는 1cm 두께로 납작하게 썰고, 풋고추는 씻어 물기를 뺀다.
2. 가지, 감자, 풋고추에 밀가루를 묻히고 김이 오른 찜통에 올려 찐다.
3. 양념장을 곁들인다.

참고사항

여러 종류의 채소를 이용하며, 각각의 식품으로 음식명을 붙인다.

정보제공자

이옥희, 경상북도 구미시 송정동

찜 · 선

감자새우선

재 료

감자 300g(2개) • 새우살 300g • 당근 140g(1개) • 표고버섯 80g(4개) • 풋고추 30g(2개) • 달걀 100g(2개) • 전분 2큰술 • 다진 마늘 1큰술 • 소금 1작은술 • 식용유 적량 • 석이버섯 · 후춧가루 약간

전분물 전분 ½작은술 • 물 1작은술

만드는 법

1. 감자는 껍질을 벗겨 삶아 으깨어 소금으로 간을 한다.
2. 새우살은 다져 소금, 후춧가루, 다진 마늘, 달걀(1개), 전분을 넣고 섞는다.
3. 풋고추, 당근은 곱게 채 썰어(5×0.2×0.2cm) 소금에 살짝 절여 물기를 뺀다.
4. 표고버섯은 가늘게 채 썰어 식용유에 볶고, 석이버섯은 깨끗이 씻어 물기를 뺀 다음 채 썬다.
5. 달걀(1개)은 황백지단을 부친다.
6. 황백지단 각각을 김발 위에 펴고 으깬 감자와 새우살을 얇게 편다.
7. 6의 중심에 각각 풋고추, 당근, 표고버섯, 석이버섯을 넣고 말아 전분물로 끝을 붙인다.
8. 김이 오른 찜통에 넣고 쪄서 2~3cm 길이로 썬다.

출 처
경상북도 농촌진흥원, 경상북도 향토음식, 1997

회

과메기

재 료

과메기 10마리 • 생미역 150g • 실파 50g • 마늘 30g(1통) • 풋고추 30g(2개) • 소금 1작은술

초고추장 고추장 3큰술 • 식초 1½큰술 • 설탕 1큰술 • 다진 마늘 1큰술 • 통깨 1작은술 • 참기름 약간

만드는 법

1. 과메기는 뼈를 발라 내고 껍질을 벗긴 다음 6~7cm 길이로 썬다.
2. 생미역은 소금을 넣고 주물러 씻어 물기를 빼고 6~7cm 길이로 썬다.
3. 마늘은 편 썰기 하고(0.2~0.3cm), 실파는 5cm 길이로 썬다.
4. 풋고추는 0.3cm 너비로 어슷썰어 씨를 털어 낸다.
5. 과메기에 생미역, 마늘편, 실파, 초고추장을 곁들인다.

참고사항

- 과메기는 갓 잡은 신선한 꽁치나 청어를 영하 10°C의 냉동상태에 두었다가 12월부터 바깥에 내걸어 자연상태에서 냉동과 해동을 거듭하여 말린 것이다. 왜적의 침입이 잦은 어촌에서 어선을 약탈당했을 때 청어를 지붕 위에 던져 숨겨 놓았던 것이 얼었다 녹았다를 반복하여 발효된 것에서 유래되었다고 전해진다.
- 과메기는 포항시 구룡포의 특산물이다.
- 기호에 따라 과메기에 김을 곁들이기도 한다.

출 처

포항시농업기술센터, 포항 전통의 맛, 2004

윤숙경 · 박미남, 경상북도 동해안 지역 식생활문화에 관한 연구(1), 한국식생활문화학회지, 14(2), 1999

이연정, 향토음식에 대한 인식이 향토음식전문점 방문빈도에 미치는 영향 연구, 한국조리과학회지, 22(6), 2006

정보제공자

김은형, 경상북도 포항시 북구 흥해읍 약성리

김진옥, 경상북도 포항시 남구 대송면 제내리

조리시연자

박미숙, 경상북도 경주시 내남면 이조리

가자미무침회

재 료

가자미 340g(1마리) • 양파 70g(½개) • 생미역 30g • 실파 20g • 풋고추 30g(2개) • 붉은 고추 30g(2개) • 깻잎 10g(6장) • 참기름 1작은술 • 굵은 소금 1큰술

초고추장 고추장 2큰술 • 식초 2큰술 • 다진 마늘 2큰술 • 설탕 1작은술 • 통깨 1작은술

만드는 법

1. 가자미는 굵은 소금으로 치대어 씻는다.
2. 가자미의 머리, 지느러미, 내장을 제거하고 깨끗이 씻어 뼈째로 어슷썬다(0.3cm).
3. 생미역은 소금으로 문질러 깨끗이 씻어 4~5cm 길이로 썰고, 양파, 깻잎은 0.5cm 너비로 채 썬다.
4. 실파는 다듬어 3~4cm 길이로 썰고, 풋고추와 붉은 고추는 어슷썰기 한다(0.3cm).
5. 준비된 모든 재료에 초고추장과 참기름을 넣어 무친다.

조리시연자
김필화, 경상북도 포항시

회

상어회

재 료

상어 300g • 상어 껍질 100g • 무 300g(⅓개) • 미나리 100g • 소금 1큰술 • 막걸리 600mL(3컵)

초고추장 고추장 3큰술 • 식초 1½큰술 • 다진 마늘 ½큰술 • 설탕 1작은술 • 통깨 1작은술 • 소금 약간

만드는 법

1. 상어는 굵게 채 썰어(5×0.7×0.7cm) 상어가 잠길 만큼 막걸리를 부어 1시간 정도 재웠다가 소금에 치대어 헹궈 물기를 꼭 짠다.
2. 상어 껍질은 데쳐 손질한 후 5cm 길이로 채 썬다.
3. 무는 가늘게 채 썰고(5×0.2×0.2cm), 미나리는 5cm 길이로 썬다.
4. 1, 2에 초고추장을 넣어 무친 후 무채와 미나리를 넣어 버무린다.

조리시연자
최필화, 경상북도 경산시 자인면 옥천1리

고래고기육회

재 료

고래고기 400g • 배 750g(2개) • 마늘 85g(20쪽) • 소금 1작은술 • 잣가루 약간 • 물 적량

양념장 간장 2큰술 • 참기름 2큰술 • 다진 파 1큰술 • 다진 마늘 1작은술 • 후춧가루 약간

만드는 법

1. 배는 껍질을 벗겨 소금물에 담갔다가 채 썬다(5×0.2×0.2cm).
2. 마늘은 편으로 썬다.
3. 고래고기는 기름기가 없는 부분으로 얇게 저며 결과 반대 방향으로 0.3cm 두께로 채 썬 후 양념장에 무친다.
4. 접시에 배채, 마늘편, 고래고기를 얹고 잣가루를 뿌린다.

참고사항

배, 마늘, 고래고기를 한꺼번에 같이 양념장에 무치기도 한다.

출 처

포항시농업기술센터, 포항 전통의 맛, 2004

정보제공자

이정순, 경상북도 포항시 남구 연일읍 동문리

꿀뚝회

재 료

민물고기(꺽지, 뚝지 등) 300g • 무 150g

초고추장 고추장 3큰술 • 식초 ½큰술 • 고춧가루 1작은술 • 설탕 1작은술 • 다진 마늘 ½큰술

만드는 법

1. 민물고기는 내장을 제거하고 깨끗이 씻어 물기를 뺀 후 잘게 다진다.
2. 무는 곱게 채 썬다(5×0.2×0.2cm).
3. 다진 민물고기와 무채에 초고추장을 넣어 버무린다.

정보제공자
권삼문, 경상북도 구미시 송정동

물회

재 료

흰살생선 300g • 배 200g(½개) • 오이 50g(⅓개) • 당근 50g(⅓개) • 양파 40g(¼개) • 실파 20g • 김 5g(2장) • 물 적량

양념 고추장 3큰술 • 다진 마늘 1큰술 • 참기름 1작은술 • 깨소금 1작은술 • 설탕 약간

만드는 법

1. 흰살생선은 뼈와 껍질을 제거하고 얇게 저며 채 썬다(4×0.5×0.5cm).
2. 배, 당근, 오이, 양파는 곱게 채 썬다(4×0.2×0.2cm).
3. 실파는 송송 썰고(0.5cm), 김은 살짝 구워 부순다.
4. 그릇에 배, 당근, 오이, 양파를 깔고 1의 흰살생선, 실파, 김을 얹은 후 양념을 끼얹는다.
5. 4를 골고루 버무린 후 찬물을 붓는다.

✻ 참고사항

여러 종류의 어류나 오징어를 이용하여 만드는데, 찬물이나 얼음을 넣지 않기도 한다.

출 처

경상북도 농촌진흥원, 경상북도 향토음식, 1997
포항시농업기술센터, 포항 전통의 맛, 2004

정보제공자

김순자, 경상북도 포항시 북구 청하면 월포리
이옥화, 경상북도 포항시 북구 장성동

미나리북어회

재 료

미나리 100g • 북어 100g($\frac{3}{4}$마리)

초고추장 고추장 3큰술 • 식초 1$\frac{1}{2}$큰술 • 다진 마늘 $\frac{1}{2}$큰술 • 설탕 1작은술 • 통깨 1작은술 • 소금 약간

만드는 법

1. 북어는 물에 불려서 물기를 빼고 머리와 뼈를 제거한 다음 적당한 크기로 찢는다.
2. 미나리는 다듬어 끓는 소금물에 데친 후 물기를 짜고 5cm 길이로 썬다.
3. 북어에 초고추장을 넣어 무친 후 미나리를 먹기 직전에 살짝 버무린다.

출 처

청도군농업기술센터, 청도 향토음식의 보고 석빙고, 2004

정보제공자

김순주, 경상북도 청도군 풍각면 봉기2리
김영숙, 경상북도 청도군 청도읍 평양 2리

쇠고기육회

재 료

쇠고기(뒷다리살, 우둔살, 홍두깨살) 300g • 배 200g(½개) • 마늘 20g(5쪽) • 잣가루 1큰술 • 설탕 1작은술

쇠고기 양념 설탕 1큰술 • 다진 마늘 1½큰술 • 참기름 1½큰술 • 소금 1작은술 • 후춧가루 약간

만드는 법

1. 쇠고기는 기름기가 없는 살코기로 얇게 포를 떠서 결 반대로 곱게 채 썰고(5×0.2×0.2cm) 양념을 넣어 무친다.
2. 배는 껍질을 벗겨 곱게 채 썰어(5×0.2×0.2cm) 설탕에 버무린다.
3. 마늘은 0.2~0.3cm 두께로 편 썰기 한다.
4. 접시에 채 썬 배를 돌려 담고, 양념한 쇠고기를 중앙에 올려 잣가루를 뿌리고 마늘편을 쇠고기 가장자리에 돌려 담는다.

참고사항

지리적으로 바다가 먼 지역에서는 육회가 잔치 때의 필수음식이었다. 쇠고기육회는 국간장으로 간하기도 하고, 모든 재료를 함께 버무려 내기도 한다.

출 처

농촌진흥청 농촌영양개선연수원(현 농촌자원개발연구소), 한국의 향토음식, 1994
농촌진흥청 농촌생활연구소(현 농촌자원개발연구소), 전통지식 모음집(생활문화 편), 1997
상주시농업기술센터, 상주 향토음식 맥잇기 고운 빛 깊은 맛, 2004
성주군농업기술센터, 성주 향토음식의 맥, 2004
경주시농업기술센터, 천년고도 경주 내림손맛, 2005

정보제공자

박분규, 경상북도 경주시 외동읍 괘릉리
천연숙, 경상북도 예천군 호명면 월포리
황현숙, 경상북도 경주시 건천읍 조전2리

우렁이회 (우렁회)

재 료

우렁이 500g • 소금 1큰술

초고추장 고추장 3큰술 • 식초 1½큰술 • 다진 마늘 ½큰술 • 설탕 1작은술 • 통깨 1작은술 • 소금 약간

만드는 법

1. 우렁이는 깨끗이 씻어 냄비에 물을 붓고 삶아 살을 발라 낸다.
2. 우렁이살에 소금을 넣어 주물러 씻고 헹궈 물기를 뺀다.
3. 초고추장을 곁들인다.

출 처
문화공보부 문화재관리국, 한국민속종합조사보고서(향토음식 편), 1984

정보제공자
김윤희, 경상북도 성주군 성주읍 학산리

은어회(은어회무침)

재 료

은어 300g • 미나리 100g • 양파 50g(⅓개) • 오이 50g(⅓개) • 당근 50g(⅓개) • 깻잎 30g(20장)

초고추장 고추장 2큰술 • 고춧가루 ½큰술 • 식초 2큰술 • 다진 마늘 ½큰술 • 생강즙 1작은술 • 물엿 1작은술 • 설탕 1작은술

만드는 법

1. 은어는 내장을 빼내고 깨끗이 씻은 다음 포를 떠서 채 썬 후 물기를 제거한다.
2. 미나리는 5cm 길이로 썰고 오이, 당근은 곱게 채 썬다(5×0.2×0.2cm).
3. 양파는 0.2cm 너비로 채 썰고, 깻잎은 길이 5cm, 너비 0.2cm 크기로 채 썬다.
4. 준비된 재료에 초고추장을 넣어 버무린다.

참고사항

- 은어회의 맛은 고소하고 담백하고 비린 맛이 없으며, 시원한 수박 향이 난다.
- 초고추장을 곁들여 내기도 한다.

출 처
봉화군농업기술센터, 봉화의 맛을 찾아서, 2002

정보제공자
이홍용, 경상북도 문경시 모전동

잉어회

재 료

잉어 1마리 • 쑥갓 300g

초고추장 고추장 2큰술 • 식초 2큰술 • 설탕 1작은술 • 다진 파 1큰술 • 다진 마늘 1작은술 • 다진 생강 1작은술

만드는 법

1. 잉어는 비늘과 내장을 제거하고 깨끗이 씻어 물기를 뺀 후 포를 떠 껍질을 벗기고 0.5cm 두께로 얇게 썬다.
2. 쑥갓은 잘 씻어 물기를 뺀다.
3. 그릇에 쑥갓을 깔고 얇게 썬 잉어를 담아 초고추장을 곁들인다.

출 처
문화공보부 문화재관리국, 한국민속종합조사보고서(향토음식 편), 1984

정보제공자
이진숙, 경상북도 경산시 자인면 북사2리

고문헌
식료찬요(잉어회), 조선무쌍신식요리제법(리어회 : 鯉魚膾)

마른반찬

가죽부각(가죽자반튀김)

재 료

가죽순 1kg • 찹쌀가루 100g(1컵) • 들깻가루 ½컵 • 물 400mL(2컵) • 국간장 1큰술 • 고춧가루 1큰술 • 고추장 1큰술 • 소금 약간 • 식용유 적량

만드는 법

1. 냄비에 물과 찹쌀가루를 넣고 끓인다.
2. 1에 들깻가루, 고춧가루, 고추장을 넣어 잘 섞은 후 국간장을 넣고 저으면서 걸쭉하게 끓인다.
3. 끓는 물에 소금을 넣고 가죽순을 살짝 데친 후 물기를 뺀다.
4. 2의 찹쌀풀에 가죽순을 넣어 골고루 두껍지 않게 묻힌 후 채반에 널어 바싹 말린다.
5. 먹을 때 가죽순을 170°C의 식용유에서 재빨리 튀겨 낸다.

2

3

4

4

5

출 처

문화공보부 문화재관리국, 한국민속종합조사보고서(향토음식 편), 1984
상주시농업기술센터, 상주 향토음식 맥잇기 고운 빛 깊은 맛, 2004
청도군농업기술센터, 청도 향토음식의 보고 석빙고, 2004

정보제공자

박순봉, 경상북도 달성군 다사읍 방천리
정청자, 경상북도 문경시 흥덕동

조리시연자

박미숙, 경상북도 경주시 내남면 이조리

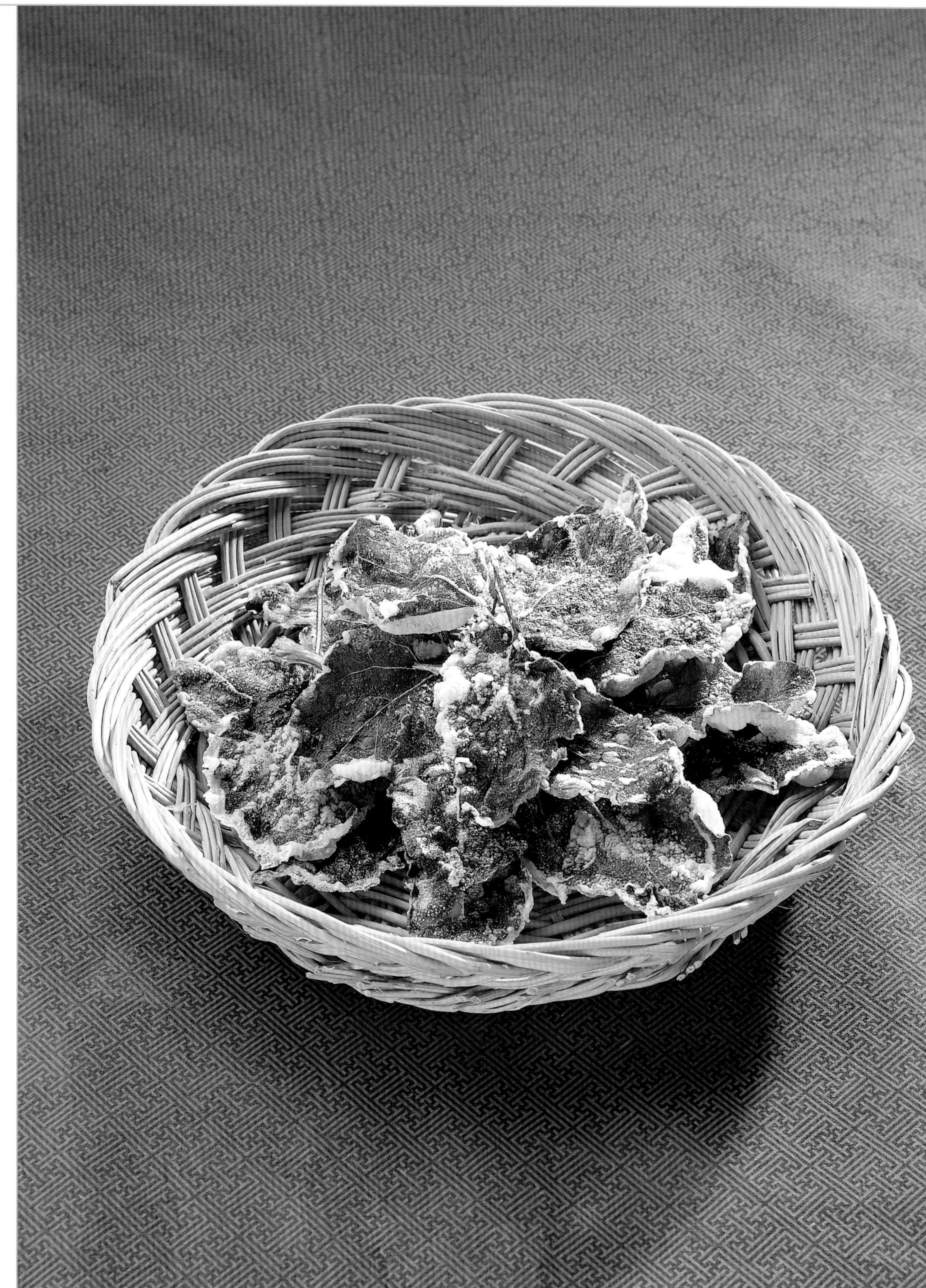

쑥부쟁이부각(부지깽이부각)

재 료

쑥부쟁이 200g • 찹쌀가루 150g(1½컵) • 물 450mL(2¼컵) • 소금 1작은술 • 식용유 적량

만드는 법

1. 쑥부쟁이는 깨끗이 씻어 물기를 완전히 뺀다.
2. 냄비에 찹쌀가루, 물, 소금을 넣고 찹쌀풀을 끓여 말갛게 익으면 식혀 둔다.
3. 쑥부쟁이에 찹쌀풀을 묻혀 채반에 겹치지 않게 펴서 햇볕에 잘 말린다.
4. 3이 바싹 마르면 밀폐용기에 담아 보관한다.
5. 먹을 때 170℃의 식용유에서 재빨리 튀겨 낸다.

조리시연자
박미숙, 경상북도 경주시 내남면 이조리

고추부각

▌방법 1 ▌

재 료

풋고추 400g(26개) • 찹쌀가루 200g(2컵) • 소금 2큰술 • 물 · 식용유 적량

만드는 법

1. 풋고추는 작은 것은 통째로, 큰 것은 반을 갈라 씨를 뺀 후 소금물에 하룻밤 동안 담가 둔다.
2. 절인 고추를 물에 씻어 물기가 마르기 전에 찹쌀가루를 묻히고 시루나 찜통에 김이 오르기 시작하면 고추를 넣어 새파랗게 찐다.
3. 통풍이 잘 되는 곳에서 말려 습기차지 않게 보관한다.
4. 먹을 때 꺼내어 식용유에 튀긴다.

출 처
네이버사전(두산백과), 100.naver.com/, 2006

조리시연자
백방자, 경상북도 의성군 단밀면 주선1리

▌방법 2 ▌

재 료

풋고추 200g(13개) • 붉은 고추 200g(13개) • 찹쌀가루 200g(2컵) • 물 600mL(3컵) • 소금 2작은술 • 식용유 적량

만드는 법

1. 풋고추, 붉은 고추는 작은 것은 통째로, 큰 것은 반을 갈라 씨를 뺀 후 끓는 물에 데쳐 물기를 뺀다.
2. 냄비에 찹쌀가루와 물을 붓고 찹쌀풀을 끓이다가 소금으로 간을 하여 식힌다.
3. 풋고추와 붉은 고추에 찹쌀풀을 발라 바싹 말린다.
4. 170℃의 식용유에서 재빨리 튀긴다.

출 처
김천시농업기술센터, 김천 향토음식, 1999

정보제공자
김명자, 경상북도 구미시 선산읍 죽장1리

미역귀튀각

재 료

말린 미역귀 100g • 설탕 1큰술 • 식용유 적량

만드는 법

1. 말린 미역귀는 하나하나 떼어 내서 깨끗이 손질한다.
2. 미역귀를 160~170℃의 식용유에서 튀기고 식기 전에 설탕을 뿌린다.

1

출 처
포항시농업기술센터, 포항 전통의 맛, 2004

정보제공자
손경자, 경상북도 포항시 남구 대신동

조리시연자
조복자, 경상북도 영덕군 영덕읍 대부리

감꽃부각(감잎부각)

재 료

감잎 60장 • 감꽃 약간 • 찹쌀가루 200g(2컵) • 물 600mL(3컵) • 소금 2작은술 • 식용유 적량

만드는 법

1. 감잎과 감꽃은 씻어 물기를 뺀다.
2. 냄비에 찹쌀가루와 물을 붓고 찹쌀풀을 끓인 후 소금으로 간을 하여 식힌다.
3. 감잎은 앞면에만 찹쌀풀을 바르고 감꽃은 적셔 말린다. 찹쌀풀 바르는 과정을 2회 정도 반복한다.
4. 3의 감잎과 감꽃을 170°C의 식용유에서 재빨리 튀겨 낸다.

❁ 참고사항

6~7월에 감잎을 따서 부각을 만든다.

출 처

청도군농업기술센터, 청도 향토음식의 보고 석빙고, 2004

정보제공자

노필태, 경상북도 청도군 매전면 금곡리

감자부각(감자말림)

재 료

감자 750g(5개) • 설탕 · 소금 약간 • 식용유 적량

만드는 법

1. 감자는 껍질을 벗겨 0.5cm 두께로 둥글게 썰어 물에 5시간 이상 담가 놓는다.
2. 감자를 끓는 물에 살짝 삶아 채반에 널어 바싹 말린다.
3. 먹을 때 감자를 170°C의 식용유에서 튀겨 설탕이나 소금을 뿌린다.

참고사항

감자를 소금물에 담갔다가 쪄서 만들기도 한다.

출 처

문화공보부 문화재관리국, 한국민속종합조사보고서(경상북도 편), 1974

정보제공자

김미자, 경상북도 문경시 점촌동

김부각

재 료

김 20g(10장) • 찹쌀가루 100g(1컵) • 물 300mL(1½컵) • 고춧가루 1작은술 • 통깨 1큰술 • 식용유 적량

양념 간장 4큰술 • 설탕 1½작은술 • 참기름 2작은술 • 깨소금 1큰술

만드는 법

1. 냄비에 찹쌀가루와 물을 붓고 찹쌀풀을 끓여 식힌 후 양념을 넣어 섞는다.
2. 김의 한 면에 1의 찹쌀풀을 골고루 바르고 그 위에 김 한 장을 다시 놓고 8등분 한다.
3. 2의 김 조각 중앙에 찹쌀풀을 조금 바르고, 통깨와 고춧가루를 약간씩 뿌려 햇볕에 말린다.
4. 김이 오그라들기 직전에 거두어 상자 속에 세워서 보관한다.
5. 먹을 때 식용유에 튀기거나 팬에서 지진다.

❂ 참고사항

미역 등의 해조류 부각이 많이 이용되고 있고, 양념장과 찹쌀풀을 섞어 김에 담근 후 말려 튀기기도 한다.

출 처

김천시농업기술센터, 김천 향토음식, 1999
성주군농업기술센터, 성주 향토음식의 맥, 2004

정보제공자

정진자, 경상북도 문경시 흥덕동
지수스님, 경상북도 청도군 매전면 북지리

김자반

재 료

김 100g(50장) • 대추 10g(4개) • 밤(깐 것) 20g(2개) • 고춧가루 1큰술 • 통깨 1큰술

양념장 간장 1컵 • 물엿 ⅔컵 • 국간장 ⅓컵 • 붉은 고추 30g(2개) • 생강 20g(5쪽)

만드는 법

1. 대추는 씨를 발라 내어 곱게 채 썰고, 밤도 채 썬다.
2. 김은 8등분으로 자른다.
3. 냄비에 간장, 물엿, 국간장, 생강, 붉은 고추를 넣고 30분 정도 끓인 후 생강과 붉은 고추는 건져 낸다.
4. 3의 양념장에 대추채, 밤채, 고춧가루, 통깨를 넣고 섞은 후 김 사이사이에 부어 재운다.

출 처
청도군농업기술센터, 청도 향토음식의 보고 석빙고, 2004

정보제공자
이미애, 경상북도 청송군 청송읍 송생리

고문헌
시의전서(김자반), 조선요리제법(김자반), 조선무쌍신식요리제법(감태좌반 : 甘苔佐飯)

마른반찬

당귀잎부각

재 료

연한 당귀잎 100g • 찹쌀가루 150g(1½컵) • 물 450mL(2¼컵) • 통깨 1큰술 • 설탕 · 소금 약간 • 식용유 적량

만드는 법

1. 냄비에 찹쌀가루와 물을 붓고 찹쌀풀을 끓여 식힌다.
2. 당귀잎은 씻어 물기를 빼고 찹쌀풀에 적셨다가 찜통에서 살짝 찐 후 통깨를 뿌려 그늘에 말린다.
3. 170℃의 식용유에서 재빨리 튀겨 식기 전에 소금이나 설탕을 뿌린다.

출 처
봉화군농업기술센터, 봉화의 맛을 찾아서, 2002

정보제공자
양순화, 경상북도 봉화군 봉성면 동양리

마른반찬

당귀잎튀김

재 료

당귀잎 100g • 달걀 50g(1개) • 밀가루 110g(1컵) • 전분 40g(⅓컵) • 물 200mL(1컵) • 소금 1작은술 • 식용유 적량

만드는 법

1. 당귀잎은 깨끗이 씻어 물기를 제거한다.
2. 달걀, 물, 밀가루, 전분에 소금 간을 하고 가볍게 섞어 반죽을 만든다.
3. 당귀잎에 반죽을 묻혀 170℃의 식용유에서 튀겨 낸다.

출 처
경상북도 농촌진흥원, 경상북도 향토음식, 1997

정보제공자
양순화, 경상북도 봉화군 봉성면 동양리

마른반찬

더덕튀김

재 료

더덕 300g(8뿌리) • 달걀 50g(1개) • 밀가루 55g(½컵) • 물 5큰술 • 소금 1½작은술 • 식용유 적량

만드는 법

1. 더덕은 껍질을 벗기고 소금(1작은술)으로 문질러 쓴맛을 우려 내고 씻어 물기를 뺀다.
2. 달걀, 물, 밀가루에 소금(½작은술)으로 간을 하고 가볍게 섞어 반죽을 만든다.
3. 더덕에 반죽을 묻혀 160°C의 식용유에서 튀겨 낸다.

출 처
경상북도 농촌진흥원, 경상북도 향토음식, 1997

정보제공자
곽종련, 경상북도 구미시 서산읍 이문리

마른반찬

묵튀김(도토리묵튀김)

재 료

도토리묵 400g • 식용유 적량

초고추장 고추장 1큰술 • 식초 1큰술 • 설탕 1작은술 • 깨소금 1작은술 • 참기름 약간

만드는 법

1. 도토리묵은 굵게 채 썰어(5×1×1cm) 말린 다음 170°C의 식용유에서 튀긴다.
2. 초고추장을 곁들인다.

출 처
청도군농업기술센터, 청도 향토음식의 보고 석빙고, 2004

정보제공자
김숙희, 경상북도 김천군 평화동

들깨송이부각(들깨머리부각, 들깨열매부각)

재 료

들깨송이 100g • 찹쌀가루 150g(1½컵) • 물 450mL(2¼컵) • 소금 1작은술 • 식용유 적량

만드는 법

1. 덜 익은 들깨송이는 깨끗이 씻어 물기를 완전히 뺀다.
2. 냄비에 찹쌀가루, 물, 소금을 넣고 찹쌀풀을 끓여 말갛게 되면 식힌다.
3. 들깨송이에 찹쌀풀을 묻혀 채반에 겹치지 않게 펴서 햇볕에 잘 말린다.
4. 바싹 마르면 밀폐용기에 담아 보관한다.
5. 먹을 때 170℃의 식용유에서 재빨리 튀겨 낸다.

참고사항

꽃, 열매로도 부각을 만드나 여러 종류 산야초와 채소의 잎으로 만드는 부각이 대부분이다.

출 처

성주군농업기술센터, 성주 향토음식의 맥, 2004

정보제공자

장명숙, 경상북도 고령군 고령읍 헌문리

마른반찬

마른문어쌈

재 료

마른 문어 1마리 • 호두(깐 것) 100g(10개) • 꿀 약간

만드는 법

1. 문어발을 잿불에 골고루 구워서 뜨거울 때 나무망치로 두들겨 넓게 펴서 3~4cm 길이로 썬다(문어가 커서 살이 도톰하면 반으로 갈라 편다).
2. 호두는 4등분으로 토막을 낸다.
3. 1의 문어에 꿀을 발라 호두를 넣고 돌돌 말아 짧은 꼬치를 꽂는다.

출 처
문화공보부 문화재관리국, 한국민속종합조사보고서(향토음식 편), 1984

마른반찬

붕어포

재 료

붕어 10마리 • 소금 1큰술

만드는 법

1. 붕어는 비늘과 내장을 제거하고 깨끗이 씻은 다음 소금을 뿌려 절인다.
2. 김이 오른 찜통에 절인 붕어를 넣고 살짝 쪄서 햇볕에 말린다.

참고사항
겨울철에는 호박고지를 넣고 지져 먹는다.

출 처
문화공보부 문화재관리국, 한국민속종합조사보고서(향토음식 편), 1984

마른반찬

모시잎부각

재 료

모시잎 20장 • 찹쌀가루 50g(1/2컵) • 물 150mL(3/4컵) • 다진 마늘 1작은술 • 생강즙 1작은술 • 소금 1작은술 • 후춧가루 약간 • 식용유 적량

만드는 법

1. 모시잎은 끓는 물에 소금을 넣고 데쳐서 찬물에 헹궈 물기를 뺀다.
2. 찹쌀가루에 물을 붓고 풀어서 생강즙, 소금, 다진 마늘, 후춧가루를 넣은 후 덩어리가 지지 않게 나무주걱으로 저어 가며 풀을 쑨다.
3. 모시잎에 찹쌀풀을 발라 햇볕에 바싹 말린다.
4. 먹을 때 모시잎을 170°C의 식용유에서 재빨리 튀겨 낸다.

출 처
농촌진흥청 농촌영양개선연수원(현 농촌자원개발연구소), 한국의 향토음식, 1994

정보제공자
신옥진, 경상북도 청송군 피천면 덕천리

북어보푸라기(명태보푸림)

재 료

북어 140g(1마리) • 참기름 ½큰술 • 설탕 1작은술 • 깨소금 1작은술 • 간장 · 고운 고춧가루 · 소금 약간

만드는 법

1. 북어는 두들겨 머리를 떼고 가시와 껍질을 제거한 후 강판에 곱게 간다.
2. 1의 북어에 참기름, 설탕, 깨소금으로 양념한다.
3. 양념한 북어를 3등분하여 각각 간장, 소금, 고운 고춧가루로 무쳐 삼색의 보푸라기를 만든다.

출 처

군위군농업기술센터, 향토음식 맥잇기 군위의 맛을 찾아서, 2005
대구광역시, 대구 전통향토음식, 2005
이연정, 경주 지역 향토음식의 성인의 연령별 이용실태 분석, 한국식생활문화학회지, 21(6), 2006

정보제공자

이원태, 경상북도 군위군 의흥면 수북1리

마른반찬

우엉잎자반(우엉잎부각)

재 료

우엉잎 100g • 찹쌀가루 150g(1½컵) • 물 450mL(2¼컵) • 소금 1작은술 • 설탕 약간 • 식용유 적량

만드는 법

1. 우엉잎을 깨끗이 씻어 물기를 완전히 뺀다.
2. 냄비에 찹쌀가루, 물, 소금을 넣고 찹쌀풀을 끓여 말갛게 익으면 식힌다.
3. 우엉잎에 찹쌀풀을 발라 채반에 겹치지 않게 펴서 햇볕에 잘 말린다.
4. 바싹 마르면 밀폐용기에 담아 보관한다.
5. 먹을 때 우엉잎을 170℃의 식용유에서 재빨리 튀겨 설탕을 뿌린다.

출 처

문화공보부 문화재관리국, 한국민속종합조사보고서(향토음식 편), 1984

정보제공자

박정희, 경상북도 고령군 고령읍 지산리

은어튀김

재 료

은어 500g • 밀가루 5큰술 • 식용유 적량

반죽 밀가루 55g(½컵) • 전분 2큰술 • 달걀 50g(1개) • 소금 약간 • 물 140mL(⅔컵)

초장 간장 1½큰술 • 식초 1큰술 • 설탕 ½작은술 • 고춧가루 약간

초고추장 고추장 1큰술 • 식초 1큰술 • 설탕 1작은술 • 깨소금 1작은술

만드는 법

1. 은어는 10~15cm 크기의 작은 것을 골라 내장을 빼고 깨끗이 씻는다.
2. 달걀, 밀가루, 전분, 소금, 물을 섞어 반죽을 만든다.
3. 은어에 밀가루를 약간 묻힌 후 반죽에 적셔 160~170℃의 식용유에서 바삭하게 튀긴다.
4. 초장이나 초고추장을 곁들인다.

출 처
상주시농업기술센터, 상주 향토음식 맥잇기 고운 빛 깊은 맛, 2004

정보제공자
박분선, 경상북도 경주시 강동면 모서2리

인삼튀김

재 료

수삼 8뿌리 • 찹쌀가루 3큰술 • 식용유 적량

반죽 찹쌀가루 50g(1/2컵) • 밀가루 55g(1/2컵) • 소금 1작은술 • 물 140mL(2/3컵)

만드는 법

1. 수삼의 잔뿌리는 떼고 깨끗이 씻는다.
2. 밀가루와 찹쌀가루에 소금, 물을 넣어 가볍게 섞어 반죽을 만든다.
3. 수삼에 찹쌀가루를 묻힌 후 반죽에 적셔 170℃의 식용유에서 튀긴다.

출 처

경상북도 농촌진흥원, 경상북도 향토음식, 1997

정보제공자

이신옥, 경상북도 영주시 안정면 생현리

마른반찬

콩자반

재 료

콩 160g(1컵) • 찹쌀가루 50g(½컵) • 물 150mL(¾컵) • 식용유 적량

만드는 법

1. 콩은 끓는 물에 삶아 물기를 뺀다.
2. 냄비에 찹쌀가루, 물을 넣어 찹쌀풀을 끓여 식힌다.
3. 삶은 콩에 찹쌀풀을 발라 햇볕에 바싹 말린다.
4. 먹을 때 170℃의 식용유에서 튀겨 낸다.

❁ 참고사항

찹쌀가루 대신 밀가루를 이용하기도 하고, 튀긴 후 소금을 뿌리기도 한다.

정보제공자
류용주, 경상북도 군위군 효령면 중구1리

고문헌
시의전서(콩자반), 조선요리제법(콩자반), 조선무쌍신식요리제법(두좌반 : 豆佐飯)

상어피편(돔배기피편, 두뚜머리)

재 료

상어고기 100g • 상어 껍질 3장 • 당근 30g • 대파 10g(⅓뿌리) • 물 200mL(1컵) • 다진 마늘 1큰술 • 실고추 · 소금 약간

초간장 간장 1큰술 • 식초 ½큰술 • 통깨 약간

만드는 법

1. 상어 껍질은 끓는 물에 넣어 겉껍질만 익을 정도로 살짝 데쳐 표면에 검고 꺼칠꺼칠한 부분은 칼로 긁어 내어 매끈하게 다듬는다.
2. 냄비에 손질한 상어 껍질을 넣고 물을 부어 끓인다.
3. 껍질이 거의 익으면 상어고기를 넣고 끓여 물이 자작하게 남으면 소금으로 간을 하고 불을 끈다.
4. 대파와 당근은 곱게 채 썰고(5×0.2×0.2cm), 실고추는 2cm 길이로 썬다.
5. 3을 네모진 틀에 붓고 한 김 나간 후 대파, 당근, 실고추, 다진 마늘을 고명으로 올려 굳힌다.
6. 알맞게 굳으면 납작하게 썰어(3×3×1cm) 초간장을 곁들인다.

참고사항

상어머리도 끓여서 뼈를 제거하여 이용한다.

출 처

성주군농업기술센터, 성주 향토음식의 맥, 2004
경주시농업기술센터, 천년고도 경주 내림손맛, 2005

정보제공자

김기, 경상북도 성주군 수륜면 신정리
김춘란, 경상북도 경주시 안강읍 옥산리

조리시연자

김옥환, 경상북도 영천시 금로읍 냉천2리

개복치수육

재 료

개복치 · 소금 적량

만드는 법

1. 개복치 덩어리를 끓는 물에 넣고 곰국 끓이듯 푹 고아 둔다.
2. 1에 소금을 넣고 간을 맞춘 후 틀에 넣어 식힌 다음 먹기 좋은 크기로 썬다.
3. 초고추장을 곁들인다.

참고사항

개복치는 살이 흐물흐물한 덩치가 큰 생선으로 끓이면 살이 풀어져서 곰국처럼 된다. 상어, 문어회와 함께 행사, 길흉사에 많이 쓰이는 음식이다.

출 처

포항시농업기술센터, 포항 전통의 맛, 2004

소껍질무침

재 료

소 껍질 200g • 무 50g • 당근 30g • 미나리 20g • 풋고추 15g(1개)

양념 고춧가루 1작은술 • 다진 마늘 1작은술 • 참기름 1작은술 • 깨소금 1작은술 • 소금 1작은술

만드는 법

1. 소 껍질은 깨끗하게 손질하여 씻어 끓는 물에 무를 때까지 푹 삶아 식힌 후 굵게 채 썬다(5×0.3×0.3cm).
2. 미나리는 4~5cm 길이로 썰고, 풋고추는 어슷썰며(0.3cm), 무와 당근은 채 썬다(5×0.2×0.2cm).
3. 준비한 재료에 양념을 넣어 무친다.

정보제공자
남순희, 경상북도 영주시 문수면 월호3리

오징어순대

재 료

오징어 1kg(3마리) • 표고버섯 50g(4개) • 당근 50g(⅓개) • 당면 50g • 쇠고기 30g • 대파 20g(½뿌리) • 소금 약간 • 식용유 적량

쇠고기 · 표고버섯 양념 간장 ½큰술 • 설탕 1작은술 • 다진 마늘 1작은술 • 참기름 · 통깨 약간

만드는 법

1. 오징어는 내장과 다리를 제거하고 깨끗이 씻는다.
2. 쇠고기와 표고버섯은 곱게 채 썰어(5×0.2×0.2cm) 각각 양념하여 잠시 재웠다가 팬에 볶는다.
3. 당면은 삶아서 잘게 자르고 당근, 대파는 곱게 채 썰어 소금 간을 하여 팬에 식용유를 두르고 볶는다.
4. 2, 3의 쇠고기, 표고버섯, 당면, 당근, 대파를 잘 섞어 소를 만든다.
5. 오징어에 소를 넣고 입구에 꼬치를 꽂는다.
6. 김이 오른 찜통에 넣어 쪄 내고 식은 후에 1cm 두께로 둥글게 썬다.

출 처

경상북도 농촌진흥원, 경상북도 향토음식, 1997
포항시농업기술센터, 포항 전통의 맛, 2004
윤숙경 · 박미남, 경상북도 동해안 지역 식생활문화에 관한 연구(1), 한국식생활문화학회지, 14(2), 1999

정보제공자

이순옥, 경상북도 의성군 의성읍 상리
이옥희, 경상북도 포항시 북구 장성동

콩탕(콩장, 순두부)

재 료

생콩가루 120g(1컵) • 실파 20g • 부추 20g • 물 600mL(3컵)

간수 물 2큰술 • 소금 1큰술

만드는 법

1. 부추와 실파는 3cm 길이로 썬다.
2. 콩가루에 물(1컵)을 넣어 잘 푼다.
3. 냄비에 물(2컵)을 부어 끓이다가 콩가루 갠 물을 넣고 저으면서 끓인다.
4. 콩 비린내가 나지 않을 때까지 끓인 후 간수를 넣는다.
5. 순두부처럼 엉기면 부추와 실파를 넣는다.

2

3

5

출 처
안동시농업기술센터, 향토음식 맥잇기 안동 음식여행, 2002
이선호 · 박영배, 안동 지역의 향토음식을 활용한 관광체험 프로그램 개발, 한국조리학회지, 8(3), 2002

정보제공자
이길재, 경상북도 경산시 하양읍 부호1리

조리시연자
박미숙, 경상북도 경주시 내남면 이조리

도토리묵(꿀밤묵)

재 료

도토리 1.5kg • 물 1.6L(8컵) • 소금 1큰술

양념장 간장 2큰술 • 고춧가루 1큰술 • 다진 파 1큰술 • 다진 마늘 1작은술 • 참기름 ½큰술 • 통깨 약간

만드는 법

1. 도토리는 완전히 말려 겉껍질과 속껍질을 제거한 후 하루에 8번 정도 물을 갈아 주면서 담가 두어 떫은맛을 우려 낸다(겨울에는 약 7일, 여름에는 3~4일 정도).
2. 도토리를 분쇄기나 맷돌에 물을 붓고 갈아 삼베주머니에 걸러 낸다.
3. 2에 소금으로 간을 한 후 앙금(전분)은 가라앉히고 윗물을 버린다.
4. 앙금(전분)에 물을 부어 저으면서 끓인 다음 소금으로 간을 한다.
5. 4를 틀에 넣어 굳히고 적당한 크기로 썬다.

❁ 참고사항

먹을 때 납작하게 썰어(3×3×1cm) 양념장을 곁들인다.

출 처

영천시농업기술센터, 향토음식 맥잇기 고향의 맛, 2001
구미시농업기술센터, 구미 향토-로하스요리 질시루, 2005

정보제공자

김명자, 경상북도 구미시 선산읍 죽장1리
김영숙, 경상북도 김천시 개령면 서부리
이순선, 경상북도 성주군 대가면 칠봉리

조리시연자

조문경, 경상북도 경주시

고문헌

조선요리제법(도토리묵), 조선무쌍신식요리제법(상실유 : 橡實乳)

동부가루묵

재 료

동부가루 200g • 물 1.6L(8컵)

만드는 법

1. 냄비에 동부가루와 물(1 : 8의 비율)을 넣고 섞어 멍울이 생기지 않도록 잘 저으면서 끓인다.
2. 네모난 틀에 1을 부어 굳히고 적당한 크기(12×12×6cm)로 썬다.

참고사항

동부가루묵은 채소, 통깨, 실파 등을 넣고 양념장에 무쳐 먹는다.

조리시연자
조인선, 경상북도 예천군

옥수수묵(올챙이묵)

재 료

옥수수 알갱이 3kg • 애호박 100g(¼개) • 송이버섯 100g • 물 9L(45컵)

양념장 간장 2큰술 • 고춧가루 1큰술 • 다진 파 1큰술 • 다진 마늘 1작은술 • 참기름 ½큰술 • 통깨 약간

2

만드는 법

1. 옥수수 알갱이에 물을 붓고 맷돌이나 분쇄기에 갈아서 껍질은 걸러 내고 앙금(전분)은 가라앉힌다.
2. 1을 냄비에 넣고 기포가 생길 때까지 저으면서 끓인다.
3. 주걱으로 떨어뜨려서 주르륵 흐르는 정도의 농도로 끓인 후 뜸을 들인다.
4. 식기 전에 올챙이묵 틀에 부어서 찬물에 헹군 후 건진다.
5. 양념장을 곁들인다.

4

4

참고사항

- 고지 바가지에 구멍을 뚫고 그 위에 끓은 묵을 부어서 주걱으로 살살 문지르면 올챙이 같은 묵이 되므로 올창묵이라고도 한다.
- 옥수수묵에 애호박과 송이버섯을 채 썰어 고명으로 올리기도 한다.

출 처
봉화군농업기술센터, 봉화의 맛을 찾아서, 2002

정보제공자
한계남, 경상북도 문경시 산양면 송주리

조리시연자
이미경, 경상북도 봉화군 춘향면 도심3리

호박묵

재 료

늙은 호박 3kg(1개) • 녹두 전분 500g • 물 6L(30컵) • 소금 1큰술

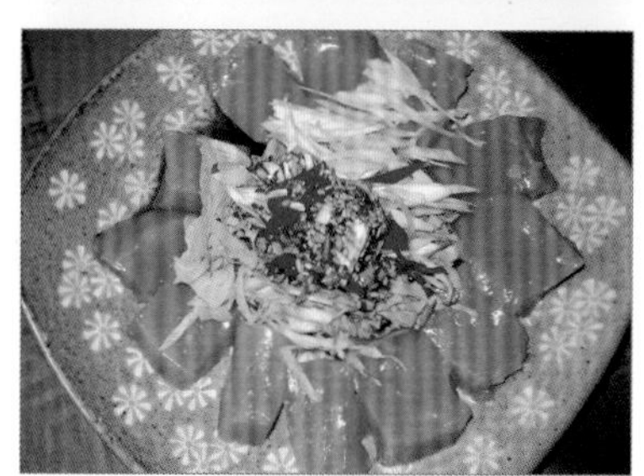

만드는 법

1. 늙은 호박은 껍질을 벗기고 씨를 긁어 낸 후 큼직하게 썰어 끓는 물(5.4L)에 넣고 푹 익힌 후 체에 내린다.
2. 녹두 전분에 물(3컵)을 부어 잘 푼다.
3. 냄비에 1을 넣고 끓이다가 2를 넣어 저으면서 끓인 후 소금으로 간을 해 넓은 그릇에 부어서 굳힌다.
4. 알맞게 굳으면 호박묵을 납작하게 썬다(3×3×1cm).

출 처
구미시농업기술센터, 구미 향토-로하스요리 질시루, 2005

조리시연자
김명자, 경상북도 구미시 선산읍 죽장1리

묵 · 두부

고구마묵(고구마 전분묵)

재 료

고구마 5kg • 물 10~12L • 참기름 2큰술

만드는 법

1. 고구마는 깨끗이 씻어 채 썬 후 맷돌이나 분쇄기에 물을 조금씩 부어 가면서 간다.
2. 면포에 갈아 놓은 고구마를 넣고 짜서 앙금을 가라앉힌다.
3. 솥에 앙금과 물을 넣고 저어 끓기 시작하면 참기름을 넣고 네모난 틀에 부어 굳혀 적당한 크기로 썬다.

출 처

성주군농업기술센터, 성주 향토음식의 맥, 2004
구미시농업기술센터, 구미 향토-로하스요리 질시루, 2005

정보제공자

김명순, 경상북도 경주시 감포1리
김명자, 경상북도 구미시 선산읍 죽장1리
한정숙, 경상북도 성주군 월항면 대산2리

묵 · 두부

우뭇가사리묵(천초묵)

재 료

우뭇가사리(천초) 1kg • 물 5L(25컵)

만드는 법

1. 우뭇가사리는 물에 씻어 방망이로 두들겨 돌을 제거하고 흰색이 될 때까지 물에 담가 둔다.
2. 냄비에 물을 붓고 1을 넣어 저으면서 점성이 생길 때까지 끓인 다음 네모난 틀에 면포를 깔고 부어 굳힌다.

✻ 참고사항

우뭇가사리묵에 양념장(간장, 고춧가루, 참기름, 다진 파, 다진 마늘, 통깨)을 곁들이기도 하고 채 썬 우뭇가사리묵에 콩가루를 묻혀 소금으로 간을 하여 먹기도 한다.

출 처

울진군농업기술센터, 울진의 LOHAS 친환경음식, 2005

정보제공자

김선현, 경상북도 울진군 원남면 매화2리

메밀묵

재 료

메밀 5kg • 물 30L

만드는 법

1. 메밀은 깨끗이 씻어 끓는 물에 5분 정도 담가 떫은맛을 우려 내고 30분 정도 건조시킨다.
2. 건조시킨 메밀을 곱게 갈아 40℃의 물을 부어 고운체에서 거른다.
3. 2의 앙금을 냄비에 붓고 저어 가며 꽈리가 생기도록 끓인다.
4. 네모난 틀에 부어 굳힌 후 적당한 크기로 썬다(12×12×6cm).

참고사항

메밀묵은 김과 양념장을 곁들여 먹는다.

출 처

영천시농업기술센터, 향토음식 맥잇기 고향의 맛, 2001

정보제공자

김명자, 경상북도 구미시 선산읍 죽장1리
김미자, 경상북도 문경시 점촌동

고문헌

조선무쌍신식요리제법(교맥유 : 蕎麥乳)

청포묵(녹두묵)

재료

녹두 1kg(5컵) • 물 적량 • 소금 6작은술

만드는 법

1. 녹두는 맷돌에 갈아 두 쪽으로 가른 후 물에 담가 불린다.
2. 불린 녹두를 문질러 씻어 껍질을 벗겨 내고 맷돌이나 분쇄기에 곱게 간다.
3. 2를 고운체에 걸러 물(6L)을 붓고 6~7시간 정도 두어 앙금을 가라앉힌다.
4. 윗물을 따라 내고 앙금만 냄비에 담아 물을 붓고(앙금 : 물=1 : 6) 저으면서 끓인다.
5. 점성이 생기면 소금으로 간을 하여 한소끔 더 끓인다.
6. 네모난 틀에 5를 부어 굳힌다.

참고사항

쇠고기, 달걀, 미나리, 김, 양념장을 곁들이기도 한다.

출 처

경상북도 농촌진흥원, 우리의 맛 찾기 경북 향토음식, 1997
구미시농업기술센터, 구미 향토-로하스요리 질시루, 2005

정보제공자

김명자, 경상북도 구미시 선산읍 죽장1리
서문애, 경상북도 영주시 안정면 등촌 2리

고문헌

조선요리제법(녹두묵), 조선무쌍신식요리제법(록두유 : 菉豆乳)

두부

재 료

콩 350g(2컵) • 간수 30g • 물 1L(5컵)

만드는 법

1. 콩은 깨끗이 씻어 하루 정도 물에 담가 불려 맷돌이나 분쇄기로 간다.
2. 냄비에 물을 부어 끓인 후 간 콩을 넣어 끓이고 10분 정도 식힌 다음 고운체에 부어서 콩물을 받는다(이때 찌꺼기는 비지가 된다).
3. 간수를 넣어 주걱으로 한 번 저어 준 다음 10분 정도 두면 두부가 엉긴다.
4. 틀에 면포를 깔고 3을 부어 15분 정도 눌러 둔다.
5. 완성된 두부는 적당한 크기로 썬다(12×12×7cm).

출 처
영천시농업기술센터, 향토음식 맥잇기 고향의 맛, 2001

정보제공자
남경화, 경상북도 경산시 하양읍 환상3리

고문헌
산가요록(가두포(순두부)), 수운잡방(취포 : 取泡), 조선요리제법(두부)

추어두부

재 료

콩 1kg(6컵) • 미꾸라지 230g • 간수 20g • 물 10L

만드는 법

1. 미꾸라지는 이틀 정도 물에 담가 해감을 뺀다.
2. 콩은 12시간 정도 물에 담가 불린 후 껍질을 제거하고 10배 정도의 물을 넣어 분쇄기에 간다.
3. 솥에 2를 부어 5분간 펄펄 끓이고 삼베주머니에 넣어 두유(콩물)를 짜낸다.
4. 3의 두유에 간수를 넣고 다시 끓이면 뭉글뭉글하게 엉긴다.
5. 면포를 깐 두부 틀에 4를 붓고 미꾸라지를 넣어 15분 정도 눌러 물을 짜낸다.
6. 두부를 적당하게 썬다.

참고사항

맛이 담백하고 미꾸라지를 뼈째 섭취하므로 고단백, 고칼슘 영양식품이다.

출 처

농촌진흥청 농촌영양개선연수원(현 농촌자원개발연구소), 한국의 향토음식, 1994

정보제공자

최원선, 경상북도 구미시 형곡동

쌈

말쌈

재 료

말 300g

쌈장 된장 2큰술 • 고추장 ½큰술 • 다진 파 1작은술 • 다진 마늘 1작은술 • 참기름 · 깨소금 약간

만드는 법

1. 말은 깨끗이 씻어 물기를 빼고 10cm 길이로 썬다.
2. 쌈장을 만들어 곁들인다.

조리시연자
김귀조, 경상북도 경산시 진량읍 다문2리

가죽장아찌(참죽장아찌)

재 료

가죽 1kg • 고추장 3컵

만드는 법

1. 가죽은 끓는 물에 살짝 데쳐 꾸덕꾸덕하게 말린다.
2. 1의 말린 가죽과 고추장을 켜켜이 항아리에 담아 위를 눌러 3~4개월 숙성시킨다.

참고사항

- 말린 가죽은 양념장(간장, 국간장, 물엿, 고추장, 고춧가루)에 무쳐 1개월 정도 숙성시키기도 한다.
- 경상도에서는 참죽의 새순을 가죽이라고 한다.

출 처

경상북도 농촌진흥원, 우리의 맛 찾기 경북 향토음식, 1997
청도군농업기술센터, 청도 향토음식의 보고 석빙고, 2004
이연정, 경주 지역 향토음식의 성인의 연령별 이용실태 분석, 한국식생활문화학회지, 21(6), 2006

정보제공자

예정숙, 경상북도 청도군 화양읍 범곡1리
이순자, 경상북도 경산시 자인면 동부2리

조리시연자

김영자, 경상북도 고령군 덕곡면 반성2리

감장아찌

재 료

감 4kg(30개) • 소금 2컵 • 물 4L

양념 된장 3kg • 고추장 1kg • 물엿 2컵

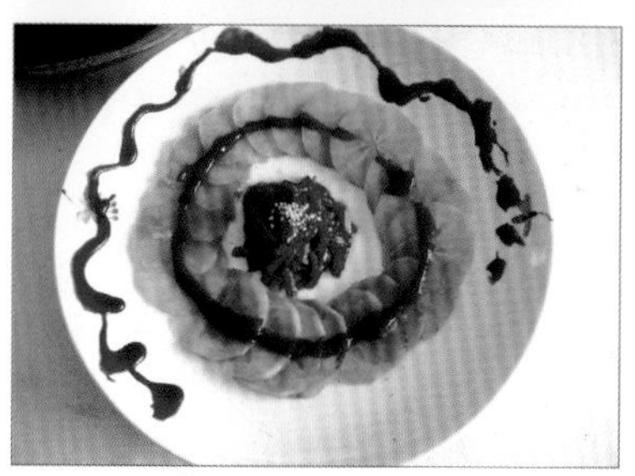

만드는 법

1. 9월 말경의 감을 준비한다.
2. 감은 깨끗이 씻어 물기를 제거하고 꼭지 부분을 떼어 낸 후 소금물에 2~3일 정도 담가 절인다.
3. 2를 건져 내어 물기를 잘 닦아 양념에 버무려 항아리에 담아 3개월 숙성시킨다.

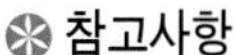

참고사항

먹을 때는 꺼내어 적당한 크기로 썰어 그대로 먹거나 양념을 털어 내고 고추장, 설탕, 물엿, 참기름, 통깨를 넣어 무치기도 한다.

출 처

상주시농업기술센터, 상주 향토음식 맥잇기 고운 빛 깊은 맛, 2004
청도군농업기술센터, 청도 향토음식의 보고 석빙고, 2004
네이버사전(두산백과), 100.naver.com/, 2006

정보제공자

배애숙, 경상북도 포항시 북구 두호동

조리시연자

문순연, 경상북도 청도군 각분면 덕촌2리

박쥐나뭇잎장아찌(남방잎장아찌)

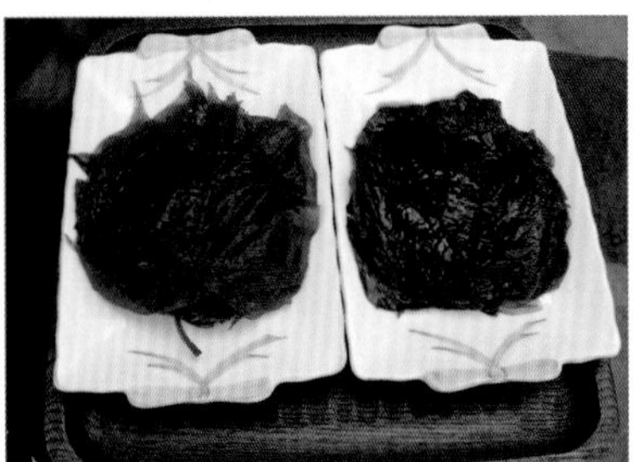

재 료

박쥐나뭇잎 100g • 된장 2컵 • 간장 ½컵 • 물엿 ¼컵

만드는 법

1. 파랗고 연한 박쥐나뭇잎을 준비해서 깨끗이 씻어 물기를 뺀다.
2. 박쥐나뭇잎을 된장 속에 넣어 1년 정도 숙성시킨다.
3. 숙성시킨 박쥐나뭇잎의 된장을 훑어 내고 간장과 물엿을 섞은 양념을 켜켜이 바른다.

참고사항

박쥐나뭇잎은 남방잎이라고도 부르며 잎 모양이 박쥐의 손과 발을 닮은 박쥐나무에서 나는 잎으로 3월 초순에 어린잎을 따서 장아찌를 만든다.

출 처
경주시농업기술센터, 천년고도 경주 내림손맛, 2005

정보제공자
이옥선, 경상북도 포항시 남구 연일읍 호천리

조리시연자
홍옥화, 경상북도 경주시

당귀잎장아찌

재 료

당귀잎 100g • 당귀뿌리 100g • 고추장 1컵 • 물엿 4큰술 • 통깨 2큰술

만드는 법

1. 당귀잎을 부드러울 때 채취하여 깨끗이 씻어 물기를 뺀다.
2. 당귀뿌리는 껍질을 벗겨 적당한 길이로 썬다.
3. 고추장에 물엿을 섞어 당귀잎과 당귀뿌리를 넣고 버무린 후 통깨를 뿌려 항아리에 담는다.

참고사항

당귀뿌리와 당귀잎을 미지근한 소금물에 2~3시간 절여 고추장, 고춧가루, 새우젓, 생강, 설탕, 통깨 등의 양념으로 장아찌를 만들기도 한다.

출 처

경상북도 농촌진흥원, 우리의 맛 찾기 경북 향토음식, 1997
봉화군농업기술센터, 봉화의 맛을 찾아서, 2002
윤숙경, 안동 지역의 향토음식에 대한 고찰, 한국식생활문화학회지, 9(1), 1994

정보제공자

김옥분, 경상북도 봉화군 봉화읍 도천1리

도토리묵장아찌

재 료

도토리묵 1kg • 국간장 1컵 • 통깨 1큰술 • 실고추 약간

만드는 법

1. 도토리묵은 적당한 크기로 썰어(2×3×1cm) 그늘에서 1~2일 정도 말린다.
2. 1을 국간장에 2~3일 정도 재운다.
3. 먹을 때 묵장아찌를 건져 실고추와 통깨를 고명으로 얹는다.

출 처
네이버사전(두산백과), 100.naver.com/, 2006

정보제공자
원남출, 경상북도 영천군

장아찌

고추장아찌

재 료

풋고추 600g • 통깨 ¼컵 • 소금 2컵 • 물 4L

양념 멸치액젓 ½컵 • 고춧가루 1½컵 • 물엿 ⅔컵 • 설탕 5큰술 • 다진 마늘 ½컵 • 멸치장국국물(멸치 · 다시마 · 물) 200mL(1컵)

만드는 법

1. 풋고추는 소금물에 삭힌다.
2. 삭힌 풋고추는 찬물에 깨끗이 씻어 물기를 뺀다.
3. 양념에 넣어 버무린 후 통깨를 뿌린다.

❃ 참고사항

간장, 된장을 이용하기도 한다.

출 처

청도군농업기술센터, 청도 향토음식의 보고 석빙고, 2004
경주시농업기술센터, 천년고도 경주 내림손맛, 2005

정보제공자

김용화, 경상북도 구미시 고아읍 원호리

김장아찌

재 료

김 50g(25장) • 양파 30g(¼개) • 대파 10g(¼뿌리) • 마늘 5g(1쪽) • 생강 5g(1쪽) • 물 200mL(1컵) • 간장 1컵 • 설탕 ¼컵 • 물엿 ¼컵 • 참기름 · 통깨 약간

만드는 법

1. 냄비에 간장, 물, 설탕을 넣고 잘 저은 뒤 큼직하게 썬 양파, 대파, 생강, 마늘을 넣어 양파의 색이 갈색이 나도록 푹 끓인다.
2. 1을 체에 밭쳐 거른 후 물엿을 넣고 다시 끓인다.
3. 김을 8등분하여 그릇에 담고 2의 양념을 부어 재워 놓는다.
4. 먹기 전에 참기름, 통깨를 넣는다.

출 처

청도군농업기술센터, 청도 향토음식의 보고 석빙고, 2004

정보제공자

김순주, 경상북도 청도군 용각면 송서2리

은희순, 경상북도 경주시 황성동

더덕장아찌

재 료

더덕 200g(소 9뿌리) • 고추장 260g(1컵) • 소금 1큰술 • 물 적량

양념 다진 파 3큰술 • 다진 마늘 1큰술 • 설탕 1큰술 • 참기름 1작은술 • 깨소금 1작은술

만드는 법

1. 더덕은 껍질을 벗기고 깨끗하게 손질하여 소금물에 담가 쓴맛을 우려 낸다.
2. 물기를 닦고 반으로 갈라 방망이나 칼등으로 두들겨 얇게 편다.
3. 2에 고추장을 넣고 버무려 항아리에 담는다.
4. 더덕에 고추장 맛이 배어 들고 빛깔이 붉어지면 꺼내어 고추장을 훑어 내고 잘게 찢어 양념을 넣어 버무린다.

참고사항

도라지장아찌도 같은 방법으로 만든다.

출 처

김천시농업기술센터, 김천 향토음식, 1999
경주시농업기술센터, 천년고도 경주 내림손맛, 2005

정보제공자

최경희, 경상북도 경주군 강동면 왕신1리

마늘장아찌

재 료

통마늘 300g(10통) • 물 400mL(2컵) • 간장 1컵 • 설탕 ⅓컵

촛물 식초 1컵 • 물 2L(10컵)

만드는 법

1. 통마늘은 겉껍질을 까서 촛물에 24시간 정도 담갔다가 건진다.
2. 냄비에 간장, 설탕, 물을 넣어 끓인 후 완전히 식으면 마늘을 넣는다.
3. 2~3일 후 2의 간장물을 따라 내어 끓인 후 식혀서 다시 붓기를 2~3회 반복한다.

참고사항

마늘을 소금물에 넣어 삭힌 후 설탕, 식초, 물을 끓여 식힌 다음 부어 장아찌를 담그기도 한다.

출 처

포항시농업기술센터, 포항 전통의 맛, 2004

정보제공자

권정순, 경상북도 고령군 헌문리
문순연, 경상북도 청도군 각북면 덕촌2리
이춘자, 경상북도 포항시 북구 청하면 서정리

고문헌

조선요리제법(마늘장아찌), 조선무쌍신식요리제법(산장 : 蒜醬)

무말랭이장아찌

재 료

무말랭이 300g • 무청시래기 50g • 소금 ½컵 • 물 적량

양념 고춧가루 2컵 • 찹쌀풀 ½컵 • 멸치액젓 ¼컵 • 물엿 3큰술 • 다진 파 3큰술 • 다진 마늘 1큰술 • 통깨 1큰술 • 소금 약간

만드는 법

1. 무말랭이와 무청시래기는 소금물에 담가 불린 후 씻어 물기를 빼고, 무청시래기는 4cm 길이로 썬다.
2. 무말랭이와 무청시래기에 양념을 넣어 골고루 버무려 항아리에 담아 익힌다.

참고사항

- 무말랭이와 무청시래기는 무즙에 담가 불리기도 하고, 무청 대신 말린 고춧잎을 넣기도 한다. 간장에 담그는 무짱아지도 있다.
- 무말랭이장아찌는 무말랭이짠지, 오그락지, 골금지, 골금짠지, 골짠지, 골곰짠지 등으로 불리기도 한다.

출 처
문화공보부 문화재관리국, 한국민속종합조사보고서(향토음식 편), 1984
청도군농업기술센터, 청도 향토음식의 보고 석빙고, 2004
경주시농업기술센터, 천년고도 경주 내림손맛, 2005

정보제공자
김미화, 경상북도 청송군 청송읍 부곡리
이정숙, 경상북도 포항시 북구 두호동
황금옥, 경상북도 청도군 매전면 동산1리

고문헌
시의전서(무말랭이장아찌)

무장아찌

재 료

무 3kg(3개) • 식초 5컵 • 간장 3컵 • 설탕 1컵 • 소금 1컵

만드는 법

1. 무를 직사각형으로 썰어(3×4×2cm) 깨끗이 씻고 소금물에 절여 15일간 삭힌 후 물기를 뺀다.
2. 냄비에 간장, 식초, 설탕을 넣고 끓여 식힌다.
3. 무를 항아리에 담고 2를 부어 2~3일에 한 번씩 국물만 따라 내어 끓인 후 식혀서 다시 붓기를 2~3회 반복한다.

참고사항

무를 꾸덕꾸덕하게 말려 된장에 박기도 한다.

출 처

포항시농업기술센터, 포항 전통의 맛, 2004

정보제공자

김종성, 경상북도 안동시 법상동
이춘자, 경상북도 포항시 북구 청하면 서정리

고문헌

시의전서(무날장아찌), 조선요리제법(무장아찌), 조선무쌍신식요리제법(무장아찌(무말랭이장아찌))

산초장아찌

재 료

산초 200g • 간장 2컵

만드는 법

1. 산초는 적당한 크기로 손질하여 끓는 물에 넣어 살짝 데친 후 건져 물기를 뺀다.
2. 간장을 끓여서 차게 식힌다.
3. 산초를 항아리에 담고 돌로 꼭 누른 후 3의 간장을 붓는다.

참고사항

산초는 열매만 먹을 수 있으며, 열매가 파랗고 껍질이 벗겨지지 않았을 때 장아찌나 차로 이용하고, 씨는 산초기름을 만들어 기관지염이나 중풍을 치료하는 약으로 사용한다. 산초장아찌는 사찰음식의 대표적인 저장식품이다. 산초, 초피(제피)는 혼용하여 부르고 있으나 산초는 열매만 식용하고 초피는 열매와 잎을 식용으로 한다.

출 처

김연식, 한국사찰음식, 우리출판사, 1997
선재스님, 선재스님의 사찰음식, 디자인하우스, 2000
봉화군농업기술센터, 봉화의 맛을 찾아서, 2002
적문, 전통사찰음식, 우리출판사, 2002
대구광역시, 대구 전통향토음식, 2005
윤숙경, 안동 지역의 향토음식에 대한 고찰, 한국식생활문화학회지, 9(1), 1994
이연정, 경주 지역 향토음식의 성인의 연령별 이용실태 분석, 한국식생활문화학회지, 21(6), 2006

정보제공자

김태선, 경상북도 청도군 청도읍 매전면 관하1리
박영미, 경상북도 포항시 흥해읍 매산리

초피잎장아찌(제피잎장아찌)

재 료

초피잎(제피잎) 500g • 고추장 2컵 • 물엿 ½컵 • 소금 3큰술 • 물 적량

만드는 법

1. 초피잎은 깨끗이 씻어 소금물에 살짝 절인 후 건져 물기를 뺀다.
2. 고추장에 물엿을 넣어 잘 섞는다.
3. 2에 초피잎을 넣어 한 달 정도 숙성시킨다.

참고사항

초피(제피)는 열매와 잎을 식용으로 하며 열매를 말려서 껍질을 살짝 볶아 만든 가루는 우리나라에 고춧가루가 전래되기 전까지 향신료의 가치뿐만 아니라 매운맛을 내는 양념으로 이용하였다.

출 처

대구광역시, 대구 전통향토음식, 2005

정보제공자

공필자, 경상북도 청도군 화양읍 범곡2리
예정숙, 경상북도 청도군 화양읍 범곡1리
이춘자, 경상북도 포항시 북구 청하면 서정리

참외장아찌(끝물참외장아찌)

재 료

참외 5kg(10개) • 식초 10컵 • 소금 1컵 • 설탕 1컵 • 간장 3큰술 • 물 3L

양념 고춧가루 1작은술 • 다진 파 1큰술 • 다진 마늘 1작은술 • 참기름 1작은술 • 설탕 약간

만드는 법

1. 참외는 깨끗이 씻어 항아리에 차곡차곡 담고 푹 잠길 정도로 식초를 부어 10일 정도 시원한 곳에 보관한다.
2. 1에서 식초를 따라 낸다.
3. 간장, 설탕, 소금, 물을 잘 섞어 참외가 잠길 정도로 붓고 돌로 눌러 3~4일 두었다가 국물을 따라 내어 끓여 식혔다가 다시 붓는다.
3. 먹을 때 참외장아찌를 채 썰어 면포에 싸서 물기를 꼭 짠 후 양념으로 무친다.

참고사항

• 소금이나 간장에 절였다가 된장이나 고추장에 무치기도 한다.
• 9월경에 수확한 참외를 사용한다.

출 처
경상북도 농촌진흥원, 우리의 맛 찾기 경북 향토음식, 1997
김천시농업기술센터, 김천 향토음식, 1999
성주군농업기술센터, 성주 향토음식의 맥, 2004

정보제공자
최봉구, 경상북도 경산시 자인면 동부2리

풋참외장아찌 (참외장아찌)

재 료

풋참외 10kg(20개) • 소금 5컵 • 물 2L(10컵) • 된장(또는 고추장) 10컵

양념 참기름 1작은술 • 깨소금 1작은술 • 설탕 약간

만드는 법

1. 풋참외를 깨끗이 씻어 소금물에 살짝 절여 물기를 뺀다.
2. 항아리에 담고 된장(또는 고추장)을 넣어 2~3개월 숙성시킨다.
3. 먹을 때 숙성시킨 참외는 물에 담가 짠맛을 빼고 적당한 크기로 썰어 양념으로 무친다.

참고사항

아삭아삭 씹히는 맛이 좋으며, 풋참외의 신선한 향이 난다.

출 처

경상북도 농촌진흥원, 우리의 맛 찾기 경북 향토음식, 1997
김천시농업기술센터, 김천 향토음식, 1999

정보제공자

최봉구, 경상북도 경산시 자인면 동부2리

호두장아찌

재 료

호두 500g • 다시마 30g • 건표고버섯 30g(10개) • 소금 ½컵 • 간장 1컵 • 설탕 2큰술 • 물 200mL(1컵)

만드는 법

1. 호두는 겉껍질을 벗겨 깨끗이 씻은 후 소금물에 하루 정도 절인 후 건져 물기를 제거한다.
2. 냄비에 표고버섯, 다시마, 간장, 설탕, 물을 넣어 끓인 후 식힌다.
3. 항아리에 호두를 넣고 2를 부어 호두가 뜨지 않게 눌러 저장한다.
4. 3일에 한 번씩 국물만 따라 내어 다시 끓인 후 식혀서 붓기를 3번 반복한다.

출 처
청도군농업기술센터, 청도 향토음식의 보고 석빙고, 2004

정보제공자
신국희, 경상북도 청도군 화양읍 범곡2리
유경애, 대구광역시 서구 중리동

꽁치젓갈(봉산꽁치젓갈)

재 료

꽁치 1kg(14마리) • 소금 300g(2⅓컵)

만드는 법

1. 신선한 꽁치를 바닷물에 씻은 후 물기를 뺀다.
2. 꽁치에 소금을 넣고 버무려 항아리에 담고 대나무 줄기로 덮은 후 돌로 눌러 2년간 숙성시킨다.

❋ 참고사항

젓국으로 이용하고 건더기에 풋고추, 다진 파, 다진 마늘, 고춧가루를 넣고 버무려 밥반찬이나 술안주로도 이용한다.

출 처

문화공보부 문화재관리국, 한국민속종합조사보고서(향토음식 편), 1984
포항시농업기술센터, 포항 전통의 맛, 2004
울진군농업기술센터, 울진의 LOHAS 친환경음식, 2005

정보제공자

이관순, 경상북도 포항시 북구 청하면 월포리
임춘화, 경상북도 울진군 울진면 읍내4리

조리시연자

최용선, 경상북도 울진군 기성면 봉산2리

가자미식해

재 료

가자미 340g(1마리) • 무 1.5kg(1½개) • 조 300g(2컵) • 엿기름가루 50g(½컵) • 소금 1큰술

양념 고춧가루 2컵 • 다진 마늘 3큰술 • 다진 생강 1큰술 • 소금 3큰술 • 검은깨 1큰술

만드는 법

1. 가자미는 깨끗하게 손질하여 3cm 너비로 썰어 엿기름가루를 섞어 재운다.
2. 조는 씻어 고슬고슬하게 쪄서 식혀 놓는다.
3. 무는 채 썰어(5×0.2×0.2cm) 소금에 절여서 물기를 꼭 짠다.
4. 준비된 모든 재료에 양념을 넣고 골고루 버무려 항아리에 꼭꼭 눌러 담아 7일 정도 삭힌다.

출 처

문화공보부 문화재관리국, 한국민속종합조사보고서(향토음식 편), 1984
윤숙경 · 박미남, 경상북도 동해안 지역 식생활문화에 관한 연구(1), 한국식생활문화학회지, 14(2), 1999
농촌진흥청, 향토음식, www2.rda.go.kr/food/, 2006

정보제공자

신복순, 경상북도 안동시 정상동
우복순, 경상북도 달성군 화원읍 본리리

조리시연자

최용선, 경상북도 울진군 기성면 봉산2리

밥식해

재 료

찹쌀 1.5kg • 흰살생선 1kg • 무 850g(1개) • 배 370g(1개) • 실파 50g • 대파 50g(1⅔뿌리) • 엿기름가루 120g(1컵) • 소금 1⅓큰술

양념 고춧가루 5컵 • 다진 마늘 2½컵 • 소금 ½컵 • 다진 생강 2큰술 • 설탕 2큰술

만드는 법

1. 흰살생선은 5~6cm 정도의 너비로 썰어 소금(1큰술)을 살짝 뿌려 꼬들꼬들해지면 물기를 뺀다.
2. 무와 배는 굵게 채 썰어(5×0.3×0.3cm) 소금(⅓큰술)으로 살짝 절여 물기를 뺀다.
3. 대파는 채 썰고(5×0.2×0.2cm), 실파는 5cm 길이로 썬다.
4. 찹쌀은 씻어 물에 불린 후 고두밥을 쪄서 약간 식힌 다음 엿기름가루를 넣고 골고루 섞는다.
5. 준비된 모든 재료에 양념을 골고루 섞어 항아리에 담아 숙성시킨다.

참고사항

흰살생선을 꾸들꾸들하게 말리거나 그냥 이용하기도 하고 뼈째 썰거나 껍질을 벗겨 이용하기도 한다.

출 처

농촌진흥청 농촌영양개선연수원(현 농촌자원개발연구소), 한국의 향토음식, 1994
농촌진흥청 농촌생활연구소(현 농촌자원개발연구소), 전통지식 모음집(생활문화 편), 1997
포항시농업기술센터, 포항 전통의 맛, 2004
윤숙경 · 박미남, 경상북도 동해안 지역 식생활문화에 관한 연구(1), 한국식생활문화학회지, 14(2), 1999
이연정, 향토음식에 대한 인식이 향토음식전문점 방문빈도에 미치는 영향 연구, 한국조리과학회지, 22(6), 2006

정보제공자

권정순, 경상북도 영일군 송라면 지경1리
김송희, 경상북도 포항시 죽도2동
신옥진, 경상북도 청송군 파천면 덕천리
이옥선, 경상북도 포항시 남구 연일읍 오천리
이옥화, 경상북도 포항시 북구 장성동

조리시연자

조복자, 경상북도 영덕군 영덕읍 대부리

오징어식해

재 료

오징어 350g(1마리) • 무 100g • 소금 약간

양념 고춧가루 3큰술 • 소금 ½큰술 • 다진 마늘 1큰술 • 다진 생강 1큰술 • 초피가루 약간

만드는 법

1. 오징어는 내장을 빼고 소금물에 씻어 0.5cm 두께로 채 썬다.
2. 무는 굵게 채 썰어(5×0.3×0.3cm) 소금물에 절였다가 물기를 뺀다.
3. 준비된 오징어와 무에 양념을 넣어 버무린다.

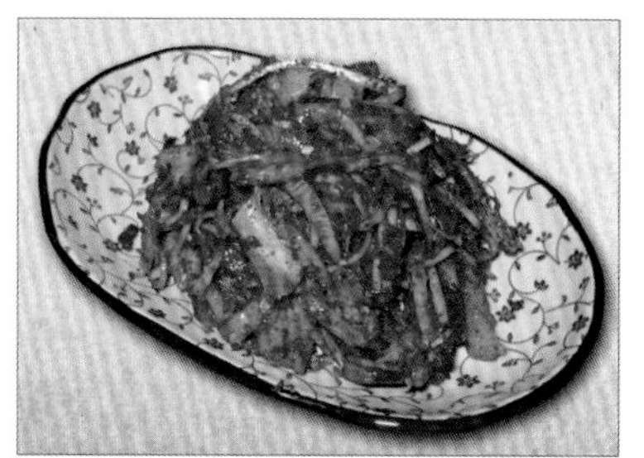

출 처
경상북도 농촌진흥원, 우리의 맛 찾기 경북 향토음식, 1997

조리시연자
최용선, 경상북도 울진군 기성면 봉산2리

홍치식해

재 료

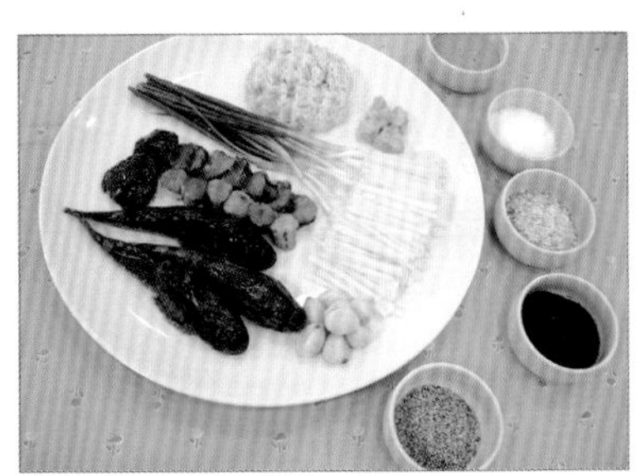

홍치 1kg • 찹쌀 3kg • 무 800g(1개) • 실파 50g • 엿기름가루 120g(1컵) • 물 200mL(1컵) • 소금 약간

양념 고춧가루 1kg • 소금 ½컵 • 다진 마늘 5큰술 • 설탕 약간

만드는 법

1. 무는 굵게 채 썰어(5×0.3×0.3cm) 소금에 절인 후 물기를 꼭 짠다.
2. 찹쌀은 깨끗이 씻어 30분 정도 물에 불린 후 찜통에 쪄서 식힌다.
3. 엿기름가루에 물을 넣고 잘 섞어 체에 내린다.
4. 실파는 3cm 길이로 썬다.
5. 홍치는 껍질을 제거하고 살만 발라 내어 적당한 크기로 토막 낸다.
6. 무채, 고두밥, 엿기름물에 양념을 넣어 고춧가루물이 들도록 잘 비빈다.
7. 6에 실파와 홍치를 넣고 버무려 항아리에 담아 익힌다.

게장

재 료

꽃게 1kg(4마리) • 당근 50g(⅓개) • 대파 35g(1뿌리)

양념장 고춧가루 1½컵 • 간장 1컵 • 다진 마늘 1큰술 • 초피가루 ½큰술 • 생강즙 1작은술 • 참기름 2큰술 • 통깨 1큰술

만드는 법

1. 꽃게는 깨끗이 씻어 물기를 뺀다.
2. 대파는 어슷썰고, 당근은 곱게 채 썬다(5×0.2×0.2cm).
3. 분량의 양념을 고루 섞어 양념장을 만든다.
4. 준비된 꽃게, 대파, 당근을 양념장에 버무린다.

정보제공자
서점숙, 경상북도 안동시 송천동
최용선, 경상북도 울진군 기성면 봉산2리

명태무젓

재 료

명태(생태) 2kg(2마리) • 무 400g(½개)

양념 고춧가루 1컵 • 소금 ¼컵 • 다진 파 5큰술 • 다진 마늘 2큰술 • 통깨 1큰술

만드는 법

1. 명태(생태)는 깨끗이 손질하여 칼등으로 눌러 잘게 썬다.
2. 무는 나박썰기 한다(1×1×0.5cm).
3. 준비된 명태와 무에 양념을 넣어 버무린 후 항아리에 담아 윗면을 꼭 눌러 1주일 정도 숙성시킨다.

정보제공자
구영숙, 경상북도 경주군 안강면 사방리

오징어젓

재 료

오징어 700g(2마리) • 무 400g(½개) • 고춧가루 1컵 • 다진 마늘 3큰술 • 소금 2큰술 • 설탕 약간

만드는 법

1. 오징어는 내장을 빼고 깨끗이 씻은 후 채 썰어(5×0.3×0.3cm) 소금에 절였다가 물기를 뺀다.
2. 무는 채 썰어(5×0.2×0.2cm) 소금에 절였다가 물기를 뺀다.
3. 준비된 오징어와 무채에 고춧가루, 다진 마늘, 소금, 설탕을 넣고 잘 버무려 항아리에 담는다.

정보제공자
최숙희, 경상북도 경주시 양남면 나산리

장

유곽

재 료

개조개 3마리 • 미나리 30g • 깻잎 10g • 물 100mL(½컵) • 된장 1큰술 • 고추장 1큰술 • 다진 파 1큰술 • 다진 마늘 ½큰술 • 깨소금 1큰술 • 참기름 1큰술 • 밀가루 1큰술

만드는 법

1. 개조개는 살짝 삶아 살을 발라 내어 내장을 제거하고 깨끗이 씻어 물기를 뺀 다음 곱게 다진다.
2. 조개껍데기는 끓는 물에 삶아 물기를 빼 놓는다.
3. 미나리는 다듬어 송송 썰고(0.5cm), 깻잎은 채 썬다.
4. 냄비에 참기름을 두르고 다진 개조개를 넣어 볶다가 된장, 고추장, 다진 파, 다진 마늘을 넣고 더 볶는다.
5. 4에 미나리, 깻잎, 물을 넣고 볶은 다음 깨소금을 넣어 버무린다.
6. 조개껍데기에 밀가루를 바르고 5를 채운다.

1

3

5

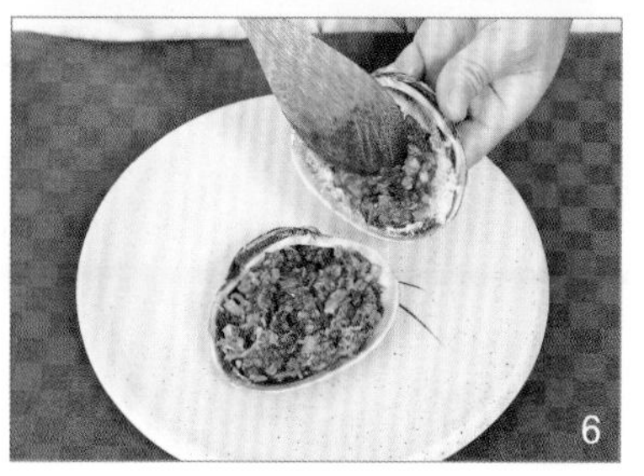
6

❁ 참고사항

경상북도의 유곽은 볶은 재료를 조개껍데기에 담아 주로 쌈장으로 이용하는 음식이고, 경상남도의 유곽은 생 재료 및 볶은 재료를 조개껍데기에 담아 석쇠에 굽는 구이류이다.

조리시연자
박미숙, 경상북도 경주시 내남면 이조리

시금장(등겨장)

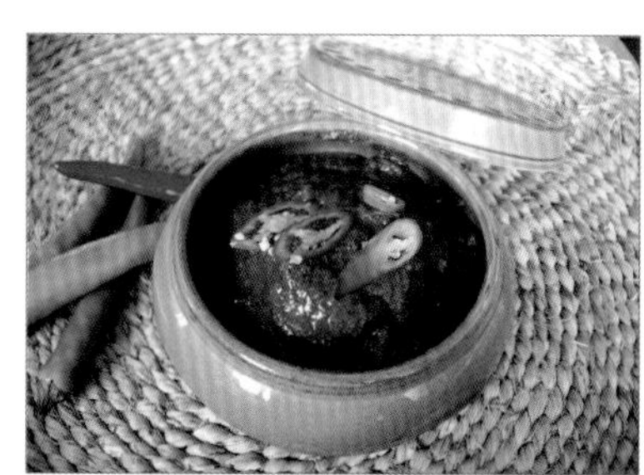

재 료

메줏가루 700g(8¾컵) • 보리밥 420g(2공기) • 무 200g(¼개) • 당근 100g(⅔개) • 무청 100g • 풋고추 60g(4개) • 소금 ½컵

만드는 법

1. 보리밥에 메줏가루와 소금을 넣어 잘 섞는다.
2. 무, 당근은 채 썰고(5×0.2×0.2cm), 무청은 2~5cm 길이로 썰고, 풋고추는 어슷썰어 (0.3cm) 소금에 절여 물기를 뺀다.
3. 준비된 모든 재료를 고루 버무려 5~7일 정도 삭힌다.

참고사항

- 시금장을 등겨장이라고도 하며 주로 보리쌀겨를 이용하고 보리쌀겨를 익반죽하기도 한다. 보리쌀겨 반죽을 햇볕에 1주일 정도 말려 왕겨나 나무잿불 속에 묻어 굽는다. 또한 찹쌀풀이나 보리쌀풀, 콩 삶은 물을 이용하기도 하며 숙성시킬 때 엿기름가루를 이용하기도 한다. 무는 꾸덕꾸덕하게 말린 것, 콩잎(이용하는 경우)은 삭혀서 다시 삶아 우려 낸 후 이용한다.
- 서늘한 온도에서 삭혀야 제 맛이 나므로 한여름은 피한다.

출 처

경상북도 농촌진흥원, 우리의 맛 찾기 경북 향토음식, 1997
경주시농업기술센터, 천년고도 경주 내림손맛, 2005
윤숙경, 안동 지역의 향토음식에 대한 고찰, 한국식생활문화학회지, 9(1), 1994
윤숙경 · 박미남, 경상북도 동해안 지역 식생활문화에 관한 연구(1), 한국식생활문화학회지, 14(2), 1999

정보제공자

권정숙, 경상북도 영천시 금호읍 구암동
김정석, 경상북도 경주시
김춘란, 경상북도 경주시 안강읍 옥산리
이필순, 경상북도 성주군 대가면 칠봉리
최순자, 경상북도 성주군 대가면 칠봉리

감고추장

재 료

홍시조청 600g • 물 200mL(1컵) • 고춧가루 200g(2½컵) • 메줏가루 50g(⅔컵) • 소금 ⅓컵

만드는 법

1. 홍시조청에 뜨거운 물을 넣어 풀어 준 후 식힌다.
2. 1에 고춧가루와 메줏가루, 소금을 넣어 고루 섞는다.

참고사항

홍시조청은 잘 익은 홍시를 씻어 끓인 후 건더기는 걸러 낸다. 남은 국물을 엿기름에 삭혀 약한 불에서 끈기가 생길 때까지 저어 가며 조린다.

출 처

청도군농업기술센터, 청도 향토음식의 보고 석빙고, 2004
네이버사전(두산백과), 100.naver.com/, 2006

정보제공자

노필태, 경상북도 청도군 매전면 금곡리
최춘화, 경상북도 상주시 무양1동

감쌈장

재 료

홍시 300g • 고춧가루 600g(7½컵) • 메줏가루 100g(1¼컵) • 소금 1컵

엿기름물 엿기름가루 60g(½컵) • 물 400mL(2컵)

만드는 법

1. 홍시를 체에 내려 냄비에 넣고 불에 올려 푹 곤다.
2. 엿기름물을 걸러서 1에 부어 따뜻한 아랫목에 두고 12시간 정도 완전히 삭힌다.
3. 2를 솥에 넣어 잘 저으면서 끓여 엿처럼 걸쭉하게 되면 메줏가루, 고춧가루, 소금을 넣어 잘 섞는다.

출 처

상주시농업기술센터, 상주 향토음식 맥잇기 고운 빛 깊은 맛, 2004

막장

재 료

메줏가루 720g(9컵) • 고춧가루 80g(1컵) • 물엿 1kg(3⅓컵) • 물 1L(5컵) • 소금 약간

만드는 법

1. 냄비에 물엿과 물을 넣어 끓인 후 식힌다.
2. 1에 메줏가루, 고춧가루, 소금을 넣어 섞는다.
3. 항아리에 담아 10~15일 정도 숙성시킨다.

참고사항

막장은 메줏가루를 소금물에 잠깐 담가 먹는 장을 말한다. 땅콩, 해바라기씨를 씹히도록 갈아 넣기도 하고 갈은 양파를 넣기도 한다.

출 처
성주군농업기술센터, 성주 향토음식의 맥, 2004

정보제공자
박선녀, 경상북도 포항시 신광면 상읍1리
이성숙, 경상북도 성주군 선남면 도흥리

집장(거름장)

재 료

쌀 1kg(5⅕컵) • 콩 500g(3컵) • 가지 360g(3개) • 부추 200g • 우엉 400g(1개) • 박 ¼개 • 풋고추 80g(5개) • 물엿 290g(1컵) • 소금 약간

만드는 법

1. 쌀은 씻어 불린 후 물기를 빼고 곱게 갈고, 콩은 씻어 불린다.
2. 쌀가루와 불린 콩은 함께 쪄서 주먹만하게 빚어 아랫목에서 1주일 정도 띄워 바싹 말린 후 가루를 낸다.
3. 박, 우엉, 가지, 풋고추는 큼직하게 썰어 소금물에 절인 후 물기를 뺀다.
4. 부추도 씻어 물기를 뺀다.
5. 2의 가루, 절인 박, 우엉, 가지, 풋고추와 부추에 물엿을 넣고 잘 섞어 50~60°C에서 24시간 동안 삭힌다.
6. 5를 중불에서 10분간 뒤적이면서 채소의 수분이 남지 않도록 조린다.

참고사항

집장을 삭힐 때 퇴비의 열에 삭힌다 하여 거름장이라 하였으나 현대는 퇴비가 귀하고 번거로워 보온밥통에 띄운다. 다양한 종류의 채소는 소금물에 절여서 물기를 뺀 후 이용하고 마른 채소는 메줏가루를 버무려 숙성시킨다.

출 처

농촌진흥청 농촌영양개선연수원(현 농촌자원개발연구소), 한국의 향토음식, 1994
상주시농업기술센터, 상주 향토음식 맥잇기 고운 빛 깊은 맛, 2004
성주군농업기술센터, 성주 향토음식의 맥, 2004
대구광역시, 대구 전통향토음식, 2005
윤숙경, 안동 지역의 향토음식에 대한 고찰, 한국식생활문화학회지, 9(1), 1994
이선호 · 박영배, 안동 지역의 향토음식을 활용한 관광체험 프로그램 개발, 한국조리학회지, 8(3), 2002

정보제공자

김옥자, 경상북도 문경시 영순면 율곡1리
배영신, 경상북도 경주시 교동
심도희, 경상북도 영양군 영양읍 서부4리
이영주, 경상북도 경주시 내남면 이조리
조정자, 경상북도 성주군 월항면 대산리

고문헌

수운잡방(조즙 : 造汁), 증보산림경제(조즙장국법 : 造汁醬麴法), 규합총서(즙장(집장)), 시의전서(즙장 : 汁醬), 부인필지(즙장), 조선요리제법(즙장), 조선무쌍신식요리제법(즙장 : 汁醬)

식초

감식초

재료

감 적량

만드는 법

1. 감은 씻은 후 꼭지를 딴다.
2. 감을 짓이겨 항아리에 넣고 삼베로 덮는다.
3. 10~15일이 지나면 초산이 발효되어 기포가 생기면서 탄산가스가 나온다.
4. 7~10일 더 두어 기포가 발생되지 않으면 이때 찌꺼기를 걸러 내고 남은 물을 다른 용기에 옮겨서 뚜껑을 덮어 발효시킨다.
5. 물의 위쪽이 맑아지면 다른 용기에 부어 보관한다.

참고사항

감은 떫은맛이 약간 남아 있을 정도로 익은 것을 이용한다.

출처
상주시농업기술센터, 상주 향토음식 맥잇기 고운 빛 깊은 맛, 2004

정보제공자
이순향, 경상북도 군위군 군위읍 서부리

고문헌
산림경제(시초 : 柹醋), 증보산림경제(시초법 : 柹醋法), 조선무쌍신식요리제법(시초 : 柹醋)

감경단

재료

찹쌀가루 550g(5½컵) • 녹두고물 115g(1컵) • 홍시 2개 • 생강 50g(½컵) • 소금 1½작은술 • 계핏가루 약간 • 물 300mL(1½컵)

만드는 법

1. 생강은 얇게 편 썰기 하여 냄비에 넣고 물 1컵을 부은 다음 끓여 진하게 생강물을 우려 낸다.
2. 홍시는 칼집을 넣은 후 껍질을 벗기고 물 ½컵을 넣고 삶아 체에 내린다.
3. 찹쌀가루에 소금 1작은술을 넣고 생강물 2큰술, 홍시물 5큰술, 계핏가루를 넣어서 익반죽한다.
4. 3을 밤톨 크기 정도로 떼어 동그랗게 빚는다.
5. 냄비에 물을 붓고 소금(½작은술)을 넣어 끓이다가 4의 경단을 한 개씩 넣고 떠오르면 건져 내어 찬물에 씻어 물기를 뺀다.
6. 5에 녹두고물을 묻힌다.

1

2

5

6

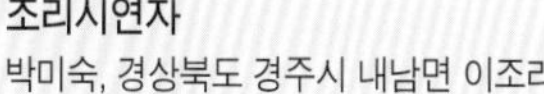

조리시연자
박미숙, 경상북도 경주시 내남면 이조리

도토리가루설기(도토리떡)

재 료

도토리가루 320g(2컵) • 찹쌀가루 500g(5컵) • 멥쌀가루 750g(5컵) • 파란 콩가루 250g(2컵) • 밀가루 약간 • 물 400mL(2컵) • 설탕 1컵 • 소금 1큰술

만드는 법

1. 도토리가루에 물 2컵을 섞어 가루를 부드럽게 한다.
2. 찹쌀가루, 멥쌀가루에 소금을 넣고 비비면서 1의 도토리가루를 넣어 잘 섞어 체에 내린 다음 설탕을 넣어 골고루 섞는다.
3. 시루에 면포를 깔고 콩가루를 뿌린 후 2의 가루의 반을 얹고 다시 콩가루를 뿌리고 나머지 가루를 얹는다. 맨 위에 가루가 보이지 않도록 콩가루를 얹는다.
4. 시루에 삼베보자기를 덮고 김이 새지 않도록 밀가루 반죽으로 시루번을 붙인다.
5. 김이 오르면 뚜껑을 덮고 센 불에서 20분간 찐다.

2

2

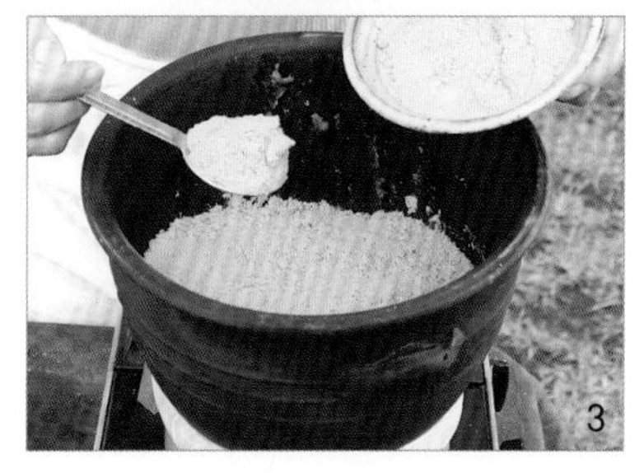

3

참고사항

• 도토리는 예전에는 구황식품으로 곡실 혹은 상실(橡實)로 불려 온 식품이며, 별식으로 먹은 역사가 오래된 식품이다. 도토리가루와 찹쌀가루를 섞지 않고 찹쌀가루, 도토리가루, 콩고물순으로 켜켜이 앉혀 찌기도 하고 멥쌀과 찹쌀을 8 : 2의 비율로 사용하기도 한다.
• 도토리가루 만드는 방법은 도토리 껍질을 제거하여 일주일 정도 물에 담가 떫은맛을 우려낸 뒤 말려서 가루를 내면 된다.

출 처
봉화군농업기술센터, 봉화의 맛을 찾아서, 2002
성주군농업기술센터, 성주 향토음식의 맥, 2004
최규식 · 이윤호, 경상북도 북부 지역 향토음식 호텔 메뉴화 전략, 관광정보연구, 16, 2004

정보제공자
신덕순, 경상북도 영양군 영양읍 서부2리
한금옥, 경상북도 청도군 매전면 동산1리

조리시연자
박미숙, 경상북도 경주시 내남면 이조리

떡

도토리느태(꿀밤느태)

재 료

도토리 1kg • 강낭콩(또는 밤콩) 200g(1컵) • 설탕 ⅔컵 • 소금 약간

만드는 법

1. 도토리는 껍질째 냄비에 넣고 도토리가 잠길 정도로 물을 부어 푹 삶은 후 말린다.
2. 도토리 껍질을 제거하고 알맹이만 물에 충분히 불려 푹 삶은 후 다시 떫은맛이 빠지도록 4~5일간 물을 갈아 주면서 우려 낸다.
3. 강낭콩은 씻어 삶다가 2를 넣어 밥을 짓듯이 뜸을 들이면서 푹 익힌다.
4. 물기 없이 뜸이 잘 들면 불을 끄고 주걱으로 잘 치대어 설탕과 소금을 넣어 잘 섞는다.
5. 4를 동그랗게 뭉쳐서 먹거나 숟가락으로 떠먹는다.

참고사항

- 지금은 거의 사라진 영천 지방의 향토음식이다.
- 콩가루를 버무리기도 한다.

1

2

3

4

출 처
경상북도 농촌진흥원, 우리의 맛 찾기 경북 향토음식, 1997
영천시농업기술센터, 향토음식 맥잇기 고향의 맛, 2001
농촌진흥청, 향토음식, www2.rda.go.kr/food/, 2006

정보제공자
이정자, 경상북도 포항시 연일읍 달전리

조리시연자
박미숙, 경상북도 경주시 내남면 이조리

쑥구리

재 료

찹쌀가루 1kg(10컵) • 팥고물 1kg(8¾컵) • 데친 쑥 200g • 물 100mL(½컵) • 소금 1작은술

만드는 법

1. 데친 쑥은 찬물에 헹구어 물기를 뺀다.
2. 데친 쑥, 찹쌀가루에 소금을 넣고 고루 섞은 다음 곱게 빻아 뜨거운 물로 익반죽한다.
3. 김이 오른 찜통에 면포를 깔고 2의 반죽을 얹어 찐다.
4. 3의 찐 떡을 조금씩 떼어 동글납작하게 편 다음 팥고물을 중앙에 넣고 지름 2~3cm의 둥근 모양을 만든다.
5. 거피한 팥고물을 묻힌다.

출 처

성주군농업기술센터, 성주 향토음식의 맥, 2004
구미시농업기술센터, 구미 향토-로하스요리 질시루, 2005

정보제공자

정남희, 경상북도 경산시 와촌면 계전1리

조리시연자

이영애, 경상북도 칠곡면

홍시떡(상주설기, 감설기)

재 료

멥쌀가루 1kg(7컵) • 홍시 3개 • 당근 75g(½개) • 설탕 150g(1컵) • 물엿 75g(¼컵) • 소금 1큰술 • 물 100mL(½컵)

만드는 법

1. 홍시는 꼭지를 따고 칼집을 넣어서 껍질을 벗긴 후 물을 붓고 홍시즙이 ½컵 정도가 되도록 삶아 체에 내린 후 식힌다.
2. 당근은 꽃 모양을 만들어 물엿에 1시간 정도 담근다.
3. 멥쌀가루, 소금, 홍시즙을 섞어 체에 내린 다음 설탕을 넣어 버무린다.
4. 시루에 면포를 깔고 3을 안친다.
5. 김이 새지 않도록 밀가루로 시루번을 붙여 찌다가 김이 올라오면 삼베보자기를 덮고 15분 정도 더 찐다.
6. 적당한 크기로 썰어 접시에 담고 당근꽃을 그 위에 얹는다.

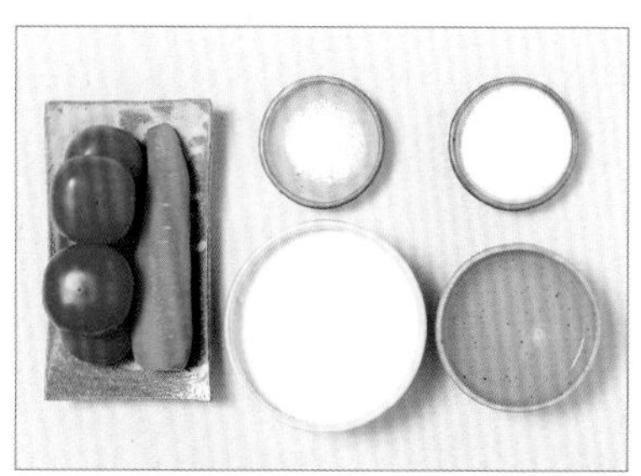

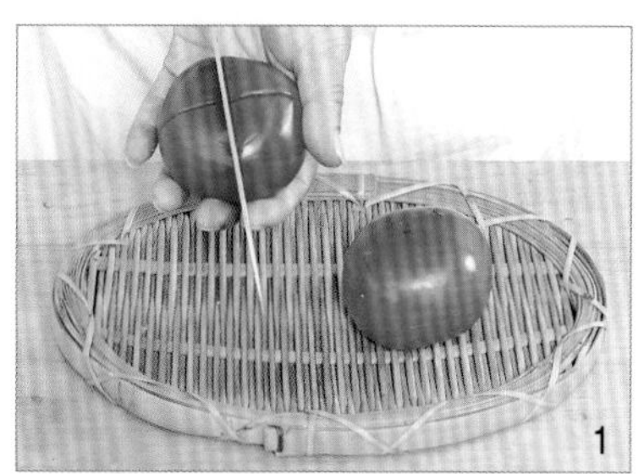
1

1

3

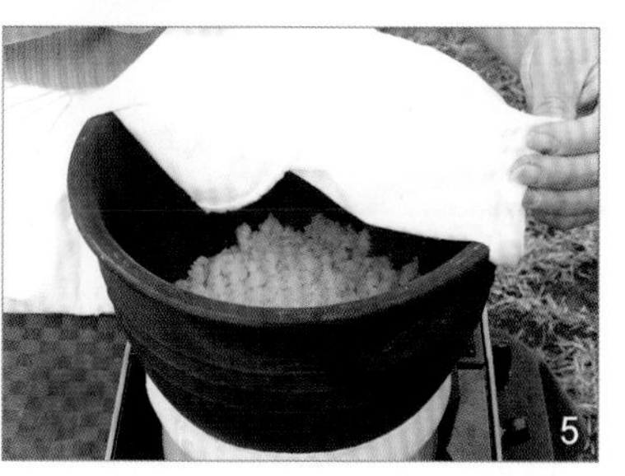
5

출 처
상주시농업기술센터, 상주 향토음식 맥잇기 고운 빛 깊은 맛, 2004

정보제공자
조상희, 경상북도 상주시 외서면 관현리

조리시연자
박미숙, 경상북도 경주시 내남면 이조리

떡

감설기

재 료

멥쌀가루 1.2kg(8컵) • 떫은 감 2~3개 • 설탕 8큰술 • 소금 1½작은술

만드는 법

1. 감은 꼭지를 떼고 껍질을 벗겨 곱게 간다.
2. 1에 멥쌀가루, 소금, 설탕을 넣고 잘 섞어 고운체에 내린다.
3. 김 오른 찜통에 면포를 깔고 2를 얹어 위를 편평하게 하고 면포를 덮는다.
4. 김이 오르면 뚜껑을 덮어 30분 정도 찐다.

2

3

참고사항

불린 쌀과 감을 같이 넣어 빻으면 좋다.

출 처

경상북도 농업기술원, 몸에 좋은 식품 돈이 되는 식품, 2003
청도군농업기술센터, 청도 향토음식의 보고 석빙고, 2004

조리시연자

이숙희, 경상북도 청도군 매전면 관하리

감자떡(감자송편)

재 료

감자 전분 790g(5컵) • 팥 633g(3컵) • 솔잎 적량 • 물 5큰술 • 설탕 ½컵 • 소금 2작은술 • 참기름 약간

만드는 법

1. 팥은 푹 쪄서 뜨거울 때 으깬 후 소금(1작은술)으로 간을 하여 굵은 체에 내리고 설탕을 넣어 골고루 섞은 후 소를 만든다.
2. 감자 전분은 소금(1작은술)을 넣고 익반죽하여 밤톨만하게 떼어 오목하게 빚은 후 1의 소를 넣어 송편을 빚어 손바닥에 놓고 손가락으로 꼭 눌러 손가락 자국을 낸다.
3. 김이 오른 찜통에 솔잎을 깔고 송편을 놓아 찐 후 참기름을 바른다.

참고사항

- 삭힌(썩힌) 감자 전분을 이용하기도 하며 감자 전분에 통팥을 넣어 찐 떡을 감자시루떡(감자찐떡)이라 한다.
- 삶은 팥(콩)과 감자 전분을 섞어 익반죽한 후 찜통에 찌기도 한다.
- 간 감자에서 녹말과 건더기로 분리한 것을 섞어 찌는 감자떡도 있다.
- 감자 전분은 감자를 갈아 고운 자루에 넣고 주물러 앙금을 가라앉혀 햇볕에 말려 전분을 만들기도 하고 감자를 여름철에 20일가량 썩힌 후 곱게 갈아 3~4일간 윗물을 여러 번 갈아내어 얻은 앙금을 햇볕에 말려 감자 전분을 만들기도 한다.

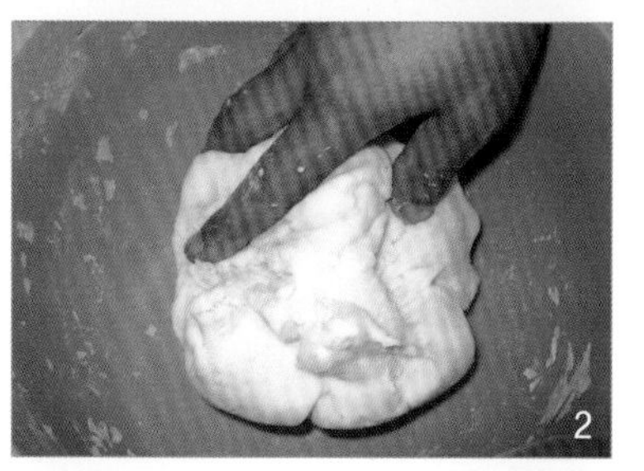
2

3

출 처
김천시농업기술센터, 김천 향토음식, 1999
봉화군농업기술센터, 봉화의 맛을 찾아서, 2002
구미시농업기술센터, 구미 향토-로하스요리 질시루, 2005

정보제공자
김선희, 경상북도 구미시 장천면 상장2리

고문헌
조선요리제법(감자병), 조선무쌍신식요리제법(감저병 : 甘藷餠)

국화전

재 료

찹쌀가루 300g(3컵) • 국화꽃 10송이 • 대추 10g(5개) • 물 3큰술 • 꿀 2큰술 • 소금 1½작은술 • 식용유 ½큰술

만드는 법

1. 국화꽃은 한 잎씩 떼어 찬물에 10시간 정도 담갔다가 씻어 물기를 뺀다.
2. 대추는 돌려 깎아 씨를 빼고 모양 내어 썬다.
3. 찹쌀가루와 국화꽃잎에 더운 소금물을 넣고 익반죽한다.
4. 3의 반죽을 지름 3~4cm, 두께 1cm 정도로 동글납작하게 빚은 후 윗면에 대추를 얹는다.
5. 가열한 팬에 식용유를 두르고 지져 내서 꿀을 바른다.

3

4

5

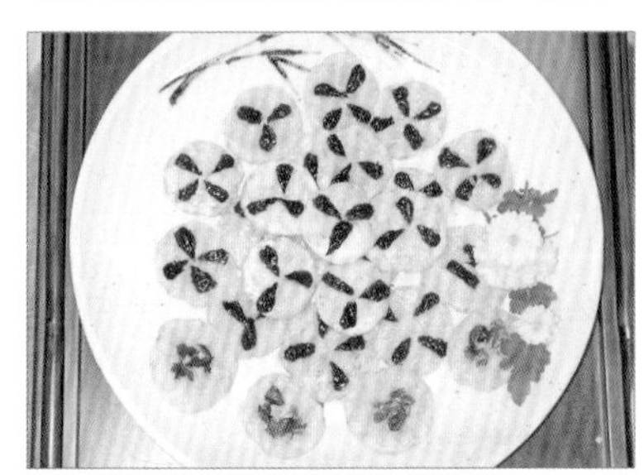

참고사항

국화꽃잎은 통째로 이용하기도 하고 국화잎을 하나하나 떼어 붙이기도 한다. 국화꽃이 많으면 맛이 쓰므로 적당히 넣는다. 국화송이를 찹쌀가루 반죽에 한 데 섞어 버무려 지지기도 하고, 꿀 대신 즙청액을 이용하기도 한다.

출 처
상주시농업기술센터, 상주 향토음식 맥잇기 고운 빛 깊은 맛, 2004

조리시연자
박화자, 경상북도 칠곡군

대추인절미

재 료

찹쌀 3kg • 대추 630g(9컵) • 소금 1½큰술 • 파란 콩가루 2컵 • 콩가루 2컵 • 팥고물 2컵

만드는 법

1. 찹쌀은 씻어 5시간 이상 불려 물기를 빼고 소금을 넣어 곱게 간다.
2. 대추는 씻어 물기를 빼고 돌려 깎아 씨를 빼고 곱게 간다.
3. 찹쌀가루와 대추를 잘 섞는다.
4. 김이 오른 찜통에 면포를 깔고 3을 올려 찐 후 차지게 친다.
5. 친 떡을 가래떡 모양으로 길게 밀어 적당한 크기로 썬 다음 파란 콩가루, 콩가루, 팥고물을 묻힌다.

참고사항

대추와 찹쌀로 만든 보양식으로 색과 맛이 좋으며 식사 대용으로 적당하다.

출 처
농촌진흥청 농촌생활연구소(현 농촌자원개발연구소), 전통지식 모음집(생활문화 편), 1997

정보제공자
김명자, 경상북도 구미시 선산읍 죽장1리

조리시연자
황태희, 경상북도 경산시 용성면

밀병떡(밀개떡)

재 료

밀가루 220g(2컵) • 팥 105g(½컵) • 물 400mL(2컵) • 설탕 3큰술 • 소금 1작은술 • 식용유 ½큰술

만드는 법

1. 밀가루에 소금과 물을 넣고 반죽한다.
2. 팥은 씻어 삶아 소금과 설탕을 넣고 팥 모양이 그대로 남도록 가볍게 빻는다.
3. 가열한 팬에 식용유를 두르고 1의 반죽을 떠넣어 지름 10cm 정도 되도록 전병을 부치고 2의 팥소를 넣어 네모 모양으로 접어서 지진다.

3

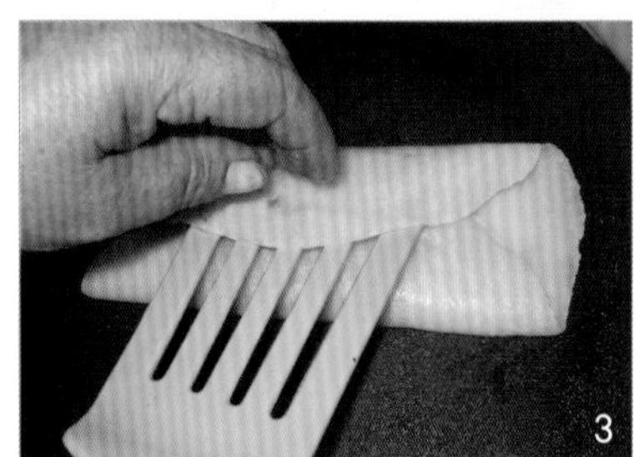

3

✻ 참고사항

콩을 소로 이용하기도 하고, 등겨가루로 반죽하기도 한다.

정보제공자
조인선, 경상북도 예천군 보문면 용문리

조리시연자
김정희, 경상북도 구미시

밀비지떡

재 료

멥쌀 2kg(11컵) • 강낭콩 610g(3컵) • 물 400mL(2컵) • 설탕 500g • 소금 1큰술 • 참기름 약간

만드는 법

1. 멥쌀은 씻어 6시간 정도 불려 물기를 빼고 소금을 넣어 빻아 가루를 만든다.
2. 강낭콩은 씻어 설탕에 버무려 찐다.
3. 멥쌀가루에 물을 넣고 반죽하여 0.4cm 두께로 밀어 2의 강낭콩을 얹는다.
4. 찜통에 김이 오르면 면포를 깔고 3을 얹어서 찐다.
5. 서로 달라붙지 않게 참기름을 바르고 적당한 크기로 썬다.

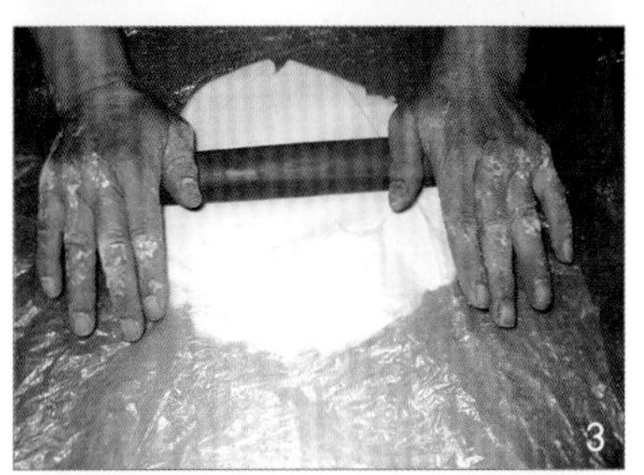

3

4

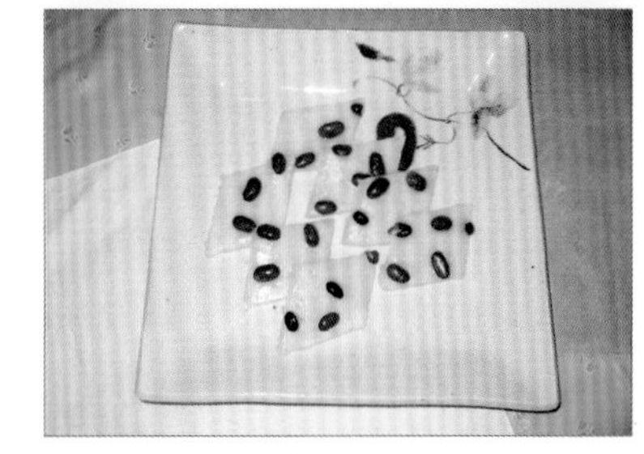

❀ 참고사항

- 밀어서 빚어 만든다고 하여 밀비지라고 불린다.
- 멥쌀로 흰떡을 만들어 밀대로 민 뒤 팥소를 넣고 반죽을 덮어 반달형으로 찍어내기도 하여 개피떡과 비슷하다.

출 처
네이버사전(두산백과), 100.naver.com/, 2006

조리시연자
이춘자, 경상북도 경주시

송기떡

재 료

마른 송기 1kg • 찹쌀 1.2kg(7¼컵) • 멥쌀 400g(2¼컵) • 팥고물 1.6kg(14컵) • 설탕 400g(2⅔컵) • 중조 50g • 소금 3큰술

만드는 법

1. 찹쌀과 멥쌀은 깨끗이 씻어 6시간 이상 불려서 소쿠리에 건져 물기를 뺀다.
2. 송기는 중조를 넣고 삶아서 하루 정도 찬물에 담갔다가 물기를 뺀다.
3. 불린 멥쌀과 찹쌀, 삶은 송기에 소금을 넣고 빻아 김이 오른 시루에 면포를 깔고 안쳐서 20분 정도 찐다.
4. 3에 설탕을 넣어 치댄 후 길게 가래떡 모양으로 만들어 적당히 썰어 팥고물을 묻힌다.

참고사항

- 거피녹두를 속에 넣어 송편을 만들기도 하고, 콩가루에 묻히기도 한다.
- 고물을 묻히지 않는 절편으로 만들기도 한다.

출 처

농촌진흥청 농촌생활연구소(현 농촌자원개발연구소), 전통지식 모음집(생활문화 편), 1997
청도군농업기술센터, 청도 향토음식의 보고 석빙고, 2004
경주시농업기술센터, 천년고도 경주 내림손맛, 2005
청송군농업기술센터, 청송의 맛과 멋, 2006

정보제공자

김교덕, 경상북도 구미시 구평동
김미현, 경상북도 청송군 안덕면 명당2리
신복례, 경상북도 고령군 고령읍 지산1동
신화춘, 경상북도 경산시 자인면 북사2리
이선임, 경상북도 청도군 금천면 김전1리
이영주, 경상북도 경주시 내남면 이조리

조리시연자

신복래, 경상북도 고령군 고령읍 지산1동

고문헌

산가요록(송고병), 도문대작(송기떡(송피떡)), 증보산림경제(송피떡), 규합총서(송기떡), 시의전서(송피(松皮)절편), 조선요리제법(송기떡), 조선무쌍신식요리제법(송피병 : 松皮餠)

옥수수시루떡

재 료

마른 찰옥수수 알갱이 2kg • 소금 1작은술

팥고물 팥 2kg • 설탕 75g(½컵) • 소금 2작은술 • 물 적량

만드는 법

1. 마른 옥수수는 거피해서 하룻밤 동안 물에 담갔다가 물기를 빼고 소금을 넣고 빻아 가루를 낸다.
2. 팥은 씻어 무르도록 삶은 후 설탕과 소금을 넣고 버무려 고물을 만든다.
3. 김이 오른 찜통에 면포를 깔고 옥수수가루, 팥고물, 옥수수가루의 순서로 올려 찐다.

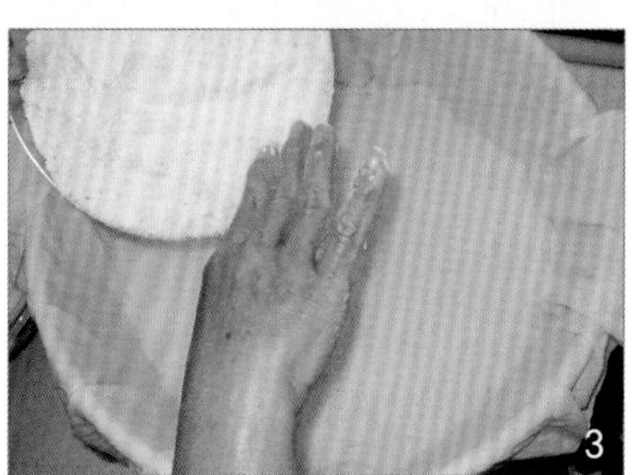

3

3

출 처
봉화군농업기술센터, 봉화의 맛을 찾아서, 2002

정보제공자
윤경화, 경상북도 봉화군 법전면 소지리

조리시연자
박주희, 경상북도 봉화군 춘향면

호박북심이

재 료

늙은 호박 400g • 멥쌀 360g(2컵) • 콩 30g(3큰술) • 강낭콩 30g(3큰술) • 물 200mL(1컵) • 소금 1작은술

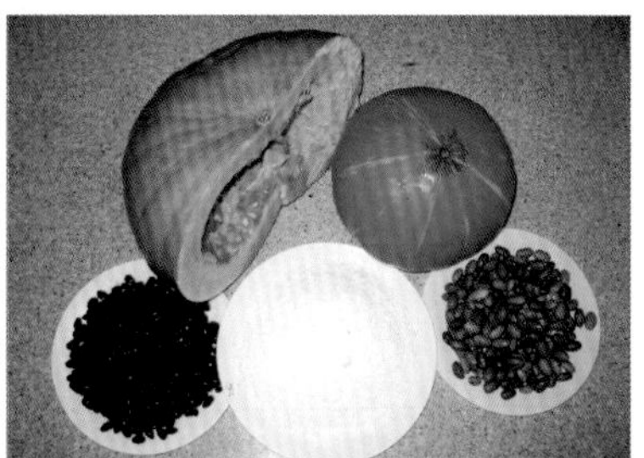

만드는 법

1. 강낭콩은 씻어 물에 불려 놓고, 콩은 씻어 삶는다.
2. 멥쌀은 깨끗이 씻어 불린 후 물을 넣어 분쇄기에 간다.
3. 늙은 호박은 씨를 제거하고 껍질을 벗긴 후 채 썬다.
4. 준비된 재료에 소금을 넣고 버무린다.
5. 김이 오른 찜통에 면포를 깔고 4를 넣어 찐다.

4

5

조리시연자
백방자, 경상북도 의성군 단밀면 주선1리

호박시루떡

재 료

멥쌀가루 750g(5컵) • 늙은 호박 2컵 • 삶은 팥 3컵 • 삶은 강낭콩 ½컵 • 설탕 2큰술 • 소금 1큰술

만드는 법

1. 늙은 호박은 씨를 제거하고 껍질을 벗긴 후 채 썬다.
2. 멥쌀가루에 채 썬 늙은 호박, 삶은 강낭콩, 소금, 설탕을 넣어 버무린다.
3. 삶은 팥은 반 정도 으깨어 고물을 만든다.
4. 김이 오른 찜통에 면포를 깔고 3과 2를 차례로 올려 40분 정도 찐다.

정보제공자
박옥희, 경상북도 영양군 영양읍 서부4리

조리시연자
권순교, 경상북도 영덕군

가마니떡(밀주머니떡)

재 료

밀가루 330g(3컵) • 팥 105g(½컵) • 호두(깐 것) 50g(5개) • 잣 1큰술 • 물 550mL(2¾컵) • 꿀 2큰술 • 소금 1½작은술 • 식용유 ½큰술

만드는 법

1. 팥은 깨끗이 씻어 삶아 건진다.
2. 호두는 잘게 다진다.
3. 삶은 팥, 다진 호두, 잣에 꿀을 넣어 섞는다.
4. 밀가루에 소금을 넣고 체에 내린 다음 물을 넣고 반죽한다.
5. 가열한 팬에 식용유를 두르고 4의 반죽을 한 국자씩 떠 넣어 전병을 부친다.
6. 전병에 3을 1~2큰술 올리고 말아서 지진다.

출 처

구미시농업기술센터, 구미 향토-로하스요리 질시루, 2005

정보제공자

권영숙, 경상북도 예천군 예천읍 동몬리
전옥이, 경상북도 구미시 선산읍 완전리

감고지떡(감모름떡)

재 료

멥쌀가루 1.7kg(11컵) • 감고지 160g • 밤(깐 것) 100g(10개) • 대추 160g(2⅓컵) • 설탕 1¼컵 • 소금 1큰술

만드는 법

1. 멥쌀가루는 소금을 넣고 고운체에 내린다.
2. 감고지는 물에 씻어서 설탕(¼컵)을 넣어 섞는다.
3. 밤은 4~6등분으로 썰고, 대추는 씨를 발라 내 4~6조각으로 썬다.
4. 준비된 재료에 설탕(1컵)을 넣어 고루 섞는다.
5. 김이 오른 찜통에 면포를 깔고 4를 안쳐서 30분 정도 찐다.

출 처
청도군농업기술센터, 청도 향토음식의 보고 석빙고, 2004

정보제공자
노필태, 경상북도 청도군 매전면 금곡리
이재숙, 경상북도 청도군 이서면 금촌리

감자경단

재 료

감자 3kg(20개) • 땅콩 50g(⅓컵) • 참깨 40g(⅓컵) • 콩가루 30g(⅓컵) • 대추 15g(6개) • 소금 1큰술

만드는 법

1. 감자는 껍질을 벗겨 강판에 갈아서 건더기는 면포에 싸서 꼭 짜 놓고, 갈아 놓은 감자물은 1시간 정도 두어 앙금을 가라앉히고 윗물을 따라 낸다.
2. 1의 앙금과 건더기를 함께 섞어 반죽을 하여 지름 2cm 정도로 경단을 빚는다.
3. 대추는 씨를 제거하여 가늘게 채 썰고, 땅콩은 팬에 볶아서 껍질을 벗기고 곱게 다진다.
4. 끓는 물에 소금을 넣고 경단을 삶아 물기를 뺀다.
5. 경단이 식기 전에 땅콩, 참깨, 콩가루, 대추로 각각 고물을 묻힌다.

출 처

김천시농업기술센터, 김천 향토음식, 1999

정보제공자

도미숙, 경상북도 봉화군 봉성면 금봉리

개떡(등겨떡)

재 료

보리등겨가루 1kg • 콩 40g(½컵) • 물 400mL(2컵) • 설탕 6큰술 • 소금 2작은술

만드는 법

1. 콩은 씻어 삶는다.
2. 보리등겨가루에 설탕, 소금, 물을 넣고 반죽하여 동글납작하게 모양을 만들어 콩을 박는다.
3. 김이 오른 찜통에 면포를 깔고 찐다.

참고사항

- 감자 전분, 멥쌀가루, 찹쌀가루, 밀가루를 이용하기도 한다.
- 콩 이외에 쑥을 넣기도 한다.

출 처
영천시농업기술센터, 향토음식 맥잇기 고향의 맛, 2001

정보제공자
신숙희, 경상북도 군위군 군위읍 내량1리

곶감모듬박이

재 료

찹쌀 1.8kg(11컵) • 곶감 320g(10개) • 콩 320g(2컵) • 밤(깐 것) 300g(2컵) • 대추 100g(1½컵) • 설탕 250g(1⅔컵) • 소금 ½큰술

만드는 법

1. 찹쌀은 씻어 물에 불린 후 물기를 빼고 소금을 넣어 빻은 후 설탕(1컵)을 넣고 체에 내린다.
2. 콩은 물에 불린 후 삶아 물기를 빼고 설탕(⅔컵)을 넣어 버무린다.
3. 밤은 4등분 하고, 대추는 돌려 깎아서 씨를 뺀 후 4등분 하고, 곶감은 씨를 빼고 대추와 같은 크기로 썬다.
4. 콩, 밤, 대추, 곶감을 잘섞어 놓는다.
5. 찹쌀가루에 4의 ⅓ 분량을 섞는다.
6. 김이 오른 찜통에 면포를 깔고 5를 안친 다음 그 위에 4의 나머지를 올려 30분 정도 찐다.

출 처

상주시농업기술센터, 상주 향토음식 맥잇기 고운 빛 깊은 맛, 2004

남방감저병(고구마떡)

재 료

찹쌀가루 1kg(10컵) • 고구마가루 800g(5컵) • 밤(깐 것) 50g(5개) • 대추 10g(4개) • 석이버섯 약간 • 설탕 1컵 • 소금 1큰술 • 치자물 100mL(½컵) • 물 300mL(1½컵)

만드는 법

1. 끓는 물에 설탕과 소금을 넣어 녹인 후 찹쌀가루와 고구마가루를 넣고 비벼 체에 내린다.
2. 김이 오른 찜통에 면포를 깔고 1을 올려 20~30분 정도 찐다.
3. 대추는 돌려 깎아 씨를 빼고 곱게 채 썰고, 석이버섯은 깨끗이 씻어 물기를 빼고 곱게 채 썬다.
4. 밤은 곱게 채 썰어 치자물을 들인 후 물기를 뺀다.
5. 찐 떡에 대추, 석이버섯, 밤을 고명으로 얹어 장식한다.

출 처
한국문화재보호재단, 한국음식대관 제3권, 한림출판사, 2000

정보제공자
조상희, 경상북도 상주시 외서면 관현리
황현숙, 경상북도 경주시 건천읍 조전2리

고문헌
규합총서(남방감저병), 부인필지(남방감저병)

녹두찰편

재 료

찹쌀 1.5kg(15컵) • 녹두 760g(3$\frac{2}{3}$컵) • 밤(깐 것) 100g(10개) • 대추 20g(8개) • 석이버섯 약간 • 설탕 1큰술 • 소금 $\frac{1}{2}$큰술

만드는 법

1. 찹쌀은 씻어 불린 후 소금을 넣고 곱게 빻아 체에 내려 설탕을 섞는다.
2. 녹두는 맷돌에 타서 따뜻한 물에 불렸다가 거피해서 찜통에 찐 후 다 익으면 절구에 넣고 방망이로 찧어 체에 내린다.
3. 대추는 돌려 깎아 씨를 빼고 곱게 채 썰고, 석이버섯은 씻어 물기를 빼고 곱게 채 썬다.
4. 밤도 곱게 채 썬다.
5. 김이 오른 찜통에 면포를 깔고 대추채, 석이버섯채, 밤채를 고루 편 후 1의 찹쌀가루를 얹고 그 위에 2의 녹두가루 순으로 올려 30분 정도 찐다.

출 처

경주시농업기술센터, 천년고도 경주 내림손맛, 2005

정보제공자

권윤희, 경상북도 봉화군 봉화면 문단리
장자남, 경상북도 경주시 현곡면 소현리

느티떡(괴엽병, 느티설기)

재 료

멥쌀가루 3kg(20컵) • 느티나무잎 600g • 소금 2큰술

설탕물 설탕 1컵 • 물 300mL(1½컵)

팥고물 팥 740g(3½컵) • 설탕 1컵 • 간장 1½큰술 • 소금 1작은술 • 식용유 1작은술

만드는 법

1. 멥쌀가루에 소금과 설탕물을 넣고 섞어서 체에 내린다.
2. 느티나무잎은 씻어 물기를 뺀 후 1의 멥쌀가루에 버무린다.
3. 팥은 충분히 불려 껍질을 벗겨 찐 다음 소금을 넣고 찧어 굵은 체에 내린다.
4. 냄비에 식용유를 두르고 3의 팥, 간장, 설탕을 넣고 볶아 팥고물을 만든다.
5. 찜통에 면포를 깔고 4의 팥고물과 2의 멥쌀가루를 켜켜이 안쳐 찐다.
6. 충분히 뜸을 들인 후 적당한 크기로 썬다.

출 처
한국문화재보호재단, 한국음식대관 제3권, 한림출판사, 2000

정보제공자
이옥희, 경상북도 구미시 송정동

고문헌
도문대작(느티떡), 조선요리제법(느티떡), 조선무쌍신식요리제법(유엽병 : 楡葉餠)

만경떡(망경떡)

재 료

찹쌀가루 2kg(20컵) • 밤(깐 것) 320g(2컵) • 대추 140g(2컵) • 콩 160g(1컵) • 팥 210g(1컵) • 설탕 1컵 • 소금 1½큰술

만드는 법

1. 찹쌀가루에 설탕과 소금을 넣어 체에 내린다.
2. 콩과 팥은 깨끗이 씻어 삶는다.
3. 밤은 반으로 썬다.
4. 대추는 씻어 돌려 깎아 씨를 발라 낸 후 3~4등분 한다.
5. 찹쌀가루에 준비된 재료를 모두 넣고 버무린다.
6. 시루에 면포를 깔고 5를 안쳐 푹 찐다.

❂ 참고사항

망립떡, 망령떡, 만능떡, 망연떡 등으로 부르기도 한다.

출 처

문화공보부 문화재관리국, 한국민속종합조사보고서(향토음식 편), 1984

정보제공자

손귀자, 경상북도 달성군 화원읍 천내1리

망개떡

재 료

망개잎 적량 • 찹쌀가루 1kg(10컵) • 팥 840g(4컵) • 물 150mL(3/4컵) • 설탕 1컵 • 소금 1½큰술

만드는 법

1. 팥은 씻어 불린 후 삶아 소금(½큰술)을 넣고 으깨어 체에 내려 껍질을 거른다.
2. 1에 설탕을 넣고 약한 불에서 조려 팥소를 만든다.
3. 찹쌀가루에 물과 소금(1큰술)을 넣어 반죽한다.
4. 김이 오른 찜통에 반죽을 넣어 쪄 낸 후 차지게 친다.
5. 4의 친 떡을 0.2~0.3cm 정도로 얇게 밀어 길이 10cm, 너비 10cm 크기로 썰어 팥소를 넣고 보자기로 싸듯이 사각형으로 빚는다.
6. 망개잎 두 장 사이에 5를 한 개씩 넣어 김이 오른 찜통에서 찐다.

정보제공자
박경숙, 경상북도 달성군 화원면 천내리

메밀빙떡(돌래떡, 멍석떡)

재료

메밀가루 300g • 무 100g • 표고버섯 100g(8장) • 두부 50g • 김치 50g • 당면 30g • 물 350mL(1¾컵) • 다진 파 1큰술 • 소금 1작은술 • 참기름 1작은술 • 식용유 ½큰술

만드는 법

1. 무는 곱게 채 썰어(5×0.2×0.2cm) 끓는 물에 데쳐 물기를 빼고, 당면도 삶아 4~5cm 길이로 썰어 각각 다진 파, 참기름, 소금으로 무친다.
2. 표고버섯은 길이대로 곱게 채 썰어 소금으로 간을 하여 참기름에 볶는다.
3. 두부는 물기를 짜서 으깨고, 김치는 속을 털어 내고 다진다.
4. 1, 2, 3을 섞어 소를 만든다.
5. 메밀가루에 물과 소금(약간)을 넣고 걸쭉하게 반죽한다.
6. 가열한 팬에 식용유를 두르고 메밀 반죽을 지름 10cm 정도로 전병을 부친 다음 4의 소를 넣고 말아 지진다.

출처
봉화군농업기술센터, 봉화의 맛을 찾아서, 2002

떡

모시떡

재 료

찹쌀 500g(3컵) • 모시잎 50g • 소금 1작은술

만드는 법

1. 모시잎은 끓는 물에 데친다.
2. 찹쌀은 씻어 5~6시간 정도 물에 불려 물기를 뺀다.
3. 데친 모시잎과 불린 찹쌀을 곱게 갈아 소금으로 간을 한다.
4. 김이 오른 찜통에 면포를 깔고 3을 넣어 찐다.

출 처
농촌진흥청, 향토음식, www2.rda.go.kr/food/, 2006

정보제공자
강계희, 경상북도 구미시 해평면 해평리

떡

시무잎떡(스무나무잎떡, 스무잎떡)

재 료

멥쌀가루 750g(5컵) • 시무잎 200g • 소금 1작은술

만드는 법

1. 멥쌀가루에 소금을 넣고 고루 섞는다.
2. 시무잎은 깨끗이 씻어 물기를 빼 둔다.
3. 멥쌀가루에 시무잎을 넣고 잘 버무린 다음 김이 오른 찜통에 면포를 깔고 찐다.

참고사항
멥쌀가루 대신 밀가루를 이용하기도 한다.

정보제공자
김귀분, 경상북도 문경시 점촌2동

무설기(무설기떡)

재 료

멥쌀 180g(1컵) • 팥 105g(½컵) • 무 200g(¼개) • 소금 ½작은술

만드는 법

1. 멥쌀은 씻어 불려 건진 후 소금을 넣고 곱게 빻는다.
2. 무는 손질하여 채 썬다(5×0.5×0.5cm).
3. 팥은 물을 붓고 한소끔 끓으면 그 물을 버리고, 다시 팥의 3배 정도의 물을 부어 팥이 무를 때까지 삶는다. 팥이 거의 익으면 물을 버리고 약한 불에서 뜸을 들인 다음 소금을 넣고 절구에서 가볍게 찧어 고물을 만든다.
4. 멥쌀가루에 채 썬 무를 넣어 버무린다.
5. 시루에 면포를 깔고 3의 팥고물과 4를 켜켜이 안쳐 찐다.

참고사항

팥 삶을 때 뜸이 충분히 들어야 고물에서 물이 생기지 않는다.

출 처

농촌진흥청 농촌영양개선연수원(현 농촌자원개발연구소), 한국의 향토음식, 1994
안동시농업기술센터, 향토음식 맥잇기 안동 음식여행, 2002
이선호 · 박영배, 안동 지역의 향토음식을 활용한 관광체험 프로그램 개발, 한국조리학회지, 8(3), 2002

정보제공자

신재숙, 경상북도 안동시 임동면 수곡리
정태봉, 경상북도 경산시 압량면 강서리

본편(콩고물시루떡)

재 료

멥쌀 1kg(5½컵) • 콩 1kg(6¼컵) • 물 65mL(⅓컵) • 소금 1⅓큰술

만드는 법

1. 멥쌀은 씻어 물에 불렸다가 건진 후 소금(1큰술)을 넣고 빻아 체에 내린다.
2. 1의 멥쌀가루에 물을 뿌려 손으로 골고루 비빈 후 체에 다시 내린다.
3. 콩은 거피하여 푹 쪄서 한 김 식힌 후 소금(⅓큰술)을 넣고 찧어 체에 내려 고물을 만든다.
4. 시루에 면포를 깔고 콩고물, 멥쌀가루, 콩고물 순서로 켜켜히 안쳐 30분 정도 푹 찐다.

참고사항

주로 제례 때 사용하는 떡으로 가로, 세로 어긋나게 떡을 괴며, 위로 갈수록 0.5cm 정도 넓어지도록 한다.

출 처

안동시농업기술센터, 향토음식 맥잇기 안동 음식여행, 2002

이선호 · 박영배, 안동 지역의 향토음식을 활용한 관광체험 프로그램 개발, 한국조리학회지, 8(3), 2002

정보제공자

강명숙, 경상북도 경주시 외동읍 입실3리

떡

부편

재 료

찹쌀가루 1kg(10컵) • 팥 630g(3컵) • 대추 100g(1½컵) • 물 150mL(¾컵) • 소금 1⅓작은술

소 콩가루 250g(3컵) • 계핏가루 2큰술 • 소금 1작은술 • 물 1큰술

만드는 법

1. 찹쌀가루에 소금과 뜨거운 물을 넣고 익반죽한다.
2. 팥은 씻어 불린 후 찜통에 쪄서 식힌다.
3. 2의 팥을 찧어 체에 내려 껍질을 걸러 내고 고물을 만든다.
4. 대추는 돌려 깎기 하여 씨를 제거하고 3~4등분 한다.
5. 콩가루, 계핏가루, 소금, 물을 섞어 소를 만든다.
6. 1의 찹쌀가루 반죽을 조금씩 떼어 동글납작하게 만든 다음 소를 넣고 지름 4cm 크기로 빚어 썰어 놓은 대추를 두 쪽 박는다.
7. 김이 오른 찜통에 면포를 깔고 6을 찐 후 팥고물을 묻힌다.

❁ 참고사항

석이버섯채를 올리기도 한다.

출 처

문화공보부 문화재관리국, 한국민속종합조사보고서(향토음식 편), 1984
농촌진흥청 농촌영양개선연수원(현농촌자원개발연구소), 한국의 향토음식, 1994
안동시농업기술센터, 향토음식 맥잇기 안동 음식여행, 2002
성주군농업기술센터, 성주 향토음식의 맥, 2004
이선호 · 박영배, 안동 지역의 향토음식을 활용한 관광체험 프로그램 개발, 한국조리학회지, 8(3), 2002

정보제공자

정필용, 경상북도 성주군 초전면 문덕리
최숙희, 경상북도 경주시 양남면 나산리
홍순우, 경상북도 군위군 군위읍 대흥1동

빙떡 (멍석떡)

재 료

멥쌀가루 300g(2컵) • 팥 630g(3컵) • 물 200mL(1컵) • 설탕 3큰술 • 소금 ½작은술 • 식용유 ½큰술

만드는 법

1. 멥쌀가루에 소금, 물을 넣고 반죽한다.
2. 팥을 씻어 푹 삶아 으깨어 설탕을 넣고 볶는다.
3. 팬에 식용유를 두르고 1의 반죽을 떠 넣어 지름 10cm의 전병을 부친 다음 그 위에 2를 넣고 말아서 뒤집어 지진다.

참고사항

- 소를 넣고 말아서 지진 떡이므로 멍석떡이라고도 한다.
- 메밀가루를 이용하면 메밀빙떡, 수숫가루를 이용하면 수수빙떡, 멥쌀이면 흰돌래, 좁쌀이면 조돌래, 보리이면 보리돌래라고 한다.

정보제공자
이윤자, 경상북도 영양군 영양읍 서부2리

속말이인절미

재 료

찹쌀 2kg • 팥 630g(3컵) • 콩가루 250g(3컵) • 밤(깐 것) 100g(10개) • 대추 25g(10개) • 석이버섯 약간 • 설탕 ½컵 • 소금 1작은술

만드는 법

1. 찹쌀은 씻어 12시간 정도 불린 후 물기를 빼고 찜통에 찐다.
2. 절구에 1의 찐 찹쌀과 설탕, 소금을 넣어 고루 쳐서 인절미를 만든다.
3. 팥은 씻어 푹 삶아 건진다.
4. 대추는 돌려 깎기 하여 씨를 빼고 곱게 채 썰고, 밤도 곱게 채 썬다.
5. 석이버섯은 깨끗이 씻어 물기를 빼고 곱게 채 썬다.
6. 인절미를 넓게 펴서 삶은 팥, 대추채, 밤채, 석이버섯채를 올려 돌돌 말아서 적당한 길이로 썬 다음 콩가루를 묻힌다.

정보제공자
이병희, 경상북도 문경시 산양면 진정리

수수옴팡떡

재 료

수수 400g(2¾컵) • 찹쌀 200g(1¼컵) • 풋콩 200g • 호박고지 50g • 소금 1작은술

만드는 법

1. 수수, 찹쌀은 씻어 5~6시간 정도 불린 후 물기를 빼고 소금을 넣어 곱게 빻는다.
2. 풋콩은 물에 불렸다가 삶고, 호박고지는 물에 불려 3cm 길이로 썬다.
3. 1의 가루에 풋콩 ½과 호박고지를 넣어 섞는다.
4. 김이 오른 찜통에 면포를 깔고 나머지 풋콩을 한 켜 얹고 위에 3을 넣어 면포를 덮고 20분 정도 찐다.

참고사항

곡식 중 제일 먼저 여무는 햇수수를 이용하여 만든 떡으로 풋콩과 어우러져 구수한 맛이 나는 별미떡이다.

출 처

봉화군농업기술센터, 봉화의 맛을 찾아서, 2002

수수전병(수수부꾸미)

재 료

수수 145g(1컵) • 물 3큰술 • 식용유 ½큰술 • 소금 약간

소 팥 210g(1컵) • 황설탕 1큰술 • 계핏가루 ½작은술

만드는 법

1. 수수는 물을 갈아 주면서 3시간 이상 불려 떫은맛을 우려 낸 후 여러 번 헹궈 물기를 뺀다.
2. 1에 소금을 넣고 빻아 뜨거운 물을 넣고 익반죽하여 지름 10cm 크기로 동글납작하게 빚는다.
3. 팥은 씻어 삶아 건져 내어 살짝 으깨어 황설탕, 계핏가루를 넣고 고루 섞어 소를 만든다.
4. 가열한 팬에 식용유를 두르고 2를 올려 반죽 밑이 ⅓ 정도 익으면 뒤집어 익힌다.
5. 뒤집은 면이 부풀어 올라 투명하게 익으면 소를 가운데 놓고 반으로 접은 후 가장자리 부분이 붙도록 누르면서 지진다.

참고사항

수수전병은 수수지짐, 수수총떡이라고도 한다. 동절기, 특히 설 명절 때 즉석에서 구워 먹기도 하고, 구워 두었다가 야식이나 간식으로 먹던 떡으로 쫄깃쫄깃한 맛이 일품이다.

출 처

봉화군농업기술센터, 봉화의 맛을 찾아서, 2002
구미시농업기술센터, 구미 향토-로하스요리 질시루, 2005

정보제공자

김명희, 경상북도 봉화군 봉화읍 해라3리
손은숙, 경상북도 구미시 선산읍 노상리
정청자, 경상북도 문경시 흥덕동

고문헌

조선요리제법(수수전병), 조선무쌍신식요리제법(수수전병)

떡

쑥버무리(쑥북시네)

재 료

멥쌀 720g(4컵) • 쑥 200g • 설탕 100g(⅔컵) • 소금 1작은술

만드는 법

1. 쑥을 다듬어 씻는다.
2. 멥쌀은 10시간 정도 충분히 불려 물기를 뺀 다음 소금을 넣고 빻아 체에 내린다.
3. 쑥과 멥쌀가루에 설탕을 넣어 고루 섞는다.
4. 김이 오른 찜통에 면포를 깔고 3을 얹어 찐다.

출 처

김천시농업기술센터, 김천 향토음식, 1999
청도군농업기술센터, 청도 향토음식의 보고 석빙고, 2004

정보제공자

박갑순, 경상북도 경주시 건천읍 송선리
이경화, 경상북도 청송군 청송읍 금곡1리
장영란, 경상북도 청도군 금천면 동곡1리

떡

쑥털털이

재 료

밀가루 330g(3컵) • 쑥 300g • 소금 1작은술

만드는 법

1. 쑥은 씻어서 물기를 빼지 않은 상태로 둔다.
2. 밀가루와 소금을 섞은 다음 쑥을 넣고 밀가루가 붙을 정도로 버무린다.
3. 김이 오른 찜통에 면포를 깔고 2를 얹어 찐다.

정보제공자

박순옥, 경상북도 청도군 매전리 예전2리

쑥설기

재 료

멥쌀 800g(4½컵) • 쑥 300g • 설탕 75g(½컵) • 소금 2작은술

만드는 법

1. 쑥은 깨끗이 씻어 물기를 뺀다.
2. 멥쌀은 깨끗이 씻어 6시간 이상 충분히 불렸다가 건진 다음 소금을 넣고 쑥과 같이 빻아 고운 체에 내린다.
3. 2에 설탕을 넣고 고루 섞는다.
4. 김이 오른 찜통에 면포를 깔고 3을 올려 편평하게 한 다음 30분 정도 찐다.

참고사항

- 콩가루를 같이 넣기도 한다.
- 쑥을 씻을 때나 쌀가루에 섞을 때 너무 세게 주무르면 풋내가 나므로 주의한다.

출 처

농촌진흥청 농촌생활연구소(현 농촌자원개발연구소), 전통지식 모음집(생활문화 편), 1997
네이버사전(두산백과), 100.naver.com/, 2006

정보제공자

김기순, 경상북도 안동시 풍천면 하회리
이선신, 경상북도 봉화군 봉화읍 해저3리

잡과편

재 료

찹쌀가루 500g(5컵) • 대추 210g(3컵) • 물 4큰술 • 소금 1작은술

즙청액 물엿 290g(1컵) • 물 100mL(½컵)

팥소 팥 300g(1½컵) • 설탕 2큰술 • 소금 약간

만드는 법

1. 찹쌀가루에 소금과 뜨거운 물을 넣어 익반죽한다.
2. 대추는 돌려 깎기 하여 씨를 빼고 곱게 다진다.
3. 팥은 껍질을 제거하고 보슬보슬하게 쪄서 식힌 후 설탕과 소금을 넣고 찧어 소를 만든다.
4. 냄비에 물엿과 물을 넣고 걸쭉할 때까지 끓여 즙청액을 만든다.
5. 찹쌀 반죽을 지름 4cm, 두께 2cm로 빚은 다음 팥소를 넣고 둥글게 만든다.
6. 5에 즙청액을 바르고 대추채를 고루 묻힌 후 시루에 찐다.

출 처

문화공보부 문화재관리국, 한국민속종합조사보고서(향토음식 편), 1984
안동시농업기술센터, 향토음식 맥잇기 안동 음식여행, 2002
이선호 · 박영배, 안동 지역의 향토음식을 활용한 관광체험 프로그램 개발, 한국조리학회지, 8(3), 2002

정보제공자

성옥자, 경상북도 경산시 와촌면 계전1리
장자남, 경상북도 경주시 현곡면 소현리

고문헌

산가요록(잡과병), 음식디미방(잡과편), 증보산림경제(잡과고법 : 雜果糕法), 규합총서(잡과편(밤소)), 음식법, 시의전서(잡과병 : 雜果餠), 부인필지(잡과편), 조선요리제법(잡과병), 조선무쌍신식요리제법(잡과병 : 雜果餠)

잣구리

재 료

찹쌀 1kg(6컵) • 잣가루 90g(1컵) • 소금 2작은술 • 물 100mL(½컵)

밤소 밤(깐 것) 300g(2컵) • 꿀 3큰술

만드는 법

1. 찹쌀을 씻어 물에 충분히 불린 후 건져 물기를 빼고 소금을 넣어 빻는다.
2. 밤은 푹 삶아 으깬 후 꿀에 개어 소를 만든다.
3. 1의 찹쌀가루는 익반죽한 다음 조금씩 떼어 밤소를 넣고 누에고치 모양으로 빚는다.
4. 끓는 물에 3을 삶아 건져 잣가루를 묻힌다.

출 처

문화공보부 문화재관리국, 한국민속종합조사보고서(향토음식 편), 1984

경주시농업기술센터, 천년고도 경주 내림손맛, 2005

정보제공자

강명숙, 경상북도 칠곡군 왜관읍 매원2리

장자남, 경상북도 경주시 현곡면 소현리

주악

재 료

찹쌀가루 200g(2컵) • 물 2큰술 • 꿀 1큰술 • 설탕 1큰술 • 식용유 ½큰술 • 소금 1작은술

소 콩가루 3큰술 • 꿀 ½큰술

만드는 법

1. 찹쌀가루에 소금과 뜨거운 물을 넣고 익반죽한다.
2. 콩가루에 꿀을 넣고 잘 섞어 소를 만든다.
3. 1의 찹쌀가루 반죽을 조금씩 떼어 2의 소를 넣고 송편 모양으로 빚는다.
4. 가열한 팬에 식용유를 두르고 3을 지진다.
5. 꿀이나 설탕을 바른다.

참고사항

- 각종 행사에 이용되는 떡으로 웃기떡으로 이용하기도 한다.
- 치자물, 쑥가루, 맨드라미꽃을 넣어 반죽의 색을 내기도 한다.

출 처

성주군농업기술센터, 성주 향토음식의 맥, 2004
경주시농업기술센터, 천년고도 경주 내림손맛, 2005
구미시농업기술센터, 구미 향토-로하스요리 질시루, 2005

정보제공자

강계희, 경상부도 구미시 해평면 해평리
정필용, 경상북도 경주시 초전면 문덕리
조효정, 대구광역시 남구 봉덕동

고문헌

시의전서(흰주악), 조선요리제법(주악), 조선무쌍신식요리제법(조각병 : 造角餠)

증편(순흥기주떡)

재 료

멥쌀가루 1.5kg(10컵) • 콩가루 45g(½컵) • 설탕 600g(4컵) • 막걸리 200mL(1컵)

고명 대추 10g(5개) • 통깨 약간

만드는 법

1. 멥쌀가루, 콩가루, 막걸리, 설탕을 넣고 반죽하여 따뜻한 곳에서 6시간 발효시킨다.
2. 대추는 돌려 깎기 하여 씨를 빼고 적당한 모양을 내어 썬다.
3. 김이 오른 찜통에 면포를 깔고 1의 반죽을 부은 다음 통깨, 대추채를 얹어 찐다.

참고사항

석이버섯을 고명으로 이용하기도 한다.

출 처

상주시농업기술센터, 상주 향토음식 맥잇기 고운 빛 깊은 맛, 2004
이선호 · 박영배, 안동 지역의 향토음식을 활용한 관광체험 프로그램 개발, 한국조리학회지, 8(3), 2002
최규식 · 이윤호, 경상북도 북부 지역 향토음식 호텔 메뉴화 전략, 관광정보연구, 16, 2004

정보제공자

이희자, 대구광역시 동구 방촌동
장화복, 경상북도 영풍군 순흥면 읍내1리

차노치

재 료

찹쌀가루 500g(5컵) • 소금 1작은술 • 식용유 ½큰술 • 물 5큰술

만드는 법

1. 찹쌀가루에 소금과 뜨거운 물을 넣고 익반죽한다.
2. 달군 팬에 식용유를 두르고 1의 반죽을 떼어 넣고 0.5cm 두께로 넓게 펴서 지진다.
3. 식으면 길이 2cm, 너비 3cm 크기로 썬다.

참고사항

찹쌀가루에 지치로 물을 들여 익반죽하기도 한다.

출 처
네이버사전(두산백과), 100.naver.com/, 2006

정보제공자
이명옥, 경상북도 영천시 고경면 창상리

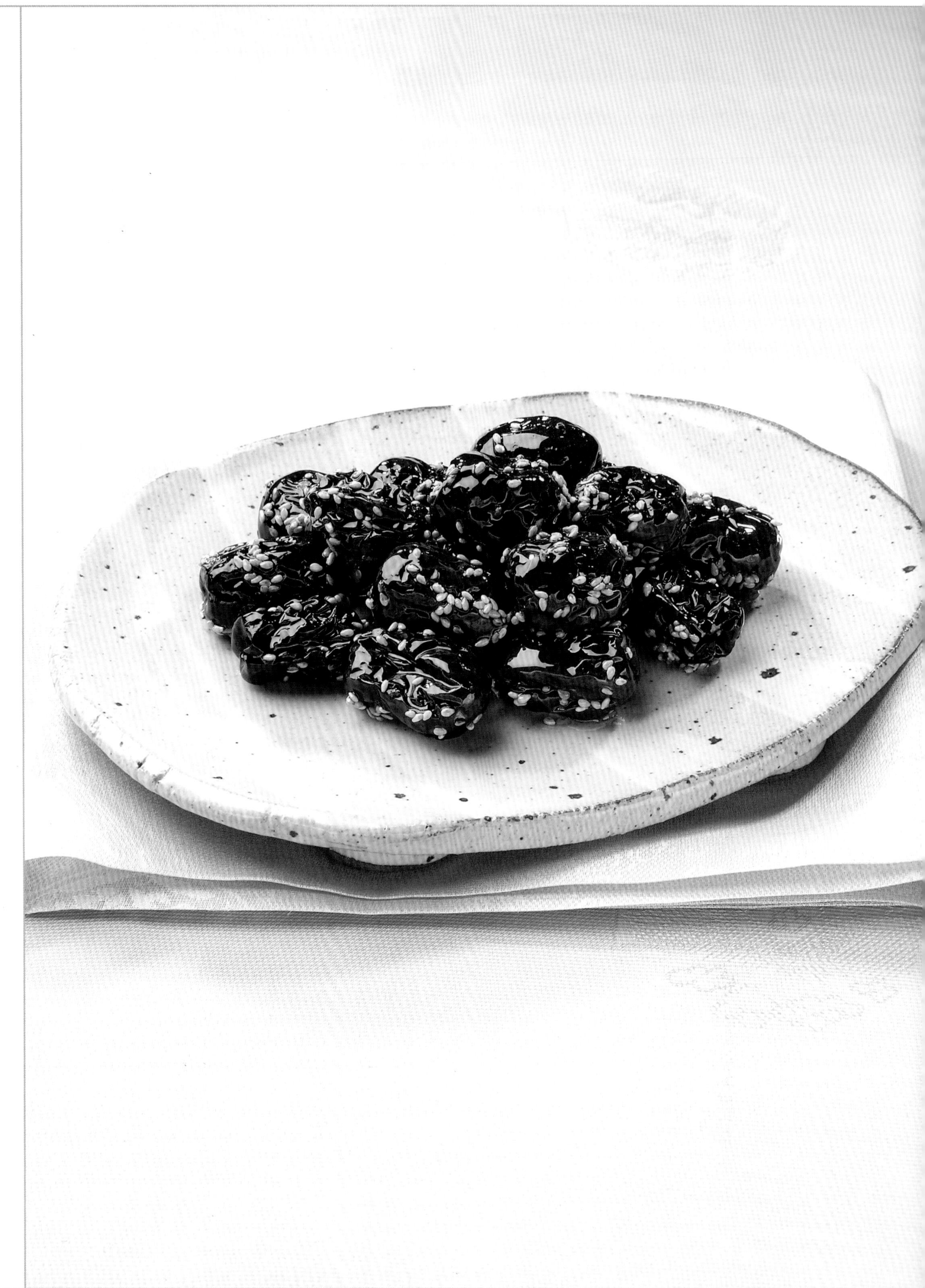

숙실과

대추징조

재 료

대추 140g(2컵) • 청주 2큰술 • 설탕 2작은술 • 통깨 1큰술

즙청액 설탕 75g(½컵) • 물 100mL(½컵) • 꿀 2큰술

만드는 법

1. 대추는 씻어 청주와 설탕으로 버무려 따뜻한 곳에서 6시간 불려 김이 오른 찜통에 넣어 찐다.
2. 냄비에 설탕과 물을 넣고 끓여 반으로 줄어들면 꿀을 넣어 즙청액을 만든다.
3. 즙청액에 1의 대추를 담갔다가 꺼내어 통깨를 넣고 버무린다.

1

1

2

3

❁ 참고사항

설탕과 꿀(또는 조청)을 넣어 되직하게 끓인 즙청을 이용한 과정류이다.

출 처
문화공보부 문화재관리국, 한국민속종합조사보고서(향토음식 편), 1984
한국관광공사, 한국전통음식, www.visitkorea.or.kr/, 2006

정보제공자
유경애, 대구광역시 서구 중리동

조리시연자
박미숙, 경상북도 경주시 내남면 이조리

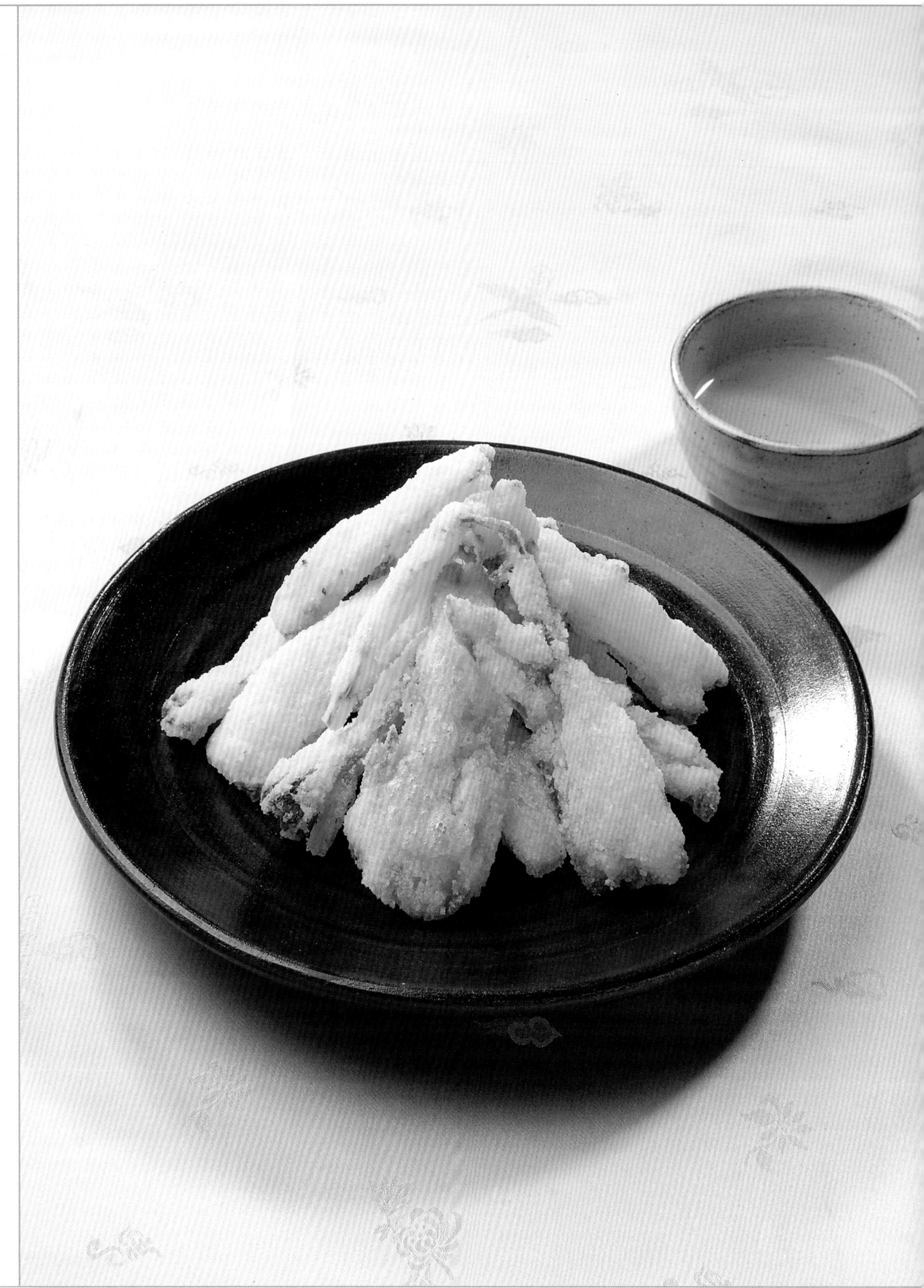

기타

섭산삼

재 료

더덕 200g(대 5뿌리) • 찹쌀가루 50g(½컵) • 물 200mL(1컵) • 꿀 2큰술 • 소금 1작은술 • 식용유 적량

만드는 법

1. 더덕은 껍질을 벗겨 방망이로 두들겨 소금물에 담갔다가 물기를 뺀다.
2. 더덕에 찹쌀가루를 골고루 묻힌다.
3. 냄비에 식용유를 넣고 160°C에서 2를 튀긴다.
4. 먹을 때 꿀을 곁들인다.

❄ 참고사항

튀긴 더덕에 설탕을 뿌리기도 한다.

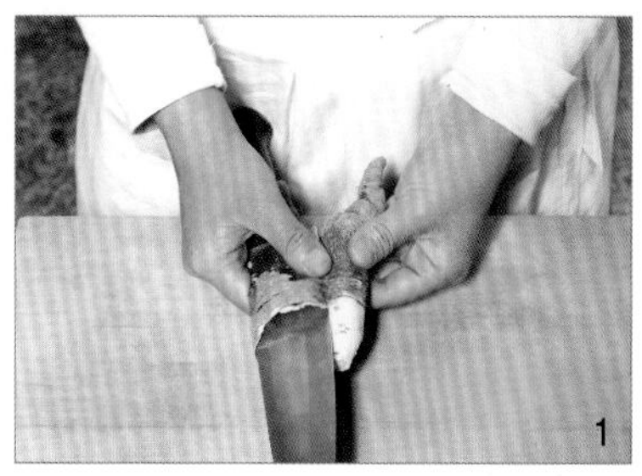

1

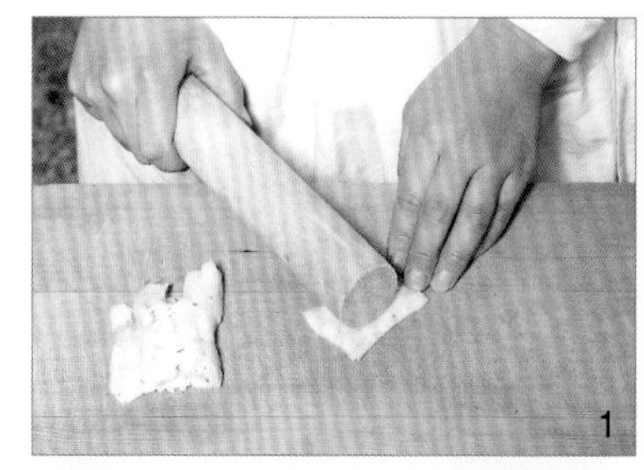

1

2

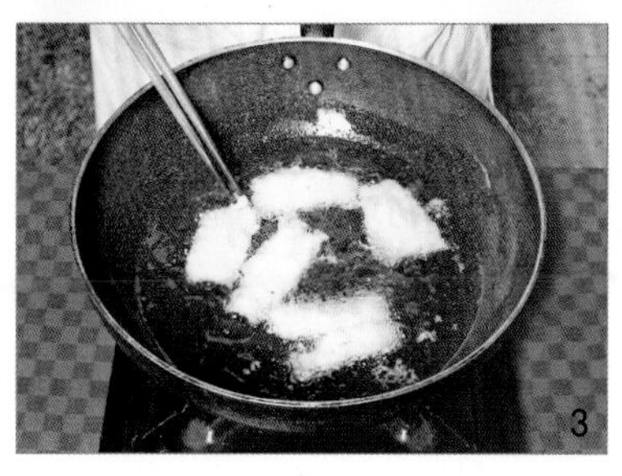

3

출 처

경상북도 농촌진흥원, 우리의 맛 찾기 경북 향토음식, 1997

농촌진흥청 농촌생활연구소(현 농촌자원개발연구소), 전통지식 모음집(생활문화 편), 1997

조리시연자

박미숙, 경상북도 경주시 내남면 이조리

고문헌

음식디미방(섭산삼)

유밀과

매작과(뽕잎차수과)

재 료

밀가루 220g(2컵) • 잣가루 45g(½컵) • 꿀 150g(½컵) • 물 6큰술 • 생강즙 2큰술 • 소금 1작은술 • 식용유 적량

만드는 법

1. 밀가루는 고운체에 내려서 물, 소금, 생강즙을 넣고 반죽한다.
2. 반죽을 얇게 밀어 가로 5cm, 세로 12cm 크기로 썰어 세로로 세 군데에 칼집을 넣고, 가운데 칼집으로 한쪽 끝을 잡아 넣어 뒤집어 리본처럼 모양을 만든다.
3. 냄비에 식용유를 부어 끓여 130~140℃에서 튀긴다.
4. 갈색이 되면 건져 기름을 빼고 꿀을 묻혀 잣가루를 올린다.

❁ 참고사항

즙청액을 끓여 묻히기도 하고, 반죽에 시금치나 당근즙, 뽕잎가루를 넣어 색을 내기도 한다.

출 처

경상북도 농촌진흥원, 우리의 맛 찾기 경북 향토음식, 1997

상주시농업기술센터, 상주 향토음식 맥잇기 고운 빛 깊은 맛, 2004

이선호 · 박영배, 안동 지역의 향토음식을 활용한 관광체험 프로그램 개발, 한국조리학회지, 8(3), 2002

정보제공자

최문희, 경상북도 구미시 송정동

고문헌

시의전서(매작과)

유밀과

문경새재찹쌀약과

재 료

밀가루 400g • 찹쌀가루 100g(1컵) • 참기름 75g(⅓컵) • 생강즙 70g(⅓컵) • 청주 35mL • 소금 1작은술 • 잣 약간 • 식용유 적량

즙청액 꿀 100g(⅓컵) • 설탕 100g(⅔컵) • 물 100mL(½컵)

만드는 법

1. 밀가루, 찹쌀가루, 참기름, 소금을 섞어 고운체에 내린다.
2. 1에 청주와 생강즙을 넣고 반죽한다.
3. 냄비에 꿀, 설탕, 물을 넣어 중간 불에서 끓여 즙청액을 만들어 식힌다.
4. 약과 틀에 2의 반죽을 떼어 놓고 꼭꼭 눌러 준 후 성형된 반죽을 떼어 180°C의 식용유에 넣어 튀긴다.
5. 튀긴 즉시 즙청액에 24시간 동안 담가 둔다.
6. 잣을 고명으로 올린다.

출 처

최규식 · 이윤호, 경상북도 북부 지역 향토음식 호텔 메뉴화 전략, 관광정보연구, 16, 2004

농촌진흥청, 향토음식, www2.rda.go.kr/food/, 2006

유밀과

약과

재 료

밀가루 330g(3컵) • 잣가루 150g(1컵) • 꿀 6큰술 • 청주 2큰술 • 생강즙 2큰술 • 참기름 6큰술 • 소금 약간 • 식용유 적량

즙청액 설탕 2컵 • 계핏가루 2작은술 • 물 400mL(2컵)

만드는 법

1. 밀가루에 소금, 참기름을 넣어 손으로 고루 비벼 갈색이 되면 체에 내린다.
2. 1에 꿀, 청주, 생강즙을 넣고 반죽한다.
3. 약과 틀에 얇은 비닐을 깔고 그 위에 약과 반죽을 떼어 넣고 꾹 누른다.
4. 3에 대꼬치로 5~6군데 찔러 구멍을 낸 다음 비닐을 잡아 당겨 성형된 반죽을 떼어 놓는다
5. 냄비에 설탕과 물을 넣고 중불에서 서서히 끓이다가 계핏가루를 섞어 즙청액을 만든다.
6. 냄비에 식용유를 붓고 끓여 165°C에서 4를 튀긴다.
7. 튀겨진 약과를 즙청액에 넣었다가 건져서 잣가루를 뿌린다.

참고사항

- 대구 지역 전통반가의 제물용이나 봉송(奉送)용으로 이용된 것이다.
- 약과는 크게 만들어 사용하였고, 잔치약과는 사각형 네 귀퉁이와 중간에 젓가락으로 구멍을 살짝 뚫어 잣의 뾰족한 부위가 밑으로 가도록 꽂아 화려하게 만들었다.
- 약과 반죽 시 너무 치대면 약과가 딱딱해지고, 튀김온도가 낮으면 약과가 풀어지며 온도가 너무 높으면 속이 익기도 전에 까맣게 타버린다.

출 처

농촌진흥청 농촌영양개선연수원(현 농촌자원개발연구소), 한국의 향토음식, 1994
상주시농업기술센터, 상주 향토음식 맥잇기 고운 빛 깊은 맛, 2004
경주시농업기술센터, 천년고도 경주 내림손맛, 2005
대구광역시, 대구 전통향토음식, 2005
이선호 · 박영배, 안동 지역의 향토음식을 활용한 관광체험 프로그램 개발, 한국조리학회지, 8(3), 2002

정보제공자

김해연, 경상북도 포항시 북구 두호동
장자남, 경상북도 경주시 현곡면 소현리

고문헌

산가요록(약과), 도문대작(약과), 지봉유설(약과 : 藥果), 음식디미방(약과), 주방문(약과), 증보산림경제(전유밀약과법 : 煎油密藥果法), 규합총서(약과), 시의전서(약과 : 藥果), 부인필지(약과), 조선요리제법(약과), 조선무쌍신식요리제법(약과 : 藥果)

유밀과

하회약과

재 료

밀가루 330g(3컵) • 쌀가루 50g(⅓컵) • 생강 100g(1컵) • 잣가루 6큰술 • 계핏가루 6큰술 • 청주 1½큰술 • 설탕 5큰술 • 참기름 10큰술 • 꿀 4큰술 • 식용유 적량

즙청액 꿀 2큰술 • 물 100mL(½컵)

만드는 법

1. 생강은 강판에 갈아 면포에 싸서 짜 생강즙을 만든다.
2. 생강즙에 꿀, 설탕, 청주, 계핏가루를 넣어 섞는다.
3. 밀가루, 쌀가루, 참기름을 섞어 손으로 비빈 후 체에 내려 2를 넣어 반죽한다.
4. 반죽을 납작하게 민 후 사각형으로 썰어 가운데를 젓가락으로 십자(+) 모양의 구멍을 낸다.
5. 냄비에 꿀과 물을 넣고 끓여 즙청액을 만든다.
6. 냄비에 식용유를 붓고 끓여 180℃에서 4를 튀기고 기름을 뺀다.
7. 튀긴 약과를 즙청액에 넣고 건져 잣가루를 뿌린다.

출 처

농촌진흥청 농촌영양개선연수원(현 농촌자원개발연구소), 한국의 향토음식, 1994
농촌진흥청 농촌생활연구소(현 농촌자원개발연구소), 전통지식 모음집(생활문화 편), 1997
안동시농업기술센터, 향토음식 맥잇기 안동 음식여행, 2002

정보제공자

김기준, 경상북도 안동시 풍천면 하회리

유과

문경한과

재 료

찹쌀 1.5kg(9컵) • 물엿 1⅔컵 • 밀가루 30g(¼컵) • 생콩가루 1큰술 • 세반 5컵 • 식용유 적량

만드는 법

1. 찹쌀을 씻어 불린 후 방에서 2~3일간 발효시킨다.
2. 발효시킨 찹쌀을 빻아서 생콩가루를 섞는다.
3. 2를 체에 3번 내려서 김이 오른 찜통에 1~2시간 찐 후 절구에 넣고 방망이로 5~10분간 친다.
4. 밀가루를 조금 뿌리고 3을 밀대로 밀어 얇게 편 후 가로 2cm, 세로 7cm 크기로 썰어 말린다.
5. 4를 식용유에 튀긴 후 물엿을 바르고 세반을 묻힌다.

참고사항

강정의 일종으로 생콩가루를 넣고 꽈리를 많이 치지 않는 것이 특징이다.

출 처

경상북도 농촌진흥원, 우리의 맛 찾기 경북 향토음식, 1997

최규식 · 이윤호, 경상북도 북부 지역 향토음식 호텔 메뉴화 전략, 관광정보연구, 16, 2004

농촌진흥청, 향토음식, www2.rda.go.kr/food/, 2006

별곡유과

재료

찹쌀 1kg(6컵) • 보릿가루 ½컵 • 세반 5컵 • 물엿 2컵 • 식용유 적량

만드는 법

1. 찹쌀은 물에서 삭을 정도로 푹 불린 후(겨울 1주일, 여름 3~5일) 물기를 빼고 빻는다.
2. 찜통에 젖은 면포를 깔고 1을 찐다.
3. 밀판에 보릿가루를 뿌려 가면서 2를 밀대로 두께 0.2cm 정도로 얇게 민 후 가로, 세로 3cm 크기로 썬다.
4. 따뜻한 방에서 한지를 깔고 3일간 뒤집어 가면서 바싹 말린다.
5. 냄비에 식용유를 붓고 끓여 150~170°C에서 4를 넣어 튀겨 낸 후 기름을 뺀다.
6. 튀겨 낸 강정을 따뜻하게 데운 물엿에 적신 후 세반을 묻힌다.

참고사항

별곡유과란 영천 지방의 명칭에서 유래된 것이다.

출처

농촌진흥청 농촌영양개선연수원(현 농촌자원개발연구소), 한국의 향토음식, 1994

정보제공자

이경수, 경상북도 영천시 완산동

유과

재료

찹쌀 1.5kg(9컵) • 콩 170g(1컵) • 밀가루 110g(1컵) • 세반 5컵 • 물엿 3컵 • 막걸리 1L • 물 1L(5컵) • 식용유 적량

만드는 법

1. 찹쌀은 씻지 않고 막걸리와 물을 부어 일주일가량 실온에서 발효시킨다.
2. 콩은 씻어 불린다.
3. 발효시킨 찹쌀과 불린 콩의 물기를 빼고 곱게 빻는다.
4. 김 오른 찜통에 젖은 면포를 깔고 3을 찐다.
5. 4를 그릇에 담고 방망이로 꽈리가 일도록 친다.
6. 바닥에 밀가루를 뿌린 후 5를 엿가락 형태로 밀어서 적당한 크기로 썰어 미지근한 방에서 4~5일 동안 말린다.
7. 냄비에 식용유를 넣고 6을 160℃에서 튀겨 낸 후 기름을 빼고 따뜻하게 데운 물엿에 적셔 세반을 묻힌다.

❃ 참고사항

옛날에는 찹쌀을 보름 정도 물에 불렸으나, 막걸리를 넣으면 기간이 단축된다. 세반 대신에 거피한 깨를 묻히기도 한다.

출처

문화공보부 문화재관리국, 한국민속종합조사보고서(향토음식 편), 1984
영천시농업기술센터, 향토음식 맥잇기 고향의 맛, 2001
성주군농업기술센터, 성주 향토음식의 맥, 2004
대구광역시, 대구 전통향토음식, 2005
이연정, 경주 지역 향토음식의 성인의 연령별 이용실태 분석, 한국식생활문화학회지, 21(6), 2006

정보제공자

이필순, 경상북도 성주군 대가면 칠봉리

입과(잔유과, 한과)

재료

찹쌀 1.5kg(9컵) • 검은깨 240g(2컵) • 쌀가루 75g(½컵) • 꿀 145g(½컵) • 조청 145g(½컵) • 세반 5컵 • 식용유 · 물 적량

만드는 법

1. 찹쌀은 씻어 3일 정도 불려 윗물은 따라 내어 따로 둔다.
2. 불린 찹쌀은 곱게 갈아 윗물(1컵)로 반죽한 후 젖은 면포를 깔고 김이 오른 찜통에 찐다.
3. 찐밥을 뜨거운 상태에서 절구에 넣고 꽈리가 일도록 세차게 친다.
4. 안반에 쌀가루를 뿌린 후 3을 놓고 밀대로 밀어 손바닥 크기 정도로 썰어 방바닥에 한지를 깔고 24시간 정도 바싹 말린다.
5. 냄비에 식용유를 넣고 160°C에서 4를 넣고 숟가락으로 늘리면서 튀긴다.
6. 꿀이나 조청을 바르고 세반, 검은깨를 묻힌다.

참고사항

- 입과는 잎처럼 넓다고 입과라고 부른다.
- 벼알곡을 팬에 볶으면 톡톡 튀면서 꽃처럼 벌어지는데, 이것으로 입과를 장식한다.

출처
봉화군농업기술센터, 봉화의 맛을 찾아서, 2002

정보제공자
김정숙, 경상북도 봉화군 봉화읍 내성리
김정희, 경상북도 구미시 도개면 도개리

유과

준주강반

재료

찹쌀가루 300g(3컵) • 멥쌀가루 450g(3컵) • 밀가루 55g(½컵) • 조청 145g(½컵) • 막걸리 1¼컵 • 세반 5컵 • 식용유 적량

만드는 법

1. 찹쌀가루와 멥쌀가루에 막걸리를 넣고 반죽하여 꽈리가 일도록 친다.
2. 밀가루를 뿌리고 1을 얇게 밀어 가로 3cm, 세로 4cm 크기로 썰어 말린다.
3. 가열한 팬에 식용유를 두르고 2를 지진다.
4. 3에 조청을 바르고 세반을 묻힌다.

출처

문화공보부 문화재관리국, 한국민속종합조사보고서(향토음식 편), 1984

정보제공자

유경애, 대구광역시 서구 중리동

지례한과

재 료

찹쌀 840g(5컵) • 찹쌀가루 25g(¼컵) • 막걸리 500mL(2½컵) • 콩물 200mL(1컵) • 조청(또는 꿀) 290g(1컵) • 물 2L(10컵) • 식용유 적량

고물 참깨 120g(1컵) • 잣가루 45g(½컵) • 콩가루 85g(1컵) • 세반 1컵

만드는 법

1. 찹쌀은 물과 막걸리(2컵)를 섞은 것에 14~15일 정도 담가 두었다가 건진 후 깨끗이 씻어 빻아 고운체에 내린다.
2. 1의 찹쌀가루에 콩물과 막걸리(½컵)를 섞어 반죽한 후 찜통에 푹 찐다.
3. 찐 밥을 절구에 넣고 방망이로 꽈리가 일도록 70여 회 정도 친다(떡을 높이 끌어 올려 그 사이에 공기의 함량이 많도록 한다).
4. 마른 도마 위에 찹쌀가루를 뿌리고, 3을 두께 0.5cm 정도로 밀대로 밀어 약간 굳힌 후 가로 5cm, 세로 0.6cm 정도로 썬다.
5. 따뜻한 방에 한지를 깔고 4를 자주 뒤집어 가면서 말린 후 찹쌀가루 속에 묻어 둔다(한과를 말릴 때는 바람이 통하지 않도록 주의해야 한다).
6. 5를 100°C 식용유에서 부풀어 오르게 하고 다시 150°C 식용유에서 재빨리 튀긴다.
7. 조청이나 꿀을 바르고 각각의 고물을 묻힌다.

출 처
김천시농업기술센터, 김천 향토음식, 1999

각색정과(도라지정과, 연근정과, 우엉정과, 잣정과)

재료

도라지 100g(대 5뿌리) • 연근 100g(½개) • 우엉 100g(⅔개) • 잣 3큰술 • 물 200mL(1컵) • 물엿 1컵 • 꿀 3큰술 • 소금 약간

만드는 법

1. 도라지, 연근, 우엉은 껍질을 벗기고 연근은 0.5cm 두께로 썬다.
2. 끓는 물에 소금을 약간 넣고 1을 데친 후 채반에 담아 물기를 빼고 꾸덕꾸덕하게 말린다.
3. 냄비에 물과 물엿을 넣어 잘 섞은 후 2와 잣을 넣고 약한 불에 조린다.
4. 3이 걸쭉해지면 꿀을 넣어 잘 섞고 더 조린다.

❁ 참고사항

사과, 무, 오이로도 정과를 만든다.

출처

문화공보부 문화재관리국, 한국민속종합조사보고서(향토음식 편), 1984
농촌진흥청 농촌영양개선연수원(현 농촌자원개발연구소), 한국의 향토음식, 1994
성주군농업기술센터, 성주 향토음식의 맥, 2004
경주시농업기술센터, 천년고도 경주 내림손맛, 2005
대구광역시, 대구 전통향토음식, 2005

정보제공자

김영숙, 대구광역시 서구 편리4동
도용구, 경상북도 성주군 성주읍 경산리
성정옥, 대구광역시 수성구 범어4동
이영주, 경상북도 경주시 내남면 이조리
장자남, 경상북도 경주시 현곡면 소현리
한사일, 경상북도 고령군 고령읍 본관4리

고문헌(도라지정과)

산림경제(전길경 : 煎桔梗), 증보산림경제(길경전법 : 桔梗煎法), 음식법(도라지정과), 시의전서(길경정과 : 吉梗正果)

고문헌(연근정과)

산림경제(연근전과 : 蓮根煎果), 규합총서(연근정과), 음식법(연근정과), 시의전서(연근정과 : 蓮根正果), 부인필지(연근정과), 조선요리제법(연근정과), 조선무쌍신식요리제법(연근정과 : 蓮根正果)

숙실과

대추초

재 료

대추 70g(1컵) • 잣 3큰술 • 물 100mL(½컵) • 꿀 3큰술 • 설탕 1큰술 • 청주 1큰술 • 계핏가루 약간

만드는 법

1. 대추는 젖은 면포로 닦아 돌려 깎기를 하여 씨를 발라 낸다.
2. 대추의 씨를 뺀 자리에 잣을 3~4개씩 채우고 꿀을 조금씩 발라서 원래의 대추 모양으로 만든다.
3. 냄비에 청주, 설탕, 꿀, 물을 넣어 잘 섞은 후 2를 넣고 약한 불에서 나무주걱으로 저으면서 은근히 조려 계핏가루를 뿌려 살짝 섞는다.
4. 3의 대추초를 하나씩 떼어서 잣을 박은 쪽이 위로 가도록 담는다.

참고사항

잣 대신 도라지를 조려 넣기도 한다.

출 처
농촌진흥청 농촌영양개선연수원(현 농촌자원개발연구소), 한국의 향토음식, 1994
성주군농업기술센터, 성주 향토음식의 맥, 2004

정보제공자
이유준, 경상북도 경산시 진량면 당곡리
주영자, 경상북도 성주군

고문헌
규합총서(대추초), 조선무쌍신식요리제법(대추초 : 大棗炒)

당(엿)

무릇곰

재료

무릇 100g • 둥글레뿌리 80g • 쑥 80g • 엿기름가루 3큰술 • 쌀가루 1큰술 • 물 5L

만드는 법

1. 무릇은 껍질을 벗긴 후 5~6일간 바짝 말린다.
2. 둥글레뿌리는 말린 후 비벼서 잔뿌리를 떼어 낸다.
3. 쑥은 끓는 물에 데쳐 쓴맛을 빼내고 찬물에 헹구어 물기를 짠다.
4. 냄비에 준비된 무릇, 둥글레뿌리, 쑥, 물을 넣어 약한 불에서 6일간 끓인 후 뜨거운 상태에서 엿기름가루, 쌀가루를 넣고 하루 더 끓인 후 삼베주머니에 넣어 거른다.

❋ 참고사항

먹을 때 노란콩을 볶아서 곱게 빻아 뿌리기도 한다.

정보제공자
정남희, 경상북도 경산시 와촌면 계전1리

당(엿)

쌀엿(매화장수쌀엿)

재 료

쌀 2kg • 엿기름가루 230g(2컵) • 물 10~12L

만드는 법

1. 쌀은 하루 정도 물에 담갔다가 물기를 빼고 시루에서 찐다.
2. 항아리에 미지근한 물(40~50°C), 엿기름가루와 1의 찐 쌀을 넣고 뚜껑을 닫은 후 이불을 덮어 9시간 정도 삭힌다.
3. 2를 깨끗한 삼베주머니에 넣어 물기를 꼭 짠다.
4. 냄비에 3의 물을 넣고 ⅓로 줄 때까지 조린다.
5. 4의 엿을 양쪽으로 잡아당겨 하얀색이 되면 적당한 크기로 자른다.

출 처

농촌진흥청 농촌영양개선연수원(현 농촌자원개발연구소), 한국의 향토음식, 1994
경상북도 농촌진흥원, 우리의 맛 찾기 경북 향토음식, 1997
농촌진흥청 농촌생활연구소(현 농촌자원개발연구소), 전통지식 모음집(생활문화 편), 1997
성주군농업기술센터, 성주 향토음식의 맥, 2004
경주시농업기술센터, 천년고도 경주 내림손맛, 2005
농촌진흥청, 향토음식, www2.rda.go.kr/food/, 2006

정보제공자

김연수, 경상북도 성주군 수륜면 신정리
김춘란, 경상북도 경주시 안가읍 옥산리
김화선, 경상북도 구미시 구포동
하남선, 경상북도 경주시 강동면 다산1리

옥수수엿(강냉이엿)

재 료

말린 옥수수 알갱이(강냉이) 2kg • 엿기름가루 230g(2컵) • 물 10L

만드는 법

1. 말린 옥수수는 깨끗이 씻어 푹 삶아 건진 다음 엿기름가루와 물을 넣어 12시간 정도 삭힌다.
2. 1을 삼베주머니에 넣고 짜서 찌꺼기는 버린다.
3. 2의 물을 냄비에 붓고 ⅓로 줄 때까지 서서히 조린다.

출 처

문화공보부 문화재관리국, 한국민속종합조사보고서(향토음식 편), 1984

당(엿)

호박오가리엿

재 료

늙은 호박 10kg(3개) • 쌀 1.2kg(6⅔컵) • 호박오가리 300g • 세반 3컵 • 통깨 ½컵 • 물 1L(5컵)

엿기름물 엿기름가루 230g(2컵) • 물 5~6L

만드는 법

1. 호박오가리는 물에 불린 후 씻어 물기를 뺀다.
2. 늙은 호박은 깨끗이 씻어 씨를 털어 내고 껍질을 벗겨 큼직하게 토막을 낸다.
3. 쌀은 씻어 2시간 이상 충분히 물에 불렸다가 물기를 뺀다.
4. 엿기름가루는 40~50℃의 물에 풀어 가라앉혀 윗물만 따라 내어 엿기름물을 만든다.
5. 냄비에 물과 불린 쌀을 넣어 끓이다가 늙은 호박을 넣고 죽을 쑨다.
6. 쌀알이 충분히 퍼지면 엿기름물을 넣고 10시간 정도 삭힌다.
7. 삼베주머니에 넣고 짜서 찌꺼기를 거른다.
8. 7의 엿기름물을 약한 불에서 ⅓ 정도 남을 때까지 서서히 조린다.
9. 8의 조청에 호박오가리를 넣고 함께 졸이다가 엿발이 충분히 날 때 호박오가리를 건진다.
10. 호박오가리는 펴서 모양을 바로잡고 통깨와 세반을 묻혀 서늘하고 건조한 곳에 보관한다.

출 처

농촌진흥청 농촌영양개선연수원(현 농촌자원개발연구소), 한국의 향토음식, 1994

농촌진흥청 농촌생활연구소(현 농촌자원개발연구소), 전통지식 모음집(생활문화 편), 1997

정보제공자

서태선, 경상북도 울릉군 서면 남양3리

음청

석감주

재 료

멥쌀 1.6kg(9컵) • 설탕 4컵

엿기름물 엿기름가루 1kg(8⅔컵) • 물 8~10L

만드는 법

1. 쌀은 깨끗이 씻어 30분 정도 물에 불린 후 고슬고슬하게 밥을 짓는다.
2. 엿기름가루는 30분 정도 물에 불린 후 고운체에 걸러 엿기름물을 가라앉힌다.
3. 밥에 엿기름물을 부어 섞어서 60℃에서 6시간 정도 삭힌다.
4. 밥알이 뜨면 거품을 거두고 설탕을 넣어 중불로 끓인 후 식힌다.

1

2

3

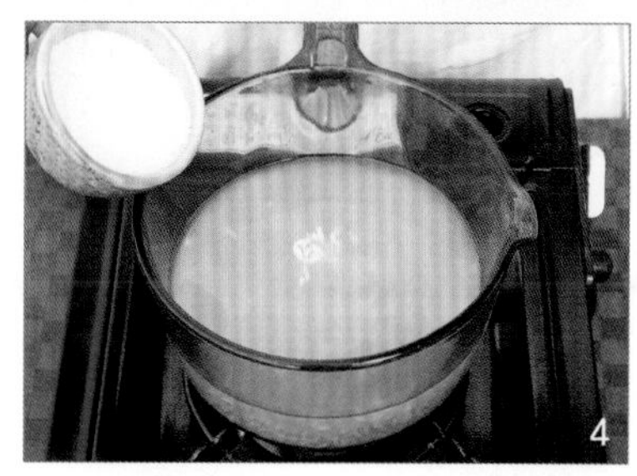

4

❀ 참고사항

석감주는 선산 지방의 일반 가정에서 널리 만드는 감주로 맛이 유난히 달고 구수하며 색상이 붉은 것이 특징이다. 완성된 석감주에 밥알을 뜨게 하기 위해서는 설탕을 넣기 전 석감주 밥알을 건져 찬물에 헹궈 낼 때 석감주에 넣는다.

출 처

농촌진흥청 농촌영양개선연수원(현 농촌자원개발연구소), 한국의 향토음식, 1994
경상북도 농촌진흥원, 경남 향토음료, 1997
농촌진흥청 농촌생활연구소(현 농촌자원개발연구소), 전통지식 모음집(생활문화 편), 1997

정보제공자

김화선, 경상북도 구미시 구포동
박화자, 경상북도 칠곡군
우순희, 경상북도 의성군 의성읍 후죽리
이말순, 경상북도 선산군 옥성면 덕촌1리

조리시연자

박미숙, 경상북도 경주시 내남면 이조리

음청

안동식혜

재료

찹쌀(또는 멥쌀) 1.6kg(10컵) • 무 850g(1개) • 엿기름가루 1.5kg(13컵) • 생강 400g • 설탕 200g (1⅓컵) • 채 썬 밤 · 잣 · 고춧가루 약간 • 물 11L

만드는 법

1. 찹쌀(또는 멥쌀)은 깨끗이 씻어 30분 정도 물에 불린 후 고두밥으로 쪄서 식힌다.
2. 엿기름가루에 물을 넣고 고루 비빈 다음 체에 걸러 가라앉혀 맑은 윗물만 준비한다.
3. 무는 깨끗이 씻어 채 썰어(5×0.2×0.2cm) 냉수에 헹궈 건진다.
4. 생강은 다져 면포에 싸서 즙을 짠다.
5. 냄비에 2의 엿기름물을 붓고 따뜻하게 데우면서 고춧가루를 면포에 싸서 넣고 주물러 물을 곱게 들인다.
6. 찹쌀밥(또는 멥쌀밥), 채 썬 무, 생강즙에 5를 부어 40℃에서 3~4시간 삭힌 후 차가운 곳에서 보관한다.
7. 먹을 때 기호에 따라 설탕을 넣고 채 썬 밤, 잣을 띄운다.

3

5

6

❁ 참고사항

안동식혜는 발효음식으로서 과일, 채소를 넣어 독특한 맛이 나는 음청류이고, 특히 설 명절의 손님상에 반드시 올라가는 음식이다. 안동식혜는 시대와 환경의 변화에 따라 고기식해에서 생선 종류가 빠져 소식해가 되고 또 양념과 소금 간이 빠지면서 반찬류에서 달고 물이 많은 음청류에 속하게 되었다.

출 처

문화공보부 문화재관리국, 한국민속종합조사보고서(향토음식 편), 1984
농촌진흥청 농촌영양개선연수원(현 농촌자원개발연구소), 한국의 향토음식, 1994
농촌진흥청 농촌생활연구소(현 농촌자원개발연구소), 전통지식 모음집(생활문화 편), 1997
안동시농업기술센터, 향토음식 맥잇기 안동 음식여행, 2002
윤숙경, 안동식혜의 조리법에 관한 연구 2-적당한 발효온도와 시간에 다른 이화학적 변화, 한국조리과학회지, 4(2), 1988
윤숙경, 안동 지역의 향토음식에 대한 고찰, 한국식생활문화학회지, 9(1), 1994
이선호 · 박영배, 안동 지역의 향토음식을 활용한 관광체험 프로그램 개발, 한국조리학회지, 8(3), 2002
최규식 · 이윤호, 경상북도 북부 지역 향토음식 호텔 메뉴화 전략, 관광정보연구, 16, 2004

정보제공자

노진희, 경상북도 안동시
서영희, 경상북도 안동시 옥동
이숙자, 경상북도 안동시 녹전면 원천리

조리시연자

박미숙, 경상북도 경주시 내남면 이조리

점주(찹쌀식혜)

재 료

찹쌀 1kg(6컵) • 엿기름가루 1kg(8$\frac{2}{3}$컵) • 물 4L(20컵) • 잣 · 꿀 약간

만드는 법

1. 찹쌀은 씻어 6시간 정도 물에 불린 후 고두밥을 찐다.
2. 엿기름가루에 물을 넣어 불린 후 체에 걸러 윗물만 따라 낸다.
3. 찹쌀밥에 엿기름물을 부어 50~60°C에서 6시간 정도 삭힌다.
4. 기호에 따라 꿀을 넣고 잣을 띄운다.

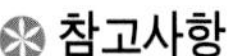 **참고사항**

점주는 생강주에 해당되며 동제에는 아직 많이 이용되고 있다. 식혜와 달리 국물이 맑은 것이 특징이고, 끓이지 않아 보관이 어려운 음청류이다. 귀한 손님이나 집안의 행사에 사용된다.

출 처

문화공보부 문화재관리국, 한국민속종합조사보고서(향토음식 편), 1984
봉화군농업기술센터, 봉화의 맛을 찾아서, 2002
경주시농업기술센터, 천년고도 경주 내림손맛, 2005
이선호 · 박영배, 안동 지역의 향토음식을 활용한 관광체험 프로그램 개발, 한국조리학회지, 8(3), 2002
최규식 · 이윤호, 경상북도 북부 지역 향토음식 호텔 메뉴화 전략, 관광정보연구, 16, 2004

정보제공자

박분규, 경상북도 경주시 외도읍 괘릉리
정남희, 경상북도 경산시 와촌면 계전1리

조리시연자

신복순, 경상북도 청송군
이희자, 대구광역시 동구 방촌동

음청

대추곰(대추고리, 대추고임)

재 료

대추 1kg(14컵) • 밤(깐 것) 200g(20개) • 찹쌀 100g(⅔컵) • 통깨 60g(½컵) • 꿀 · 계핏가루 약간 • 물 5~6L

만드는 법

1. 대추는 깨끗이 손질하여 냄비에 물을 붓고 4~5시간 푹 삶아 체에 거른다.
2. 찹쌀은 깨끗이 씻어 30분 정도 물에 불린 후 물기를 뺀다.
3. 1의 대추물에 불린 찹쌀, 밤, 통깨, 계핏가루를 넣고 푹 달인 후 기호에 맞게 꿀을 넣는다.

❁ 참고사항

대추곰은 엿기름물이나 물엿, 조청을 넣고 약한 불에서 걸쭉하게 달여 겨울철 저장식품으로 이용하기도 한다.

출 처

봉화군농업기술센터, 봉화의 맛을 찾아서, 2002

음청

송화밀수

재 료

송홧가루 150g • 꿀 3큰술 • 잣 약간 • 물 600mL(3컵)

만드는 법

1. 물에 꿀을 넣어 잘 섞는다.
2. 꿀물에 송홧가루를 잘 풀어 넣고, 잣을 띄운다.

출 처

경상북도 농촌진흥원, 우리의 맛 찾기 경북 향토음식, 1997

고문헌

시의전서(송화밀수)

음청

대추식혜

재 료

찹쌀 1.6kg(10컵) • 설탕 400g(2⅔컵)

대추고 대추 1kg • 물 3L(15컵)

엿기름물 엿기름가루 500g(4⅓컵) • 물 8~10L

만드는 법

1. 대추는 깨끗이 씻어 물을 부어 푹 끓인 후 면포에 걸러 껍질과 씨를 발라 내고 대추 끓인 물은 약한 불에서 고아 대추고를 만든다.
2. 찹쌀은 씻어 물에 불린 후 찜통에서 고슬고슬하게 찐다.
3. 엿기름가루는 물을 넣고 고루 비벼서 체에 걸러 5시간 정도 둔 후 윗물만 사용한다.
4. 대추고와 찰쌀밥을 잘 버무린 후 엿기름물을 넣어 삭힌다.
5. 밥알이 떠오르면 설탕을 넣고 센 불에서 끓인다.

출 처
청도군농업기술센터, 청도 향토음식의 보고 석빙고, 2004

정보제공자
박순옥, 경상북도 청도군 매전면 예전2리
박옥희, 경상북도 영양군 영양읍 서부4리

음청

배숙

재 료

배 750g(2개) • 생강 50g(½컵) • 통후추 1큰술 • 물 2L(10컵) • 설탕 1½컵

만드는 법

1. 배는 단단한 것으로 6~8등분하여 껍질을 벗기고 가장자리를 둥글게 돌려 깎아 등 쪽에 통후추 3~5개를 깊이 눌러 박는다.
2. 생강은 얇게 저며 물을 붓고 끓여 향이 우러나면 면포에 걸러 물만 받는다.
3. 냄비에 배와 생강물, 설탕을 넣어 끓인다.
4. 중불에서 거품을 걷으면서 끓여 배가 투명해질 때까지 조린다.

✻ 참고사항

불이 너무 세면 물이 솟구쳐 통후추가 빠져 지저분해지므로 주의한다.

출 처

상주시농업기술센터, 상주 향토음식 맥잇기 고운 빛 깊은 맛, 2004
구미시농업기술센터, 구미 향토-로하스요리 질시루, 2005
이연정, 경주 지역 향토음식의 성인의 연령별 이용실태 분석, 한국식생활문화학회지, 21(6), 2006

정보제공자

은희순, 경상북도 경주시 황성동

고문헌

음식법(배숙), 규합총서(향설고(배숙)), 시의전서(배숙(향설고)), 부인필지(향설고), 조선요리제법(향설고), 조선무쌍신식요리제법(향설고)

음청

수정과

재 료

생강 50g(½컵) • 통계피 50g • 곶감 160g(5개) • 잣 약간 • 물 2L(10컵) • 설탕 ⅔컵

만드는 법

1. 생강은 껍질을 벗기고 얇게 저며 물(5컵)을 부어 중불에서 푹 끓인 다음 고운체에 걸러 차게 식힌다.
2. 통계피도 씻어 물(5컵)을 붓고 중불에서 푹 끓여 체에 거른다.
3. 1의 생강물과 2의 계핏물을 섞어 설탕을 넣고 완전히 녹인다.
4. 곶감은 살짝 씻어 물기를 닦아 넣고 잣을 띄운다.

참고사항

곶감 대신 사과를 넣기도 한다.

출 처

경주시농업기술센터, 천년고도 경주 내림손맛, 2005
구미시농업기술센터, 구미 향토-로하스요리 질시루, 2005

정보제공자

권향민, 경상북도 구미시 해평면 낙성2리
이영앙, 경상북도 김천시 개령면 광천2리
장자남, 경상북도 경주시 현곡면 소현리

고문헌

시의전서(수정과 : 水正果), 부인필지(수정과), 조선요리제법(수정과), 조선무쌍신식요리제법(수정과 : 水正果)

음청

약식혜(약단술)

재료

대추 1kg • 찹쌀 670g(4컵) • 엿기름가루 460g(4컵) • 설탕 2컵 • 산초 50g • 느릅나무 50g • 다래나무 50g • 갈퀴나물(구레풀) 50g • 화살나무(홑잎) 50g • 거제수나무(곡우나무) 50g • 두릅 50g • 인동초 50g • 인진쑥 50g • 생강 20g(5쪽) • 물 15L

만드는 법

1. 대추, 산초, 느릅나무, 다래나무, 갈퀴나물, 화살나무, 거제수나무, 두릅, 인동초, 인진쑥, 생강을 씻어서 물을 붓고 약한 불에서 2시간 정도 푹 끓여 면포에 맑게 거른다.
2. 1을 미지근하게 식힌 후 엿기름가루를 풀어서 윗물이 맑아지면 따라 낸다.
3. 찹쌀은 씻어서 물에 불린 후 김이 오른 찜통에 찐다(찌는 도중에 물을 뿌리고 위아래를 섞어서 고루 뜸이 들도록 한다).
4. 2, 3을 넣고 고루 저어서 50~60°C에서 4시간 정도 삭힌다.
5. 냄비에 4와 설탕을 넣고 20분 정도 끓인다.

❀ 참고사항

여러 종류의 산야초를 이용한다. 헛개나무, 골담초뿌리, 오가피나무뿌리, 소태나무, 엄나무 등을 넣기도 하고 그 중 몇 가지만 넣어 식혜를 만들기도 한다.

출 처

성주군농업기술센터, 성주 향토음식의 맥, 2004
청도군농업기술센터, 청도 향토음식의 보고 석빙고, 2004

정보제공자

김명숙, 경상북도 성주군 벽진면 매수리
윤금희, 경상북도 구미시 해평면 일선리
이정렬, 경상북도 청도군 각남면 화리
전영숙, 경상북도 김천시 평화동

옥수수식혜

재 료

마른 옥수수 알갱이 650g(4½컵) • 생강 200g • 설탕 150g(1컵)

엿기름물 엿기름가루 580g(5컵) • 물 4L(20컵)

만드는 법

1. 엿기름가루는 따뜻한 물에 주물러서 7~8시간 정도 우려서 가라앉힌 후 윗물만 따라 낸다.
2. 옥수수 알갱이는 잘게 부수어 물을 붓고 4~5시간 정도 물에 불려서 찜통에 찐다.
3. 2에 엿기름물을 붓고 따뜻한 곳에 4~5시간 정도 둔다.
4. 옥수수 알갱이가 떠오르면 건져서 냉수에 헹구어 물기를 뺀다.
5. 4의 물에 물(5컵)을 넣고 생강과 설탕을 넣은 후 끓여서 식힌다.
6. 그릇에 4의 옥수수 알갱이를 담고 5를 부어 낸다.

출 처
경상북도 농촌진흥원, 우리의 맛 찾기 경북 향토음식, 1997

정보제공자
이명옥, 경상북도 영천시 고경면 창상리

제호탕

재 료

오매육 100g • 초과 10g • 백단향 5g • 축사인 5g • 꿀 500g(1⅔컵)

만드는 법

1. 오매육은 굵게 갈고 초과, 백단향, 축사인은 각각 곱게 갈아서 꿀과 함께 섞는다.
2. 1을 10~12시간 정도 중탕하여 걸쭉하게 졸인 후 항아리에 담아 놓는다.
3. 먹을 때 2를 찬물이나 얼음물에 기호에 따라 넣고 시원하게 마신다.

참고사항

오매육은 매실의 껍질을 벗기고 짚불 연기에 그을려서 씨를 발라 내고 남은 살을 말한다. 오매육으로 오매차를 만들기도 하고 불에 구워 약으로 이용하기도 한다.

출 처
구미시농업기술센터, 구미 향토-로하스요리 질시루, 2005

정보제공자
황경희, 경상북도 구미시 서산읍 교리

창면(착면, 청면)

재 료

녹두 전분 80g(½컵) • 잣 2작은술 • 물 200mL(1컵)

오미자국물 오미자 2큰술 • 물 1L(5컵)

만드는 법

1. 오미자는 티를 고르고 깨끗이 씻어 물기를 뺀 후 끓여서 식힌 물에 하룻밤 정도 담가 놓아 물이 붉게 우러나면 고운 체로 밭쳐 오미자국물을 만든다.
2. 녹두 전분을 물에 풀어 면포나 고운체에 내린다.
3. 체에 내린 녹두 전분물을 얇은 접시의 바닥에 얇게 깔리게 붓는다.
4. 냄비에 물을 부어 끓으면 3을 올려 중탕한다.
5. 녹두 전분물의 표면에 물기가 없어지면 접시째 끓는 물 속에 넣어 완전히 익으면 꺼내어 찬물에 냉각시켜 떼어 낸다.
6. 5를 여러 번 겹쳐 접어 곱게 채를 썰어 그릇에 담고 1의 오미자국물을 붓고 잣을 띄운다.

출 처

한국문화재보호재단, 한국음식대관 제3권, 한림출판사, 2000

상주시농업기술센터, 상주 향토음식 맥잇기 고운 빛 깊은 맛, 2004

고문헌

산가요록(창면), 시의전서(창면), 조선요리제법(책면), 조선무쌍신식요리제법(창면)

술

스무주(시무주)

2

4

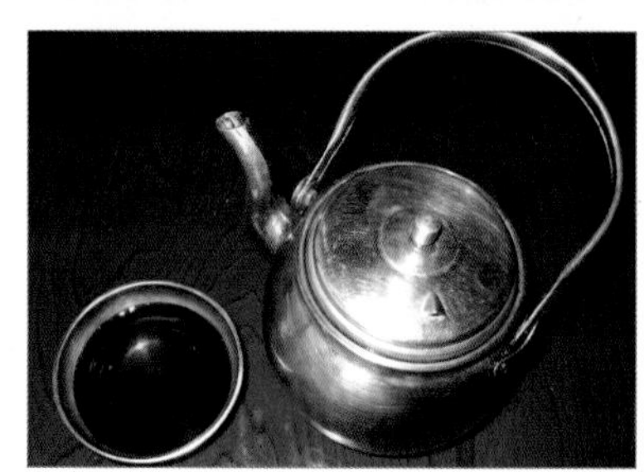

재 료

멥쌀 20kg • 찹쌀 2kg • 누룩 7kg • 국화 10송이 • 물 12~15L

만드는 법

1. 찹쌀은 깨끗이 씻어 30분 정도 불린 후 물을 넣고 찹쌀죽을 묽게 끓여 완전히 식힌다.
2. 찹쌀죽에 누룩을 빻아 넣고 3일 동안 삭혀 밑술을 만든다.
3. 멥쌀을 씻어 불린 후 고두밥을 쪄서 완전히 식힌다.
4. 멥쌀밥에 밑술을 넣어 혼합한다.
5. 항아리에 용수를 넣고 4를 주먹밥 모양으로 뭉쳐 용수 위로 넣은 후 국화를 넣어 20일 간 숙성시킨다(10일 정도 되어 용수에 술이 고이면 술을 떠서 용수 밖으로 돌려 내는 것을 반복한다).
6. 20일 후 용수 안에 고인 맑은 술을 떠서 마신다(첫술).
7. 첫술을 다 떠내고 물을 끓여 식힌 후 용수 밖으로 돌려 내면 1주일 후 다시 술이 고이는데, 3~4차례 반복해서 우려 낼 수 있다.

참고사항

겨울에 술이 익는 데 스무날(20일) 정도 걸려서 붙여진 명칭이다. 국화향이 그윽하여 국화주라고도 하며, 청주의 일종으로 제수나 귀빈접대용으로 이용되어 왔다.

출 처
대구광역시, 대구 전통향토음식, 2005
농촌진흥청, 향토음식, www2.rda.go.kr/food/, 2006

정보제공자
박정희, 경상북도 고령군 고령읍 지산리

조리시연자
김증순, 경상북도 고령군 고령읍 본관1리

술

옻술

재 료

찹쌀 2kg • 마른 옻나무 1.5kg • 누룩 1kg • 마른 당귀 100g • 마른 감초 100g • 마른 인진쑥 50g • 물 10L

만드는 법

1. 찹쌀을 씻어 물에 불린 후 고두밥을 짓는다.
2. 옻나무, 당귀, 인진쑥, 감초는 깨끗이 손질하여 물을 붓고 5~6L 정도 되도록 2시간 정도 달여 면포에 거른다.
3. 2에 누룩, 고두밥을 넣어 따뜻한 방에서(38℃ 전후) 3일 정도 삭히고 누룩 찌꺼기를 걸러 낸다.
4. 2배의 물에 희석시켜 마신다.

3

조리시연자
윤순희, 경상북도 청도군 청도읍 고수8리

감자술

재 료

쌀 8kg • 감자 4kg(25개) • 누룩 5장 • 물 30~40L

엿기름물 엿기름가루 230g(2컵) • 물 10L

만드는 법

1. 쌀을 여러 번 깨끗이 씻어 하루 정도 물에 담갔다가 물을 뿌려 가면서 푹 쪄 35℃ 정도로 식힌다.
2. 감자는 껍질을 벗겨 푹 삶아 으깨어 엿기름물을 넣고 50~60℃에서 하룻밤 삭혀 체에 거른다.
3. 누룩은 가루 내어 널어서 이슬을 맞힌다(냄새가 날아가고, 색이 깨끗하게 된다).
4. 누룩가루에 1과 2를 버무려 항아리에 넣고 삭힌다(1~2일만에 촛불을 넣어봐서 꺼지지 않으면 다 되었다고 본다).
5. 끓인 물을 식혀서 항아리에 붓고 휘저어서 하룻밤 재워 가라앉힌 후 윗물을 떠서 청주로 쓰고 밑에 것은 걸러서 탁주로 쓴다.

출 처
구미시농업기술센터, 구미 향토-로하스요리 질시루, 2005

술

과하주

재 료

찹쌀 18kg • 누룩 18kg • 국화 · 말린 쑥 적량 • 물 90~120L

만드는 법

1. 찹쌀을 씻어 하루 정도 물에 불린 후 고두밥을 짓는다.
2. 짚을 편 곳에 국화와 쑥을 깔고 그 위에 찹쌀밥을 펼쳐 식힌다.
3. 누룩에 물을 붓고 하루 정도 담갔다가 체에 걸러 누룩 찌꺼기를 제거한다.
4. 3에 2의 찹쌀밥을 섞어 절구에 넣고 방망이로 쳐서 반죽한다.
5. 4의 반죽을 항아리에 담고 한지로 밀봉한다(공기의 소통이 필요하기 때문에 다른 용지는 쓸 수 없다).
6. 80~90일간 발효시킨 후 용수를 넣어서 맑은 술을 뜬다.

참고사항

과하주는 특출한 향기와 감미가 있고 투명한 황갈색을 띠고 있으며, 또 입에 짝짝 감기는 진기가 있다. 여름철을 지날 수 있는 뜻의 과하주는 변질되지 않게 하기 위해 발효가 끝난 술에 소주를 넣어 주도를 높이므로 더운 여름철에도 보관이 가능하다.

출 처

농촌진흥청 농촌영양개선연수원(현 농촌자원개발연구소), 한국의 향토음식, 1994
농촌진흥청 농촌생활연구소(현 농촌자원개발연구소), 전통지식 모음집(생활문화 편), 1997
김천시농업기술센터, 김천 향토음식, 1999

정보제공자

서정희, 경상북도 김천시 남산동
송재성, 경상북도 김천시 성내동

고문헌

음식디미방(과하주), 주방문(과하주), 산림경제(과하주 : 過夏酒), 증보산림경제(과하주 : 過夏酒), 규합총서(과하주), 시의전서(과하주 : 過夏酒), 부인필지(과하주), 조선무쌍신식요리제법(과하주 : 過夏酒)

교동법주

재 료

찹쌀 10kg • 누룩 10kg • 물 1L(5컵)

만드는 법

1. 찹쌀(1kg)은 씻어 물에 불린 후 물을 부어 죽을 쑨다.
2. 누룩은 빻아 1의 찹쌀죽에 버무려 1주일 정도 발효시켜 밑술로 사용한다.
3. 나머지 찹쌀(9kg)은 물에 불려 고두밥을 쪄서 식힌다.
4. 밑술과 찹쌀밥을 버무려 항아리에 담아 실온에서 1주일 발효시킨다.
5. 용수를 박고 20~30일 후에 용수 안에 고인 맑은 술만 떠내어 숙성시킨다.

참고사항

경주 최씨의 가주(家酒)로 전해 내려 오는 술로 맛이 순하고 부드러우며 마신 후 부작용이 없고 소화가 잘 되어 반주용으로 많이 쓰인다.

출 처

농촌진흥청 농촌영양개선연수원(현 농촌자원개발연구소), 한국의 향토음식, 1994
농촌진흥청 농촌생활연구소(현 농촌자원개발연구소), 전통지식 모음집(생활문화 편), 1997
경주시농업기술센터, 천년고도 경주 내림손맛, 2005
이연정, 경주 지역 향토음식의 성인의 연령별 이용실태 분석, 한국식생활문화학회지, 21(6), 2006

정보제공자

배영신, 경상북도 경주시 교동
서정애, 경상북도 경주시 교동

술

국화주

재 료

청주 18L • 국화(황국) 115g

만드는 법

1. 국화는 햇볕에 말린다.
2. 항아리에 청주를 붓고 말린 국화를 삼베주머니에 담아 넣고 밀봉한다.
3. 하루 지나서 항아리에서 국화를 넣은 주머니를 빼낸다.

참고사항

향기가 나는 모든 꽃은 국화주와 같은 방법으로 술을 담글 수 있다.

출 처

대구광역시, 대구 전통향토음식, 2005

동동주(인삼동동주)

재 료

찹쌀 1.6kg(10컵) • 누룩 1.2kg • 인삼 1뿌리 • 황설탕 3컵 • 엿기름가루 300g(2⅔컵) • 효모 50g • 소주 1컵 • 생강 200g • 물 4.5L

만드는 법

1. 찹쌀은 깨끗이 씻어 30분 정도 불린 후 고두밥을 쪄서 식힌다.
2. 살짝 빻은 누룩과 엿기름가루는 삼베주머니에 넣은 후 물에서 주물러 가라앉혀 윗물을 따라 낸다.
3. 생강은 갈아 고운체에 걸러서 즙만 넣거나 편을 썰어 놓는다.
4. 항아리에 찹쌀밥과 2의 엿기름물을 붓고 효모, 소주, 인삼, 황설탕, 생강즙(또는 생강편)을 넣어 저어 준다.
5. 밥알이 삭아 동동 떠오른 뒤 가라앉으면 동동주가 완성된다.

참고사항

경상북도 지방에서는 국화동동주(성주), 인삼동동주(영주), 솔잎동동주(구미), 마동동주(안동) 등이 유명하다.

출 처

상주시농업기술센터, 상주 향토음식 맥잇기 고운 빛 깊은 맛, 2004
구미시농업기술센터, 구미 향토-로하스요리 질시루, 2005
이선호 · 박영배, 안동 지역의 향토음식을 활용한 관광체험 프로그램 개발, 한국조리학회지, 8(3), 2002

정보제공자

권봉월, 경상북도 상주시 아안면 양범1리
김명작, 경상북도 구미시 선산읍 죽장리
이순희, 경상북도 예천군 감천면 천향1리

술

선산약주(송로주)

재 료

찹쌀 22kg • 누룩 140g • 물 7L

만드는 법

1. 찹쌀을 씻어서 물에 불린 후 쪄서 고두밥을 만든다.
2. 고두밥에 누룩가루를 섞어 실내(22~25℃)에서 하루 정도 발효시켜 밑술을 담근다.
3. 이튿날 밑술과 고두밥을 섞어 덧술을 담그고 6일 후면 발효가 끝난다.

참고사항

일명 송로주로, 오백 년 전 조선시대 성리학으로 유명한 김종직 선생에 의해 개발되었다고 하며 단계천 맑은 물로 술을 빚어 감미롭고 향기가 나는 우수한 술이 제조되어 선비들이 즐겨 마셨다고 한다.

출 처

농촌진흥청 농촌영양개선연수원(현 농촌자원개발연구소), 한국의 향토음식, 1994
농촌진흥청 농촌생활연구소(현 농촌자원개발연구소), 전통지식 모음집(생활문화 편), 1997
구미시농업기술센터, 구미 향토-로하스요리 질시루, 2005

정보제공자

김재봉, 경상북도 선산군 선산읍 완전리

안동소주

재 료

쌀 4kg • 누룩 800g • 물 7L

만드는 법

1. 쌀은 씻어 하룻밤 불린 후 1시간 정도 시루에 쪄 고두밥을 짓는다.
2. 고두밥이 식으면 누룩과 물을 섞어 항아리에 넣고 10~12일간 발효시켜 전술을 만든다.
3. 발효된 전술을 솥에 넣고 소주고리에 불을 지피면 증류수가 되어 소주고리 주둥이를 통해 이슬 같은 것이 생겨 방울방울 떨어지는 것을 받으면 소주가 된다.

참고사항

안동소주는 고려시대 이후 명문가의 가양주로 계승되었으며 접빈용이나 제수용으로 사용된 순수곡주이다. 안동의 맑고 깨끗한 물과 옥토에서 수확된 양질의 쌀을 이용하여 전승되어 온 전통비법으로 빚어 낸 증류식 소주로서 45°의 높은 도수이지만, 마신 뒤 담백하고 은은한 향취에다 감칠맛이 입안 가득히 퍼져 매우 개운한 뒷맛을 가진다. 증류식 소주로서 장기간 보관이 가능하며 오래 지날수록 풍미가 더욱 좋아지는 장점을 가진 민속주이다.

출 처

농촌진흥청 농촌영양개선연수원(현 농촌자원개발연구소), 한국의 향토음식, 1994
농촌진흥청 농촌생활연구소(현 농촌자원개발연구소), 전통지식 모음집(생활문화 편), 1997
안동시농업기술센터, 향토음식 맥잇기 안동 음식여행, 2002
이선호 · 박영배, 안동 지역의 향토음식을 활용한 관광체험 프로그램 개발, 한국조리학회지, 8(3), 2002
최규식 · 이윤호, 경상북도 북부 지역 향토음식 호텔 메뉴화 전략, 관광정보연구, 16, 2004

정보제공자

김문숙, 경상북도 고령군 지산리
이성옥, 경상북도 안동시
조옥화, 경상북도 안동시 신안동

옥수수주(옥수수술)

재 료

찰옥수수가루 2kg • 누룩 1kg • 멥쌀 고두밥 500g(2⅓공기) • 물 6L

엿기름물 엿기름가루 500g(4⅓컵) • 물 1L(5컵)

만드는 법

1. 끓는 물에 찰옥수수가루를 넣어 끓인 후 40℃ 정도로 식힌다.
2. 1에 엿기름물을 부어 걸쭉하게 만든 후 10시간 정도 삭힌다.
3. 2를 삼베보자기로 짜서 솥에 부어 처음 양의 ¼분량이 될 때까지 조린다.
4. 식힌 후 항아리에 담고 누룩과 고두밥을 넣어 4~5일 정도 숙성시킨다.

참고사항

옥수수를 엿기름으로 삭힌 것으로 감미가 있으며 꿀엿처럼 입술에 짝짝 달라붙는다. 색깔이 황색이며 알코올 도수가 높다.

출 처

농촌진흥청 농촌영양개선연수원(현 농촌자원개발연구소), 한국의 향토음식, 1994
농촌진흥청 농촌생활연구소(현 농촌자원개발연구소), 전통지식 모음집(생활문화 편), 1997

정보제공자

임정자, 경상북도 봉화군 소천면 현동2리
한계남, 경상북도 문경시 산양면 송주리

술

진사가루술

재 료

찹쌀 800g(4¾컵) • 멥쌀 800g(4½컵) • 누룩 500g • 엿기름가루 250g(2컵) • 둥굴레가루 200g • 마가루 200g • 청주 200g • 효모 10g • 꿀 약간

만드는 법

1. 찹쌀과 멥쌀은 물에 불려 씻어 건진 후 곱게 빻아 물을 섞어 반죽을 한다.
2. 1의 반죽을 동글납작하게 빚은 후 중앙에 구멍을 뚫어 끓는 물에 넣어 떠오르면 건진다.
3. 누룩과 엿기름가루를 곱게 갈아 체에 내린다.
4. 2의 떡을 식힌 후 손으로 치대면서 3과 둥굴레가루, 마가루, 효모, 청주, 꿀을 같이 버무려 항아리에 차곡차곡 담는다.
5. 면포로 항아리를 덮고 상온에서 3~4일 발효시킨다.

❋ 참고사항

- 진사가루술은 쌀누룩을 사용한다. 쌀누룩이란 쌀가루를 익혀서 달걀 크기로 단단하게 덩어리를 만들어 볏짚으로 싸서 띄우거나, 찹쌀가루를 약간 쪄서 덩어리를 만들어 솔잎에 싸서 묻어 띄운 누룩을 말한다.
- 먹을 때는 꿀물을 섞기도 한다.

출 처

안동시농업기술센터, 향토음식 맥 잇기 안동 음식여행, 2002

이선호 · 박영배, 안동 지역의 향토음식을 활용한 관광체험 프로그램 개발, 한국조리학회지, 8(3), 2002

정보제공자

신복순, 경상북도 안동시 정상동

술

하향주

재 료

찹쌀 17kg • 누룩가루 600g • 밀가루 550g(5컵) • 엿기름가루 350g(3컵) • 물 9L

만드는 법

1. 찹쌀(2kg)은 불려 가루로 빻아 물을 넣고 끓여 풀을 쑨 후 식힌다.
2. 1에 누룩가루를 넣고 버무려 실온에서 3일 정도 발효시켜 밑술을 만든다.
3. 나머지 찹쌀(15kg)은 고두밥을 쪄서 식혀 엿기름가루, 밀가루를 섞는다.
4. 2, 3을 고루 섞어 항아리에 넣고 위에 누룩가루를 뿌리고 뚜껑을 덮어 땅에 묻는다.
5. 처음 일주일 정도는 공기가 약간 통하도록 뚜껑을 살짝 열어 두고 그 후에는 완전히 밀봉을 하여 흙을 덮고 100일 정도 숙성시킨다.

참고사항

경상북도 달성군 소재의 비슬산에 있는 유가사라는 절에서 신라시대에 처음 빚어진 것으로 전해지고 있어 천하명주라고 하는 하향주의 유래가 되고 있다. 완전히 숙성되면 맑은 녹차색이 된다.

출 처

농촌진흥청 농촌영양개선연수원(현 농촌자원개발연구소), 한국의 향토음식, 1994
농촌진흥청 농촌생활연구소(현 농촌자원개발연구소), 전통지식 모음집(생활문화 편), 1997
대구광역시, 대구 전통향토음식, 2005

정보제공자

박영수, 대구광역시 달성군 유가면 음리

고문헌

음식디미방(하향주), 주방문(하향주), 산림경제(하향주 : 荷香酒), 증보산림경제(하향주 : 荷香酒)

참고문헌

■ 단행본

강인희. **한국의 맛**. 대한교과서주식회사. 1987.
경상북도 농업기술원. **몸에 좋은 식품 돈이 되는 식품**. 2003.
경상북도 농촌진흥원. **경남 향토음료**. 1997.
경상북도 농촌진흥원. **경상북도 향토음식**. 1997.
경주시농업기술센터. **천년고도 경주 내림손맛**. 2005.
구미시농업기술센터. **구미 향토-로하스요리 질시루**. 2005.
군위군농업기술센터. **향토음식 맥잇기 군위의 맛을 찾아서**. 2005.
김상보. **향토음식문화**. 신광출판사. 2004.
김상애. **부산 향토음식의 발굴과 좋은 식단정착**. 한국음업중앙회부산지회. 2005.
김수 저, 윤숙경 역. **수운잡방 주찬**(1500년대). 신광출판사. 1998.
김연식. **한국사찰음식**. 우리출판사. 1997.
김천시농업기술센터. **김천 향토음식**. 1999.
김태정. **쉽게 찾는 우리나물**. 현암사. 1998.
농촌진흥청. **농촌 식생활 향상을 위한 식생활 평가시스템 개발연구 보고서**. 2000.
농촌진흥청 농촌생활연구소(현 농촌자원개발연구소). **소비자가 알기 쉬운 식품영양가표**. 2003.
농촌진흥청 농촌생활연구소(현 농촌자원개발연구소). **전통지식 모음집(생활문화 편)**. 1997.
농촌진흥청 농촌영양개선연수원(현 농촌자원개발연구소). **한국의 향토음식**. 1994.
달성군농업기술센터. **연이야기**. 2004.
대구광역시. **대구 전통향토음식**. 2005.
두산동아 편집부. **두산세계대백과사전**. 두산동아. 1999.
문화공보부 문화재관리국. **한국민속종합조사보고서(경상북도 편)**. 1974.
문화공보부 문화재관리국. **한국민속종합조사보고서(향토음식 편)**. 1984.
방신영. **조선요리제법**. 한성도서주식회사. 1942.
봉화군농업기술센터. **봉화의 맛을 찾아서**. 2002.
빙허각 이씨 저, 정량완 역. **규합총서**. 보진재. 1999.
사단법인 대한영양사회 · 삼성서울병원. **사진으로 보는 음식의 눈대중량**. 1999.
사단법인 한국영양학회. **한국인의 영양권장량 제7차 개정**. 2000.
상주시농업기술센터. **상주 향토음식 맥잇기 고운 빛 깊은 맛**. 2004.
석계부인 안동 장씨 저, 경북대학교 출판부 역. **음식디미방(경북대학교 고전총서 10)** (1670년경). 경북대학교 출판부. 2003.
선재스님. **선재스님의 사찰음식**. 디자인하우스. 2000.
성주군농업기술센터. **성주 향토음식의 맥**. 2004.
신승미 · 손정우 · 오미영 · 송태희 · 김동희 · 안채경 · 고정순 · 이숙미 · 조민오 · 박금미 · 김영숙. **한국 전통음식 전문가들이 재현한 우리 고유의 상차림**. 교문사. 2005.
안동시농업기술센터. **향토음식 맥잇기 안동음식여행**. 2002.
에드워드 쉴즈 저, 김병서 · 신현순 역. **전통**. 민음사. 1992.

염초애 · 장명숙 · 윤숙자. **한국음식**. 효일문화사. 1999.
울릉군농업기술센터. **신비로운 맛과 향 울릉도 향토음식**. 1998.
울진군농업기술센터. **울진의 LOHAS 친환경음식**. 2005.
유중림 저, 윤숙자 역. **증보산림경제**(1765). 지구문화사. 2005.
윤덕인. **외식조리인을 위한 한국음식 이론 및 조리의 실제**. 관동대학교 출판부. 2005.
윤서석. **한국음식 – 역사와 조리**. 수학사. 1984.
윤서석. **한국의 음식용어**. 민음사. 1991.
이성우. **한국식경대전**. 향문사. 1981.
이수광 저, 남만성 역. **지봉유설**(1614). 을유문화사. 1980.
이용기 저, 옛음식연구회 역. **조선무쌍신식요리제법**(1924). 궁중음식연구원. 2001.
이효지. **한국의 음식문화**. 신광출판사. 2002.
저자 미상, 이효지 외 역. **시의전서**(1800년대). 신광출판사. 2004.
적문. **전통사찰음식**. 우리출판사. 2002.
전순의 저, 농촌진흥청 역. **산가요록(고농서국역총서 8)** (1449). 농촌진흥청. 2004.
전순의 저, 농촌진흥청 역. **식료찬요(고농서국역총서 9)** (1460). 농촌진흥청. 2004.
조신호 · 임희수 · 정낙원 · 이진영 · 조경련 · 김은미. **한국음식**. 교문사. 2003.
청도군농업기술센터. **청도 향토음식의 보고 석빙고**. 2004.
청송군농업기술센터. **청송의 맛과 멋**. 2006.
포항시농업기술센터. **포항 전통의 맛**. 2004.
한국관광공사. **향토음식 관광상품화 방안 - 경상북도 주요 향토음식**. 1993.
한국문화재보호재단. **한국음식대관 제2권**. 한림출판사. 1999.
한국문화재보호재단. **한국음식대관 제3권**. 한림출판사. 2000.
한국조리사중앙회 · 한국음식관광협회. **세계를 향한 자랑스런 한국음식 300선**. 2007.
한복진. **우리가 정말 알아야 할 우리음식 백 가지 1**. 현암사. 1998.
한복진. **우리가 정말 알아야 할 우리음식 백 가지 2**. 현암사. 1998.
해양수산부. **아름다운 어촌 100선**. 2005.
홍만선 저, 민족문화추진회 역. **고전국역총서 산림경제 2권**(1715). 민문고. 1967.
홍진숙 · 박란숙 · 박혜원 · 신미혜 · 최은정. **기초한국음식**. 교문사. 2007.
황혜성 · 한복려 · 한복진. **한국의 전통음식**. 교문사. 1990.
Peter Burke. **Popular culture in early modern Europe**. London. 1978.

■ 논문 및 학술지

고범석 · 강석우. **대구 지역 향토음식의 인식도에 관한 연구 – 대구 동인동 찜갈비를 중심으로**. 한국조리학회지. 10(4) : 15-30, 2004.
김귀영 · 이성우. **『주방문』의 조리에 관한 분석적 연구**. 한국식생활문화학회지. 1(4), 1986.
김기숙 · 백승희 · 구선희 · 조영주. **『음식디미방』에 수록된 채소 및 과일류의 저장법과 조리법에 관한 고찰**. 중앙대학교 생활과학논집. 12, 1999.

김기숙 · 이미정 · 강은아 · 최애진. 『음식디미방』에 수록된 면병류와 한과류의 조리법에 관한 고찰. 중앙대학교 생활과학논집. 12, 1999.

김미희 · 유명님 · 최배영 · 안현숙. 『규합총서』에 나타난 농산물 이용 고찰. 한국가정관리학회지. 21(1), 2003.

김상애. 흑염소불고기의 조리법의 표준화에 관한 연구. 한국식생활문화학회지. 16(4), 2001.

김성미. 경북 지역 대학생의 전통음식에 대한 태도(Ⅰ) – 전통음식에 대한 평가, 이용도 및 라이프스타일과의 관계. 한국조리과학회지. 16(1) : 27-35, 2000.

김희선. 어업기술의 발전 측면에서 본 『음식디미방』과 『규합총서』 속의 어패류 이용 양상의 비교 연구. 한국식생활문화학회지. 19(3), 2004.

민계홍. 향토음식에 대한 전북 지역 대학생들의 인지도 및 기호도에 관한 연구. 한국조리학회지. 9(2) : 127-147, 2003.

배영동. 안동 지역 간고등어의 소비전통과 문화상품화 과정. 비교민속학. 31 : 95-128, 2006.

손영진. 경기 지방 향토음식의 관광상품화를 위한 소비자 인지도 연구. 경기대학교 석사학위논문. 2004.

신애숙. 부산의 전통 · 향토음식의 현황 고찰. 한국조리학회지. 6(2) : 67-78, 2000.

오영준 · 김복일. 광주 · 전남 지역 향토음식의 관광상품화 방안에 관한 연구. 관광정보연구. 2 : 195-226, 1998.

윤서석. 한국의 국수문화의 역사. 한국식생활문화학회지. 6(1), 1991.

윤서석 · 조후종. 조선시대 후기의 조리서인 『음식법』의 해설 1. 한국식생활문화학회지. 8(1), 1993.

윤서석 · 조후종. 조선시대 후기의 조리서인 『음식법』의 해설 2. 한국식생활문화학회지. 8(2), 1993.

윤서석 · 조후종. 조선시대 후기의 조리서인 『음식법』의 해설 3. 한국식생활문화학회지. 8(3), 1993.

윤숙경. 안동 지역의 향토음식에 관한 고찰. 한국식생활문화학회지. 9(1) : 61-69, 1994.

윤숙경. 안동식혜의 조리법에 관한 연구 2 – 적당한 발효온도와 시간에 다른 이화학적 변화. 한국조리과학회지 4(2), 1988.

윤숙경 · 박미남. 경상북도 동해안 지역 식생활문화에 관한 연구(1). 한국식생활문화학회지 14(2), 1999.

윤은숙 · 송태희. 우리나라 향토음식의 인지도에 관한 연구. 한국조리과학회지. 11(2) : 145-152, 1995.

이광자. 우리나라 문서에 기록된 찬물류의 분석적 고찰. 한양대학교 교육대학원 석사학위논문. 1986.

이선호 · 박영배. 안동 지역 향토음식을 활용한 관광체험 프로그램 개발. 한국조리학회지. 8(3) : 147-168, 2002.

이성우 · 이효지. 규곤요람. 한국생활과학연구. 1 : 27-33, 1983.

이승진. 향토음식의 인지도 및 기호도. 숙명여자대학교 석사학위논문. 2005.

이연정. 경주 지역 향토음식의 성인의 연령별 이용실태 분석. 한국식생활문화학회지. 21(6), 2006.

이연정. 향토음식에 대한 인식이 향토음식전문점 방문빈도에 미치는 영향 연구. 한국조리과학회지. 22(6), 2006.

이은욱. 조선 후기 식기 및 음식의 특색과 변화. 이화여자대학교 석사학위논문. 2002.

이효지. 『규곤시의방』의 조리학적 고찰. 대한가정학회지. 19(2), 1981.

이효지. 『규합총서』, 『주식의』의 조리과학적 고찰. 한양대학교 사대논문집. 1981.

이효지. 조선시대의 떡문화. 한국조리과학회지. 4(2), 1988.

이효지 · 차경희. 『부인필지』의 조리과학적 고찰. 한국식생활문화학회지. 11(3), 1996.

장혜진 · 이효지. 주식류의 문헌적 고찰. 한국식생활문화학회지. 4(3), 1989.

진양호 · 김승희 · 김진영. 향토음식의 관광상품화 방안. 문화관광연구학회지. 3(2), 2001.

參考文獻

차경희. 『도문대작』을 통해 본 조선 중기 지역별 산출식품과 향토음식. 한국식생활문화학회지. 18(4), 2003.

최규식 · 이윤호. 경상북도 북부 지역 향토음식 호텔 메뉴화 전략. 관광정보연구. 16, 2004.

한억. 전통음식의 현대적 인식과 재창조. 서울대학교 석사학위논문. 1996.

한재숙 · 한경필 · 성선향 · 조연숙 · 박경숙 · 김현옥 · 정종기. 전통음식에 대한 경북 지역 주부들의 의식 및 실태조사. 동아시아식생활학회지. 10(6) : 480-494, 2000.

■ 웹사이트

경상북도. www.gyeongbuk.go.kr/. 2006.

네이버사전(두산백과). 100.naver.com/. 2006.

농촌진흥청. 향토음식. www2.rda.go.kr/food/. 2006.

한국관광공사. 한국전통음식. www.visitkorea.or.kr/. 2006.

찾아보기

ㅁ

한국의 전통향토음식 8 **경상북도**

■ **연구진**

김행란 농촌진흥청 농업과학기술원 농촌자원개발연구소(연구총괄)
김양숙 농촌진흥청 농업과학기술원 농촌자원개발연구소
최정숙 농촌진흥청 농업과학기술원 농촌자원개발연구소
이인선 농촌진흥청 농업과학기술원 농촌자원개발연구소
지선미 농촌진흥청 농업과학기술원 농촌자원개발연구소
박홍주 농촌진흥청 농업과학기술원 농촌자원개발연구소
김태영 농촌진흥청 농업과학기술원 농촌자원개발연구소
김경미 농촌진흥청 농업과학기술원 농촌자원개발연구소
이연경 농촌진흥청 농업과학기술원 농촌자원개발연구소
김상애 신라대학교 교수
정용선 경상북도 농업기술원
윤숙경 전 안동대학교 교수
이종미 전 이화여자대학교 교수

■ **감 수**

윤숙경 전 안동대학교 교수
한재숙 위덕대학교 총장

■ **그 외 도움 주신 분들**

이은하 대구광역시 농업기술센터
오명숙 대구광역시 달성군농업기술센터
정용선 경상북도 농업기술원
권명희 경상북도 김천시농업기술센터
권영금 경상북도 영주시농업기술센터
김미자 경상북도 문경시농업기술센터
김선녀 경상북도 영양군농업기술센터
김성연 경상북도 칠곡군 교육문화복지회관
김정애 경상북도 성주군농업기술센터
김창완 경상북도 상주시농업기술센터
박영미 경상북도 포항시농업기술센터
백현희 경상북도 군위군농업기술센터
손영옥 경상북도 예천군농업기술센터
신성한 경상북도 울릉군농업기술센터
신창희 경상북도 의성군농업기술센터
신화춘 경상북도 경산시농업기술센터
오지은 경상북도 울진군농업기술센터
윤진희 경상북도 고령군농업기술센터
이미애 경상북도 청송군농업기술센터
이은희 경상북도 청도군농업기술센터
이정숙 경상북도 경주시농업기술센터
이현주 경상북도 영천시농업기술센터
장영숙 경상북도 봉화군농업기술센터
장재옥 경상북도 안동시농업기술센터
최용희 경상북도 구미시농업기술센터
홍신애 경상북도 영덕군농업기술센터

한국의 전통향토음식 8

경상북도

2008년 5월 26일 초판 인쇄
2008년 5월 30일 초판 발행

기획 · 편집처 농촌진흥청 농업과학기술원 농촌자원개발연구소
기획 · 편집인 조 순 재
주소 경기도 수원시 권선구 서둔동 88-2
전화 031-299-0590~2
팩스 031-299-0553

제작 · 발행처 (주)교 문 사
제작 · 발행인 류 제 동
우편번호 413-756
주소 경기도 파주시 교하읍 문발리 출판문화정보산업단지 536-2
전화 031-955-6111(代)
팩스 031-955-0955
등록 1960. 10. 28. 제406-2006-000035호

홈페이지 www.kyomunsa.co.kr
이메일 webmaster@kyomunsa.co.kr

ISBN 978-89-363-0922-0 94590
ISBN 978-89-363-0914-5 94590(전10권)

잘못된 책은 바꿔드립니다.
값 35,000원